VDE-Schriftenreihe **63**

Zu den Autoren

Dr.-Ing. **Manfred Kammler** ist seit 1980 als Mitarbeiter des RWTÜV unter anderem in der Begutachtung kerntechnischer Anlagen, als Sachverständiger für Elektrotechnik und Aufzugsanlagen sowie in der Zertifizierung von Qualitätsmanagementsystemen nach DIN EN ISO 9000 und europäischen Richtlinien tätig. Seit 1994 ist er Mitglied des DKE-Unterkomitees UK 221.1 „Schutz gegen elektrischen Schlag". Er leitet den Arbeitskreis „Prüfen von Schutzmaßnahmen" dieses Unterkomitees und vertrat dieses Thema bei IEC.

Dipl.-Ing. **Heinz Nienhaus**, war über mehr als drei Jahrzehnte bei der RWE Energie AG tätig, zunächst als Leiter der Kundenberatung und Anlagenprüfung in einer Betriebsverwaltung, danach 13 Jahre im Bereich Elektrizitätsanwendung der Hauptverwaltung. Über viele Jahre arbeitete er in maßgeblichen Positionen mehrerer Gremien der DKE (Deutsche Kommission Elektrotechnik Elektronik Informationstechnik im DIN und VDE). Unter anderem leitete er als Vorsitzender das DKE-Gremium UK 221.8 „Kabel- und Leitungsanlagen" (heute: UK 221.2) und zeichnete damit verantwortlich für die nationalen DIN VDE-Errichtungsbestimmungen in diesem Sektor. Darüber hinaus war er Mitglied in den DKE-Gremien UK 221.1 „Schutz gegen elektrischen Schlag" und UK 521.4 „Leuchten". Nienhaus war Vortragender auf Fachtagungen und auf zahlreichen Seminaren im gesamten Bundesgebiet (Technische Akademien, VDE, TÜV, HdT, VdS u. a.), er ist Mitautor von fünf Fachbüchern und veröffentlichte mehr als 400 Beiträge in Fachzeitschriften und Tagungsbänden.

Dipl.-Ing. **Dieter Vogt** war als Mitarbeiter der RWE Energie AG u. a. Obmann des DKE-Komitees K543 „Insta-Verteiler und Verlegungsmaterial", des für DIN 18012, DIN 18013, DIN 18014 und DIN 18015 zuständigen NABau-Arbeitsausschusses „Elektrische Anlagen im Bauwesen" (DIN), des Arbeitsausschusses „TAB" der VDEW-Landesgruppe NW sowie stellvertretender Obmann und Mitglied weiterer Komitees, Unterkomitees und Arbeitskreise der DKE, HEA und VDEW. Der Fachwelt ist er durch eine Vielzahl von Veröffentlichungen bekannt, u. a. als Autor bzw. Mitautor verschiedener Bücher der VDE-Schriftenreihe.

VDE-Schriftenreihe Normen verständlich **63**

Prüfungen vor Inbetriebnahme von Niederspannungsanlagen

Besichtigen • Erproben • Messen
nach DIN VDE 0100 Teil 610

Dr.-Ing. Manfred Kammler
Dipl.-Ing. Heinz Nienhaus
Dipl.-Ing. Dieter Vogt

2. Auflage 2004

VDE VERLAG GMBH • Berlin • Offenbach

Auszüge aus DIN-Normen mit VDE-Klassifikation sind für die angemeldete limitierte Auflage wiedergegeben mit Genehmigung 212.003 des DIN Deutsches Institut für Normung e. V. und des VDE Verband der Elektrotechnik Elektronik Informationstechnik e. V. Für weitere Wiedergaben oder Auflagen ist eine gesonderte Genehmigung erforderlich.

Die zusätzlichen Erläuterungen geben die Auffassung der Autoren wieder. Maßgebend für das Anwenden der Normen sind deren Fassungen mit dem neuesten Ausgabedatum, die bei der VDE VERLAG GMBH, Bismarckstraße 33, 10625 Berlin und der Beuth Verlag GmbH, Burggrafenstraße 6, 10787 Berlin erhältlich sind.

Bibliografische Information Der Deutschen Bibliothek
Die Deutsche Bibliothek verzeichnet diese Publikation in der Deutschen Nationalbibliografie; detaillierte bibliografische Daten sind im Internet über http://dnb.ddb.de abrufbar

ISBN 3-8007-2455-3

ISSN 0506-6719

Satz: VDE VERLAG GMBH, Berlin
Druck: Gallus Druckerei KG, Berlin

2004-03

Vorwort

Die ab Frühjahr 2004 gültige DIN VDE 0100-610 (VDE 0100 Teil 610) „Erstprüfungen“ ersetzt die bisher gültige Norm aus dem Jahre 1994 mit gleich lautendem Untertitel. Gegenüber den Anforderungen in DIN VDE 0100g: 1976-07, §22 – hier waren lediglich die Anforderungen zur Prüfung der Schutzmaßnahmen bei indirektem Berühren beschrieben – wurde der Prüfumfang bereits in DIN VDE 0100-600: 1987-11 wesentlich erweitert, und zwar auf sämtliche Anforderungen aller Teile der DIN VDE 0100. Schon nach dieser Norm mussten auch die verwendeten Betriebsmittel hinsichtlich ihrer Eignung am Einbauort und der fachgerechten Montage geprüft werden. Mit der DIN VDE 0100-610:1994-04 wurde der sachliche Inhalt von CENELEC HD 384.6.61 S1:1992, das IEC 364-6-61:1986 mit gemeinsamen CENELEC-Abänderungen entspricht, eingearbeitet. Da Festlegungen zur Prüfung der Schutzmaßnahme „Schutz durch automatische Abschaltung der Stromversorgung“ noch in Beratung waren, wurden die Abschnitte 8 und 11-14 aus DIN VDE 0100-600:1987-11 sachlich unverändert übernommen.

Die neue DIN VDE 0100-610: 2004 entspricht nun vollständig dem europäisch harmonisierten Dokument CENELEC HD 384.6.61 S2:2003. Nationale Erläuterungen wurden in den einzelnen Abschnitten als grauschattierter Text eingefügt.

Der besonderen Bedeutung der DIN VDE 0100-610 wegen – muss doch jede Anlage während der Errichtung und/oder bei Fertigstellung, bevor sie in Betrieb genommen wird, durch Besichtigen, Erproben und Messen geprüft werden – wird in dem vorliegenden Band 63 der VDE-Schriftenreihe nicht nur auf die sachlichen Änderungen der Norm und deren Hintergründe eingegangen, sondern schwerpunktartig auch auf die Erprobungs- und Messverfahren, die von den Errichtern von Niederspannungsanlagen angewendet werden müssen.

Die Verfasser danken an dieser Stelle den Herren Robert Kindermann (Gossen Metrawatt, Nürnberg), Herbert Schmolke (VdS-Schadenverhütung, Köln) und Bernd Siedelhofer (ABB Stotz-Kontakt, Heidelberg) für Anregungen zum Manuskript. Herrn Roland Werner sei für die verlagsseitige Bearbeitung gedankt.

Die Verfasser im Dezember 2003

Inhalt

1 Wer ist zuständig und verantwortlich für die VDE-gemäße Beschaffenheit von Niederspannungsanlagen?

Nach DIN VDE 0100-610 muss vor der erstmaligen Inbetriebnahme einer elektrischen Niederspannungsanlage oder eines Teils davon durch Prüfungen nachgewiesen werden, dass die Anforderungen nach DIN VDE 0100 bei der Errichtung eingehalten sind. Darüber hinaus darf bei Änderungen oder Erweiterungen die Sicherheit einer bereits bestehenden Anlage nicht beeinträchtigt werden. In aller Regel, d. h. wenn nichts anderes ausdrücklich vereinbart wurde, ist der Errichter der Anlage hierfür zuständig; er übernimmt die Verantwortung für die VDE-gemäße Beschaffenheit der durch ihn oder seine Firma errichteten, erweiterten oder geänderten Anlage.

Schon einleitend sei eventuellen Missverständnissen vorgebeugt: Die in DIN VDE 0100-610 beschriebenen Anforderungen sind Mindestanforderungen; sie müssen – sofern zutreffend – vom Errichter von Niederspannungsanlagen erfüllt werden. Natürlich dürfen durch die Prüfung selbst keine Unfall-, Brand- und Explosionsgefahren entstehen. Gegebenenfalls müssen Vorsichtsmaßnahmen getroffen werden, um Gefährdungen von Personen und Beschädigungen von Eigentum einschließlich der installierten Betriebsmittel auszuschließen.

Prüfungen im Sinne der DIN VDE 0100-610 umfassen alle Maßnahmen, mit denen nachgewiesen wird, dass die gesamte Anlage den Anforderungen der Normen der Reihe VDE 0100 entspricht.

In der noch rein nationalen Norm VDE 0100 Teil 600:1987-11 bestand das Prüfen aus den drei Teilen Besichtigen – Erproben – Messen. Im Rahmen der europäischen Harmonisierung wurde diese Dreiteilung aufgegeben und die DIN VDE 0100-610 kennt nur die beiden Teile

- Besichtigen
- Erproben und Messen

Der Grund dafür liegt darin, dass in der englischen Normfassung der Begriff „testing“ verwendet wird, der sowohl das Erproben als auch das Messen beinhaltet.

In der Praxis hat sich jedoch eine Trennung der Begriffe als recht zweckmäßig erwiesen, weshalb im deutschen Text der Norm der englische Begriff „testing“ je nach Bedeutung mit „Erproben“ oder „Messen“ übersetzt wurde. In der nachfolgenden Kommentierung und Erläuterung der Anforderungen aus DIN VDE 0100-610 wird daher auf die bewährte Dreiteilung

- Besichtigen
- Erproben
- Messen

zurückgegriffen.

Während des Betriebs einer elektrischen Anlage sind ebenfalls Prüfungen erforderlich, um den sicheren Zustand der Anlage nachzuweisen. Diese Prüfungen sind z. B. in den Normen der Reihe DIN VDE 0105 behandelt. Sie werden in diesem Band, der sich auf die Erstprüfungen beschränkt, nur am Rande behandelt (siehe Kapitel 3.2).

Im Rahmen von Reparaturen bzw. Instandsetzungen an elektrischen Verbrauchsgeräten sind nach DIN VDE 0701-1:2000-09 nach jeder Reparatur eines Elektrogeräts von dem Instandsetzer bzw. Kundendienstmonteur festgelegte Prüfungen durchzuführen. Hierdurch sollen eventuelle Sicherheitsmängel an den Geräten erkannt und behoben werden. Diese Prüfungen sind ebenfalls nicht Gegenstand des vorliegenden Bands, sondern es werden lediglich die Anforderungen der DIN VDE 0100-610 an die Erstprüfung einer ortsfesten Installationsanlage behandelt.

Wird eine neu errichtete Niederspannungsanlage durch Dritte geprüft, wie beispielsweise vom örtlichen Elektrizitätsversorgungsunternehmen (EVU) bzw. Verteilungsnetzbetreiber (VNB) oder von einem Beauftragten des Auftraggebers, so ändert dies nichts an der Verpflichtung und alleinigen Verantwortung des Errichters für die VDE-gemäße Beschaffenheit der elektrischen Anlage, d. h. der Anlagenerrichter muss die Prüfung nach DIN VDE 0100-610 durchführen.

Die Verbraucher- oder Kundenanlage nimmt der Anlagenerrichter allein oder gemeinsam mit einem Beauftragten des Verteilungsnetzbetreibers (VNB) in Betrieb. Die VNB (bzw. EVU) haben nach den AVBEltV zwar ein Prüfungsrecht, jedoch keine Prüfungspflicht. Der VNB entscheidet nach eigenem Ermessen, ob und wann er im Einzelfall von seinem Prüfungsrecht Gebrauch macht. Stellt der VNB schwerwiegende Mängel in der Anlage fest, kann er den Anschluss der Kundenanlage an das öffentliche Netz so lange verweigern, bis die Mängel beseitigt sind.

2 Rechtliche Bedeutung der DIN-VDE-Normen

DIN-VDE-Normen – so auch die Normen der Reihe DIN VDE 0100 – gelten als anerkannte Regeln der Technik. Durch Gesetze und Rechtsvorschriften erhalten sie „Quasi-Gesetzescharakter". In diesen Gesetzen wird sinngemäß gefordert, dass die anerkannten Regeln der Technik einzuhalten sind.

Nach dem Energiewirtschaftsgesetz (EnWG) sind bei der Errichtung und Unterhaltung von Anlagen zur Erzeugung, Fortleitung und Abgabe von Elektrizität die allgemein anerkannten Regeln der Technik zu beachten. Soweit Anlagen aufgrund von Regelungen der Europäischen Gemeinschaft dem in der Gemeinschaft gegebenen Stand der Sicherheitstechnik entsprechen müssen, ist dieser maßgebend. Das Einhalten der allgemein anerkannten Regeln der Technik oder des in der Europäischen Gemeinschaft gegebenen Stands der Sicherheitstechnik wird vermutet, wenn die technischen Regeln des Verbands der Elektrotechnik Elektronik Informationstechnik (VDE) beachtet worden sind. Im Übrigen wird die Einhaltung des in der Europäischen Gemeinschaft gegebenen Stands der Sicherheitstechnik ebenfalls vermutet, wenn technische Regeln einer vergleichbaren Stelle in der Europäischen Gemeinschaft beachtet wurden.

Durch diese Rechtsordnung ist der Errichter von Niederspannungsanlagen, d. h. jeder Elektroinstallateur, gesetzlich verpflichtet, bei der Installation alle innerhalb der maßgebenden Fachwelt bekannten handwerklichen Grundsätze und technischen Bestimmungen einzuhalten. Dabei hat der Verordnungsgeber den DIN-VDE-Normen eine wichtige Rolle beigemessen. Sind die Anforderungen der DIN-VDE-Normen eingehalten, ist die Vermutung begründet, dass die allgemein anerkannten Regeln der Technik erfüllt sind und damit auch die im Verkehr erforderliche Sorgfalt gewahrt ist (VDE 0022).

Der Errichter von Niederspannungsanlagen, d. h. der Elektroinstallateur, ist darüber hinaus verpflichtet, sich ständig fortzubilden, so dass ihm die Vorgaben und auch die Hintergründe der anerkannten Regeln der Elektrotechnik bekannt sind. Unterlässt er dies, ist regelmäßig Fahrlässigkeit sowohl im zivilrechtlichen wie auch strafrechtlichen Sinne anzunehmen. Fahrlässig handeln heißt, bestehende Sorgfaltspflichten nicht zu beachten und dadurch – ohne es zu wollen – gegebenenfalls Unfälle zu verursachen.

Die rechtliche Bedeutung der DIN-VDE-Normen ist für den Praktiker spätestens dann von Wichtigkeit, wenn es zu einem Unfall in einer von ihm errichteten Anlage kommt. Kann der Errichter der Anlage nachweisen, dass er die anerkannten Regeln der Technik eingehalten hat, ist die gesetzliche Vermutung begründet, dass die gebotene Sorgfalt beachtet wurde. In diesem Fall kann nicht von Fahrlässigkeit ausgegangen werden. Trotz des Unfalls ist dann eine strafrechtliche Verurteilung so gut wie auszuschließen.

In diesem Zusammenhang sei auf die rechtliche Bedeutung der Prüfprotokolle hingewiesen. Der Errichter der Anlage kann durch Prüfprotokolle nachweisen, dass die Anlage während und nach der Errichtung geprüft wurde und dass die geforderten Werte eingehalten wurden. Allerdings sind die Prüfprotokolle nur dann von Wert, wenn sie über einen ausreichend langen Zeitraum, mindestens zehn Jahre, aufbewahrt werden. Der Anhang A zeigt beispielhaft ein vom ZVEH herausgegebenes Prüfprotokoll für elektrische Anlagen.

Durch die „Produkthaftung“ kommen auf den Handwerker auch privatrechtliche Haftungsverpflichtungen zu. Im Elektrohandwerk entsprechen die Prüfungen nach DIN VDE 0100-610 quasi einer „Fertigungskontrolle“; sie ermöglichen das Erkennen von Fehlern. Hierdurch kann das Risiko der Produkthaftung gemindert werden.

Das Einhalten der Anforderungen der DIN-VDE-Normen beginnt mit dem Verwenden von VDE-gemäßem Installationsmaterial (dokumentiert durch das VDE-Prüfzeichen), der Errichtung der Anlage nach den Anforderungen der DIN VDE 0100 sowie dem abschließenden Prüfen nach Teil 610 dieser DIN-VDE-Norm. Fehlt nur eine dieser Voraussetzungen, entspricht die Anlage nicht den DIN-VDE-Anforderungen.

3 Wann sind welche Prüfungen durchzuführen?

3.1 Erstprüfungen nach DIN VDE 0100-610

Vor der ersten Inbetriebnahme einer neu errichteten Niederspannungsanlage wie auch einer erweiterten oder geänderten Anlage sind die in DIN VDE 0100-610 geforderten Prüfungen durchzuführen, um nachzuweisen, dass alle Anforderungen der Normen der Reihe DIN VDE 0100 erfüllt sind. Zu dieser Reihe gehören auch die noch nicht ersetzten Paragraphen von DIN VDE 0100:1973-05 und DIN VDE 0100g:1976-07. Welche dieser Paragraphen noch Gültigkeit besitzen, ist in Tabelle 2 von Beiblatt 2 zur VDE 0100 aufgelistet. Für besondere Niederspannungsanlagen oder für die Ausrüstung von Anlagen oder Maschinen können bei den Erstprüfungen auch weitere Anforderungen zu berücksichtigen sein. Solche zusätzlichen Anforderungen können z. B. aus folgenden Normen hervorgehen:

- Normen der Gruppe 700 der DIN VDE 0100, z. B. Teil 710 für medizinisch genutzte Bereiche
- Normen der Reihe VDE 0108 bei baulichen Anlagen für Menschenansammlungen
- DIN EN 60204-1 (VDE 0113 Teil 1) für die elektrische Ausrüstung von Maschinen
- DIN EN 50178 (VDE 0160) für Anlagen mit elektronischen Betriebsmitteln
- Normen der Reihe VDE 0165 für elektrische Anlagen in explosionsgefährdeten Bereichen
- Normen der Reihe VDE 0185 für den Blitzschutz
- DIN VDE 0510 für Batterieanlagen

Es können aber auch Verordnungen, wie die Landesbauordnungen, oder vertragsrechtliche Forderungen zu berücksichtigen sein, z. B. die von den Feuerversicherungen herangezogenen VdS-Bestimmungen.

Wer Prüfungen nach DIN VDE 0100-610 durchführen will, muss Elektrofachkraft sein und darüber hinaus Erfahrungen beim Prüfen elektrischer Anlagen besitzen. Dies setzt Kenntnisse der zu berücksichtigenden Normen und Erfahrung mit den verwendeten Messgeräten voraus. Die Erstprüfungen umfassen das Besichtigen, Erproben und Messen, daneben aber auch eine Bewertung, ob alle Anforderungen eingehalten sind. Der Prüfumfang ist hier wesentlich größer als bei Wiederholungsprüfungen. Die Erstprüfung beendet gewissermaßen die Arbeiten an den neu errichteten Anlagen bzw. an Anlagenteilen. Bei Erweiterungen oder Änderungen in bestehenden Anlagen müssen die Prüfungen nach Teil 610 der DIN VDE 0100 nur im Bereich der Neuinstallation durchgeführt werden. Dabei muss allerdings überprüft werden, dass die Sicherheit der bereits bestehenden Anlage nicht durch die Erweiterung oder Änderung beeinträchtigt wird.

Für Altanlagen gelten grundsätzlich die Anforderungen, die zum Zeitpunkt der Errichtung der Installationsanlage gültig waren. Somit behalten die älteren VDE-Bestimmungen für bestehende Anlagen auch weiterhin ihre Gültigkeit – soweit keine Anpassung gefordert ist.

3.2 Wiederkehrende Prüfungen nach DIN VDE 0105

In einem informativen Anhang F werden im neuen Teil 610 der DIN VDE 0100 Anforderungen an wiederkehrende Prüfungen beschrieben. Diese Anforderungen sind sehr allgemein gehalten und beschreiben die möglichen Intervalle zwischen wiederkehrenden Prüfungen, den Mindestumfang an wiederkehrende Prüfungen sowie deren Dokumentation. In einer Anmerkung wird auf die EN 50110 verwiesen. Diese EN-Norm behandelt den „Betrieb von elektrischen Anlagen" und enthält im Teil 1 in Abschnitt 5.3 auch Anforderungen an wiederkehrende Prüfungen. Die Klassifizierung der EN 50110 im VDE-Regelwerk erfolgt unter VDE 0105. Diese Normenreihe hat für wiederkehrende Prüfungen normative Bedeutung im Gegensatz zum informativen Anhang F der DIN VDE 0100-610.

Die DIN EN 50110-1:1997-10 (VDE 0105 Teil 1) ist die deutsche Fassung der EN 50110-1:1996. Entsprechend dieser Norm müssen elektrische Anlagen in geeigneten Zeitabschnitten geprüft werden, um Mängel aufzudecken, die nach der Inbetriebnahme aufgetreten sind und die den Betrieb behindern oder Gefährdungen hervorrufen können. Das Ergebnis der Prüfung muss aufgezeichnet werden und Mängel müssen beseitigt werden.

Die DIN EN 50110-1 macht zur Durchführung von wiederkehrenden Prüfungen nur sehr allgemeine Angaben und stellt damit den kleinsten gemeinsamen europäischen Nenner dar. Auch die Notwendigkeit und Häufigkeit der wiederkehrenden Prüfungen wird durch die Normen nicht geregelt, sondern dies wird den nationalen gesetzlichen Vorgaben überlassen. Welche gesetzlichen Grundlagen in den einzelnen Ländern herangezogen werden müssen, geht aus DIN EN 50110-2:1997-10 (VDE 0105 Teil 2) mit der Berichtigung 1 von Juli 2001 hervor. Hiernach wird in Deutschland u. a. auf die Unfallverhütungsvorschrift „Elektrische Anlagen und Betriebsmittel" (BGV A2, früher VBG 4) verwiesen, die sich insbesondere auf den Betrieb von elektrischen Anlagen im gewerblichen und Energieversorgungsbereich bezieht. Diese Anlagen müssen durch elektrotechnische Fachkräfte und/oder unterwiesenes Personal gewartet werden. Als heranzuziehende Normen werden dort wiederum die einzelnen Teile der VDE 0105 genannt, wobei die DIN VDE 0105-100:2000-06 (VDE 0105 Teil 100) von besonderer Bedeutung ist. In diesem rein nationalen Teil sind einerseits die Sachinhalte der EN 50110-1 übernommen worden, darüber hinaus werden aber im Abschnitt 5.3.101 detailliertere Vorgaben für die Durchführung der wiederkehrenden Prüfungen gemacht, wobei wiederum zwischen Besichtigen, Erproben und Messen unterschieden wird. Wiederkehrende Prüfungen sind danach in geeigneten Zeitabständen erforderlich, um Mängel aufzudecken, die nach der Inbetriebnahme aufgetreten sind und den Betrieb behindern oder Gefährdungen hervorrufen können. Der Abschnitt 5.3.101.3 „Wiederkehrende Prüfungen durch Messen" enthält spezielle Anforderungen an Isolationswiderstandsmessungen. Gegenüber dem Teil 610 der DIN VDE 0100 gelten hier zum Teil geringere Anforderungen; so muss z. B. der Isolationswiderstand nur 1000 Ω/V (ohne angeschlossene Verbrauchsmittel) bzw. 300 Ω/V (mit angeschlossenen Verbrauchsmitteln) betragen.

Prüfgrundsätze und Umfang der wiederkehrenden Prüfungen orientieren sich an den Erstprüfungen, aber die Schwerpunkte der durchzuführenden Prüfungen und die einzuhaltenden Anforderungen sind etwas anders, entsprechend der unterschiedlichen Wahrscheinlichkeit für bei der Nutzung und dem Betrieb einer elektrischen Anlage verursachten Mängel.

Auch nach den Anforderungen dieser Norm muss nachgewiesen werden, dass z. B. der Fehlerschutz (Schutz bei indirektem Berühren) wirksam ist. Hier ist durch Messungen nachzuweisen, dass

- der vorhandene Widerstand des Schutzleiters,
- die erforderliche Schleifenimpedanz bei Anwendung des Schutzes durch automatische Abschaltung und Einsatz von Überstrom-Schutzeinrichtungen als Abschalteinrichtung,
- der zulässige Auslösestrom von Fehlerstrom-Schutzeinrichtungen (RCDs) und
- der Ansprechwert von Isolationsüberwachungseinrichtungen

den Anforderungen der Norm entspricht.

Für die Prüfung der Sicherheit von über Steckvorrichtungen angeschlossenen Verbrauchsgeräten wird auf die DIN VDE 0702:1995-11 „Wiederholungsprüfungen an elektrischen Geräten" verwiesen.

DIN VDE 0105 hat einen Anwendungsbereich, der eng mit der BGV A2 (VBG 4), der Unfallverhütungsvorschrift „Elektrische Anlagen und Betriebsmittel", verknüpft ist. Die Berufsgenossenschaften verlangen von ihren Mitgliedsbetrieben die Einhaltung dieser Unfallverhütungsvorschriften. Die BGV A2 verweist in den technischen Aussagen weitgehend auf die Anforderungen der DIN VDE 0105. In der Durchführungsverordnung zur BGV A2 werden die Wiederholungsfristen für bestimmte Prüfungen geregelt, so auch für das Messen in elektrischen Anlagen und an elektrischen Betriebsmitteln (**Tabelle 3.1**).

Zeitabstände	Zu prüfende elektrische Anlagen und Betriebsmittel	Prüfung möglich durch
arbeitstäglich	In nichtstationären Anlagen, z. B. Baustellen, Funktion der Fehlerstrom-Schutzeinrichtungen durch Betätigen der Prüftaste	jeden Beschäftigten[1])
einmal im Monat	In nichtstationären Anlagen, z. B. Baustellen, Wirksamkeit der Schutzmaßnahme mit Fehlerstrom-Schutzeinrichtungen	unterwiesene Person[2])
alle sechs Monate	Nicht ortsfeste elektrische Betriebsmittel[3])	unterwiesene Person[2])
	Anschlussleitungen mit Steckern, bewegliche Leitungen mit Steckern oder Festanschluss[3])	unterwiesene Person[2])
	Verlängerungs- und Geräteanschlussleitungen mit ihren Steckvorrichtungen[3])	unterwiesene Person[2])
	In stationären Anlagen, z. B. Werkstätten, Betonwerken, Funktion der Fehlerstrom-Schutzeinrichtungen durch Betätigen der Prüftaste	jeden Beschäftigten[1])
alle vier Jahre[4])	Elektrische Anlagen	Elektrofachkraft
	Ortsfeste elektrische Betriebsmittel	Elektrofachkraft

[1]) Der Beschäftigte muss die Bedeutung der Prüfung kennen und wissen, wen er bei Versagen der Fehlerstrom-Schutzeinrichtung sofort zu unterrichten hat

[2]) Nur bei Verwendung von geeigneten Prüfgeräten, die von unterwiesenen Personen bedient werden dürfen, sonst Elektrofachkraft

[3]) 6 Monate Richtwert, auf Baustellen 3 Monate Richtwert. Bei Fehlerquoten < 2 % kann die Prüffrist auf maximal 1 Jahr verlängert werden, in Büroräumen oder unter ähnlichen Bedingungen auf maximal 2 Jahre

[4]) jährlich bei Betriebsstätten, Räumen und Anlagen besonderer Art nach DIN VDE 0100 Gruppe 700

Tabelle 3.1 Beispiel für Prüfungen der elektrischen Anlagen und Betriebsmittel nach BGV A2

3.3 Prüfungen an instand gesetzten Elektrogeräten nach DIN VDE 0701

Nach Instandsetzungsarbeiten oder Änderungen an Elektrogeräten werden Sicherheitsprüfungen nach DIN VDE 0701 erforderlich. Der Geltungsbereich der DIN VDE 0701 erstreckte sich ursprünglich insbesondere auf elektrische Geräte für den Hausgebrauch; inzwischen wurde er ganz allgemein auf elektrische Geräte und auf die elektrische Ausrüstung von nichtelektrischen Geräten ausgedehnt.

Gewerblich eingesetzte Elektrogeräte müssen entsprechend der BGV A2 (früher VBG 4) in festgelegten Zeiträumen überprüft werden. Hierfür genügen in aller Regel die weniger aufwändigen Prüfungen nach DIN VDE 0702. Da die Prüfungen nach DIN VDE 0701 mindestens dem Sicherheitsniveau von DIN VDE 0702 entsprechen, gilt ein nach DIN VDE 0701 geprüftes Gerät selbstverständlich auch als nach DIN VDE 0702 und DIN VDE 0105 geprüft.

4 Besichtigen (DIN VDE 0100-610, Abschnitt 611)

4.1 Allgemeines

Besichtigen ist entsprechend der Definition im Teil 610 die Untersuchung der elektrischen Anlage mit allen Sinnen, um festzustellen, ob deren Ausführung normgerecht ist. Es hat vor dem Erproben und Messen stattzufinden, im Allgemeinen bei abgeschalteter Anlage und schon während der Errichtungsphase. „Mit allen Sinnen" bedeutet, dass unter Besichtigen im Sinne der Norm neben dem bewussten Ansehen der elektrischen Anlage auch andere Wahrnehmungen verstanden werden, z. B. Riechen, Hören und Fühlen.

Diese Kontrolle ist in jedem Fall die erste Phase einer Prüfung und Voraussetzung für das spätere Erproben und Messen. Sie sollte durchgeführt werden, solange die Anlage noch spannungsfrei ist. Die Anforderungen sind unmittelbar dem jeweiligen Teil der DIN VDE 0100 zu entnehmen. Da sich ein wesentlicher Teil dieser Anforderungen allein durch Besichtigen prüfen lässt, wird das „Erproben und Messen" in vielen Fällen nicht erforderlich sein.

Im Unterschied zum Erproben und Messen muss das Besichtigen grundsätzlich nicht erst nach Fertigstellung einer elektrischen Anlage, sondern recht häufig schon im Laufe ihrer Errichtung durch den Monteur vorgenommen werden. So können z. B. viele Anforderungen an die Leitungsverlegung nur vor dem Verputzen der Leitungen durch Besichtigen geprüft werden.

4.2 Umfang des Besichtigens

Durch Besichtigen soll zunächst geprüft werden, dass die Betriebsmittel der festen Installation den entsprechenden Betriebsmittelnormen genügen. Dies kann durch Überprüfung der Kennzeichnung, z. B. des VDE-Zeichens oder der CE-Kennzeichnung, oder durch die Überprüfung der zugehörigen Dokumente erfolgen. Außerdem ist zu prüfen, ob alle Anforderungen der DIN VDE 0100 und gegebenenfalls die aus mitgelieferten Papieren hervorgehenden Vorgaben der Hersteller erfüllt sind. Hierbei sind auch Vorgaben zu den Umgebungsbedingungen zu berücksichtigen, z. B. Anforderungen an die Temperatur. Schließlich ist zu prüfen, dass keine sichtbaren Beschädigungen vorhanden sind, durch die die Sicherheit beeinträchtigt werden kann.

Auf besonders wichtige Aspekte bei der Prüfung durch Besichtigen wird in DIN VDE 0100-610 als Mindestanforderung unter Angabe der diesbezüglich relevanten

Abschnitte der DIN-VDE-Normen hingewiesen. Im Folgenden soll eine Erläuterung zu diesen Verweisen gegeben werden. Außerdem wird auf einige wichtige Grenzfälle eingegangen, in denen es Schwierigkeiten bereiten könnte, zu entscheiden, ob für bestimmte Anlagenbereiche die Prüfung durch Besichtigen ausreicht oder durch Erproben und Messen zu ergänzen wäre. Einzelheiten zu den möglichen Maßnahmen sind den zitierten Normen zu entnehmen.

Im Abschnitt 611 wird der Mindestumfang der durch Besichtigen zu überprüfenden Anforderungen genannt:

Art des Schutzes gegen elektrischen Schlag

Bei dem Besichtigen der Schutzmaßnahmen gegen elektrischen Schlag nach DIN VDE 0100-410 wird im Teil 610 zunächst auf die Überprüfung des im Abschnitt 412 beschriebenen Basisschutzes (Schutz gegen direktes Berühren) hingewiesen, also den Schutz durch Abdeckungen oder Umhüllungen, den Schutz durch Hindernisse und den Schutz durch Abstand. Hier sind insbesondere die Maße für die erforderliche Schutzart und die Abstände zu überprüfen. Dabei ist zu beachten, dass einige der aufgeführten Maßnahmen nicht überall, sondern nur in elektrischen Betriebsräumen zulässig sind.

Zum Fehlerschutz (Schutz bei indirektem Berühren) ist lediglich in einer Anmerkung auf den Abschnitt 413.3 verwiesen, der den „Schutz durch nicht leitende Räume“ beschreibt. Aber selbstverständlich ist nicht nur bei dieser heute kaum angewandten Schutzmaßnahme, sondern auch bei den anderen Maßnahmen zum Schutz gegen elektrischen Schlag eine Prüfung durch Besichtigen erforderlich.

Der Basisschutz durch Isolierung muss durch den Hersteller der Betriebsmittel sichergestellt werden. Durch Besichtigen sollte festgestellt werden, ob der Schutz durch Isolierung vollständig und unbeschädigt ist.

Bei Betriebsmitteln der Schutzklasse II wird der Fehlerschutz ebenfalls durch die Isolierung des Betriebsmittels gewährleistet (auch als Schutzisolierung bezeichnet). Die hierbei einzuhaltenden Anforderungen sind in 413.2 beschrieben. Durch Besichtigen sollte z. B. geprüft werden, dass

- keine Schäden an der Isolierstoffumhüllung vorhanden sind
- leitfähige berührbare Teile von Betriebsmitteln der Schutzklasse II nicht an den Schutzleiter angeschlossen sind
- keine leitfähigen Teile durch die Isolierstoffumhüllung geführt sind, sodass Spannungen verschleppt werden können

Die Anforderungen an die Anordnung von Betätigungselementen in der Nähe berührungsgefährlicher Teile waren früher in der DIN VDE 0106-100 beschrieben und gehen nun aus der harmonisierten Fassung der DIN EN 50274 (VDE 0660 Teil 514):2002-11 „Niederspannungs-Schaltgerätekombinationen – Schutz gegen elektrischen Schlag – Schutz gegen unabsichtliches direktes Berühren gefährlicher aktiver Teile“ hervor. Die Einhaltung der Anforderungen ist durch den Hersteller des

Schaltschranks zu gewährleisten. Nach der Errichtung sollte jedoch geprüft werden, ob alle zur Montage entfernten Abdeckteile wieder angebracht wurden.

Vorhandensein von Brandabschottungen und anderen Vorsorgemaßnahmen gegen die Ausbreitung von Feuer und Schutz gegen thermische Einflüsse

In DIN VDE 0100-420:1991-11 sind Maßnahmen zum Schutz von Personen, Nutztieren und Sachen gegen thermische Einflüsse benachbarter elektrischer Betriebsmittel beschrieben. In dieser Norm werden allgemeine Anforderungen an den Brandschutz (Wärmeleitfähigkeit, Abstand, Wärmestau, Betriebsmittel mit entflammbaren Flüssigkeiten) und an den Schutz gegen Verbrennungen (beim Berühren) sowie gegen Überhitzung (Oberflächentemperaturen) festgelegt.

DIN VDE 0100-430:1991-11 gilt für den Schutz von Kabeln und Leitungen gegen zu hohe Erwärmung. Sie regelt den Schutz gegen Überlast und Kurzschluss und welche Bedingungen bezüglich Strombelastbarkeit der Kabel und Abschalteinrichtungen einzuhalten sind.

DIN VDE 0100-482:2003-06 behandelt den Brandschutz bei besonderen Risiken und Gefahren. Sie ist bei elektrischen Anlagen in feuergefährdeten Betriebsstätten, in Räumen oder Orten mit vorwiegend brennbaren Baustoffen und Räumen oder Orten mit Gefährdung von unersetzbaren Gütern neben dem Teil 420 heranzuziehen.

DIN VDE 0100-520:2003-06 behandelt die Verfahren zum Verlegen von Kabeln und Leitungen. Der Abschnitt 527 darin regelt die Anforderungen zur Begrenzung von Bränden, insbesondere die Vorkehrungen innerhalb eines Brandabschnitts und den Verschluss von Kabel- und Leitungsdurchbrüchen. Dort wird auch darauf hingewiesen, dass bereits während der Errichtung die Verschlüsse zu prüfen sind und dass auch vorübergehende Vorrichtungen zum Verschluss erforderlich sein können.

Die Ausdehnung eines Brands muss durch die Auswahl geeigneter Materialien bei den Betriebsmitteln, insbesondere der Kabel und Leitungen, und durch ihre Errichtung nach Abschnitt 527 minimiert werden. Kabel- und Leitungsdurchbrüche in Fußböden, Wänden, Decken und Zwischenwänden müssen nach der Durchführung verschlossen werden. Dabei ist die erforderliche Feuerwiderstandsdauer zu berücksichtigen. Ebenso sind Elektro-Installationsrohre und -Installationskanäle sowie Stromschienenkanalsysteme entsprechend der für das Gebäudeelement vorgegebenen Feuerwiderstandsdauer zu verschließen. Die Anforderungen sind erfüllt, wenn typgeprüfte Kabelschottungen verwendet werden oder wenn spezielle Installationskanäle eingesetzt werden.

Wenn Kabel- und Leitungssysteme durch tragende Gebäudeelemente geführt werden, darf die Statik durch das Hindurchführen nicht beeinträchtigt sein.

Die Mittel der Abdichtungen von Brandabschottungen sollten daraufhin geprüft werden, ob sie den Anforderungen entsprechen. Da eine Norm bei ISO noch in Arbeit ist, wurden solche Anforderungen allgemein definiert, z. B.

- Verträglichkeit mit den Werkstoffen des Kabel- und Leitungssystems, mit denen sie in Berührung kommen
- Einhaltung der Verschlussqualität bei thermischen Bewegungen des Kabel- und Leitungssystems
- angemessene mechanische Festigkeit bei Zerstörung der Befestigungen des Kabel- und Leitungssystems infolge eines Brands (z. B. Anforderungen an Schellen und Halterungen)
- ausreichender Halt durch die Konstruktion des Kabelschotts

Weitere Anforderungen an die Verschlussmaterialien sind Widerstandsfähigkeit gegen die Verbrennungsprodukte und Wasserbeständigkeit (entsprechend denen an die Beständigkeit der Gebäudekonstruktion).

Auswahl der Leiter hinsichtlich Strombelastbarkeit und Spannungsfall

Kabel und Leitungen sind so zu bemessen, dass die Strombelastbarkeit im ungestörten Betrieb und im Kurzschlussfall und der für die Betriebsmittel zulässige Spannungsfall nicht überschritten wird. Die Anforderungen an die Strombelastbarkeit von Kabeln und Leitungen sind national in der DIN VDE 0298-4:2003-08 beschrieben. Bezüglich der Anforderungen an den Spannungsfall wird auf Abschnitt 525 der DIN VDE 0100-520:2003-06 verwiesen. Da dieser Abschnitt bei CENELEC noch in Arbeit ist, wird dort lediglich empfohlen, dass der Spannungsfall zwischen Hauseinführung und Verbrauchsmittel nicht größer als 4 % der Nennspannung des Netzes sein sollte. Im Beiblatt DIN VDE 0100 Bbl 5:1995-11 sind Tabellen zur Bestimmung der maximalen Kabellängen zur Einhaltung eines vorgegebenen Spannungsfalls aufgeführt. Diese Vorgaben sollten bereits während der Planung zugrunde gelegt werden. Weitere Erläuterungen und Beispiele finden sich im nationalen Beiblatt zur DIN VDE 0100-520 Bbl 2:2002-11.

Auswahl und Einstellung von Schutz- und Überwachungseinrichtungen

Das zitierte Kapitel 53 ist bei CENELEC noch in Beratung. Die Anforderungen sind daher den Teilen 410 und 430 zu entnehmen.

Bei der Auswahl und Einstellung der Überstrom-Schutzeinrichtungen für den Schutz bei Überlast sind die Verlegearten, die Umgebungstemperatur, Häufungen und andere Einflüsse nach DIN VDE 0298-4:2003-8 zu beachten, für den Schutz bei Kurzschluss die DIN VDE 0100-430:1991-11, DIN VDE 0100 Bbl 5:1995-11 und DIN VDE 0100-520 Bbl.2:2002-11. Der am Einbauort auftretende größte Kurzschlussstrom muss im Allgemeinen nicht berechnet werden, sondern es genügt die Einhaltung der Anforderungen der TAB 2000 (Technische Anschlussbedingungen für den Anschluss an das Niederspannungsnetz), die vom örtlich zuständigen Verteilungsnetzbetreiber herausgegeben wird.

Wegen des zu großen Aufwands bei der Messung hoher Kurzschlussströme wurde die Prüfung allein auf den Aspekt „Besichtigen" beschränkt. Die ordnungsgemäße Funktion der ausgelieferten Überstrom-Schutzeinrichtungen muss vom Hersteller der Betriebsmittel sichergestellt werden. Nach dem Einbau in der Anlage sind lediglich die folgenden Kriterien zu kontrollieren:

- Richtige Zuordnung und/oder Einstellung der Überstrom-Schutzeinrichtungen
- Kurzschlussfestigkeit und/oder Schaltvermögen der Betriebsmittel für den an ihrem Einbauort größtmöglichen Kurzschlussstrom

Vorhandensein und richtige Anordnung von geeigneten Trenn- und Schaltgeräten

DIN VDE 0100-460:2002-08 beschreibt die Schutzmaßnahmen zum Trennen und Schalten. Danach muss jede Einrichtung, die zum Trennen und Schalten vorgesehen ist, der DIN VDE 0100-537:1999-06 entsprechen. Weiterhin sind z. B. folgende Aspekte zu berücksichtigen:

- Maßnahmen zur Trennung aller aktiven Leiter von der Stromversorgung
- Maßnahmen gegen das unbeabsichtigte Einschalten von Betriebsmitteln
- Warnhinweise bei Mehrfachversorgungen
- Maßnahmen zum Ausschalten und gegen unbeabsichtigtes Wiedereinschalten von elektrisch versorgten mechanischen Betriebsmitteln
- Ausschaltung im Notfall
- Schalter zum betriebsmäßigen Schalten (Steuern)
- Anforderungen an Hilfsstromkreise

Außerdem sollte bedacht werden, ob Anforderungen zur elektrischen Ausrüstung von Maschinen aus der DIN EN 60204-1 (VDE 0113 Teil 1):1998-11 zu berücksichtigen sind.

Auswahl der Betriebsmittel und Schutzmaßnahmen unter Berücksichtigung der äußeren Einflüsse

Elektrische Betriebsmittel müssen den an ihrem Einsatzort anzutreffenden Umgebungsbedingungen genügen. Diese können z. B. durch Temperaturen, Feuchtigkeit, Staub, mechanische oder elektromagnetische Beeinflussungen, Sonneneinstrahlung, aber auch durch den benutzenden Personenkreis (z. B. Elektrofachkräfte, Laien, Behinderte, Kinder) geprägt sein. Abschnitt 512.2 aus DIN VDE 0100-510: 1997-01 verweist auf einen informativen Anhang dieser Norm, in dem die Klassifizierung elektrischer Betriebsmittel unter äußeren Umgebungseinflüssen vorgenommen wird.

Anforderungen an den Schutz von Kabeln und Leitungen bei den unterschiedlichen Umgebungsbedingungen sind im Abschnitt 522 der DIN VDE 0100-520:2003-06 beschrieben. Maßnahmen zum Brandschutz in Orten mit besonderen Risiken und Gefahren regelt die DIN VDE 0100-482:2003-06.

Kennzeichnung der Neutral- und der Schutzleiter

Die Farbkennzeichnung von Neutral- und Schutzleitern muss DIN VDE 0100-510: 1997-01 Abschnitt 514.3 entsprechen. Dabei muss die Kombination grün-gelb zur Kennzeichnung des Schutzleiters und darf für keinen anderen Zweck verwendet werden. Auch blanke Leiter oder Sammelschienen, die als Schutzleiter verwendet werden, müssen über die gesamte Länge jedes Leiters oder in jedem Feld entsprechend gekennzeichnet sein (dies gilt nicht für fremde leitfähige Teile oder Konstruktionsteile, die als Schutzleiter verwendet werden). Bei Klebeband ist zweifarbiges Band zu verwenden. Wenn der Schutzleiter durch Form, Aufbau oder Anordnung leicht zu erkennen ist, ist die farbliche Kennzeichnung über die gesamte Länge nicht notwendig, die Enden oder zugängliche Stellen sollten aber deutlich gekennzeichnet sein. Isoliert verlegte PEN-Leiter müssen im gesamten Verlauf grün-gelb sein mit einer hellblauen Markierung an den Leiterenden.

Für den Neutralleiter bei Wechselstrom und Mittelleiter bei Gleichstrom ist die Farbe Hellblau vorgesehen. Wenn in einem mehradrigen Kabel kein Neutral- oder Mittelleiter vorhanden ist, darf die Farbe Hellblau jedoch auch für andere Zwecke (ausgenommen als Schutzleiter) verwendet werden.

Vorhandensein von Schaltungsunterlagen, Warnhinweisen und anderen ähnlichen Informationen

Nach DIN VDE 0100-510:1997-01 Abschnitt 514.5 müssen Schaltpläne, Diagramme und Tabellen vorhanden sein, aus denen Art und Aufbau der Stromkreise, Anzahl und Querschnitte der Leiter und die Art der Kabel- und Leitungsverlegung hervorgehen. Außerdem müssen die zur Identifizierung der Schutz-, Trenn- und Schalteinrichtungen erforderlichen Kennzeichnungen ersichtlich sein. Diese Forderung ist vor allem bei komplexen Anlagen zu beachten. Schaltpläne sind insbesondere erforderlich, wenn die Anlage mehrere Verteiler enthält. Bei einfachen Anlagen dürfen die erforderlichen Informationen auch aus Listen oder Tabellen hervorgehen. Die Dokumentation ist unter anderem erforderlich, um später erforderliche Änderungen und Wiederholungsprüfungen durchführen zu können.

Weitere wesentliche Informationen für die Montage und den Betrieb der elektrischen Betriebsmittel gehen aus den Montage- und Betriebsanleitungen der Hersteller hervor. Ihre Anwendung sollte ebenfalls mit der Besichtigung geprüft werden.

Kennzeichnung der Stromkreise, Sicherungen, Schalter, Klemmen usw.

Schilder und Kennzeichnungen sind vorgesehen, um den Verwendungszweck zu erkennen und Verwechslungen zu vermeiden. Die Anforderungen sind in DIN VDE 0100-510:1997-01 Abschnitt 514 behandelt. Sie betreffen u. a. die Kennzeichnung von

- Kabel- und Leitungssystemen
- Neutralleitern und Schutzleitern
- Schutzeinrichtungen

Ordnungsgemäße Leiterverbindungen

Verbindungen zwischen Leitern oder zwischen Leitern und Betriebsmitteln müssen nach DIN VDE 0100-520:2003-06 Abschnitt 526 für eine dauerhafte Stromübertragung bemessen sein und eine angemessene mechanische Festigkeit besitzen. Im Zweifelsfall wird empfohlen, den Widerstand der Verbindungen zu messen. Der Widerstand sollte nicht größer sein als der Widerstand eines Leiters von 1 m Länge und einem Querschnitt, der dem kleinsten Querschnitt der verbundenen Leiter entspricht.

Zugänglichkeit zur leichten Bedienung, Identifizierung und Wartung

Nach DIN VDE 0100-510:1997-01 Abschnitt 513 müssen elektrische Betriebsmittel so angeordnet sein, dass ihre betriebsmäßige Bedienung, Inspektion und Wartung sowie der Zugang zu lösbaren Verbindungen leicht möglich ist. Durch den Einbau in Gehäuse oder anderen Einbauräumen darf dies nicht wesentlich beeinträchtigt sein.

Nach DIN VDE 0100-537:1999-06 Abschnitt 537.3 und 537.4 müssen Geräte zum Ausschalten für mechanische Instandhaltung und Geräte für Not-Halt und Not-Aus so angebracht und gekennzeichnet sein, dass sie leicht erkennbar und für die vorgesehene Anwendung leicht zugänglich sind.

5 Kriterien zur Beurteilung der Messgeräte und Messwerte

5.1 Anforderungen an Messgeräte

Eine korrekte Prüfung der Schutzmaßnahmen ist nur mit geeigneten Messgeräten möglich. Deshalb ist es erforderlich, normgerechte Messgeräte zu verwenden. Für die Prüfung von Schutzmaßnahmen ist in der DIN VDE 0100-610 gefordert, Messgeräte zu verwenden, die die Anforderungen der Normen der Reihe DIN EN 61557 (VDE 0413) „Geräte zum Prüfen, Messen oder Überwachen von Schutzmaßnahmen“ erfüllen. Zielsetzung der Normen der Reihe DIN EN 61557 (VDE 0413) ist:

- Schutz des Prüfers und Unbeteiligter während der Messung
- vergleichbare Messergebnisse bei Messgeräten verschiedener Hersteller
- vertretbarer Messaufwand in der Praxis

Ähnlich wie früher oft Glühlampen zur Prüfung von Schutzmaßnahmen eingesetzt wurden – obwohl dies nie zulässig war –, werden heute immer noch Messgeräte verwendet, die nicht den Anforderungen der DIN EN 61557 (VDE 0413) entsprechen (**Bild 5.1**).

Durch die Prüfungen der Schutzmaßnahmen soll der Nachweis erbracht werden, dass sie wie vom Planer vorgesehen und wie durch die Anforderungen der DIN-VDE-Normen vorgegeben funktionieren. Selbstverständlich dürfen durch die Prüfmaßnahmen keine Gefahren in den Anlagen ausgelöst werden. Wird z. B. ein nahezu impedanzloser Körperschluss am Körper eines Verbrauchers (metallenes Gehäuse) erzeugt, um die Funktionsfähigkeit der Abschalteinrichtung für den

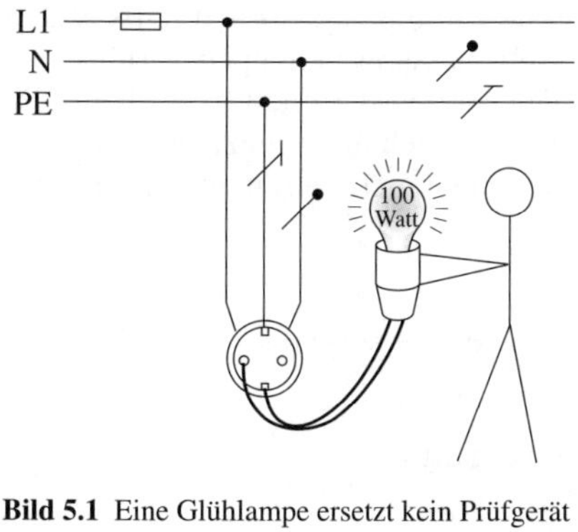

Bild 5.1 Eine Glühlampe ersetzt kein Prüfgerät

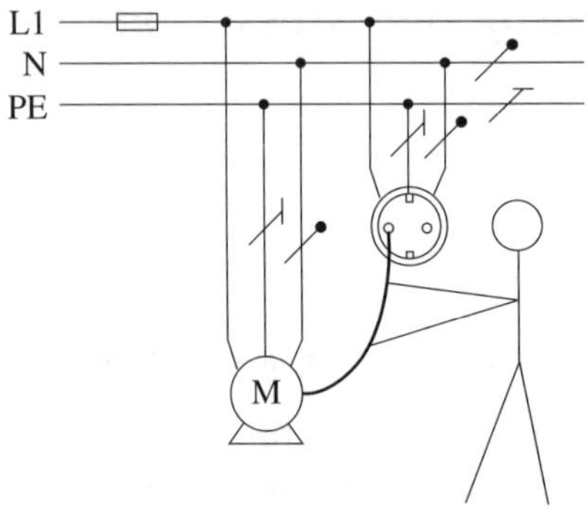

Bild 5.2 Ein absichtlicher Körperschluss ersetzt keine Messung

Schutz durch automatische Abschaltung zu überprüfen, könnte bei fehlerhafter Anlage eine gefährliche Berührungsspannung auftreten (**Bild 5.2**). Derartige „Prüfmethoden“ sind unzulässig.

Beim Kauf von Messgeräten sollte der Käufer sich vergewissern, dass die Geräte den Anforderungen der DIN EN 61557 (VDE 0413) genügen. Bei älteren Messgeräten muss geprüft werden, ob zumindest die wesentlichen Anforderungen der DIN EN 61557 bezüglich der Sicherheit und Genauigkeit erfüllt sind. Ist das nicht der Fall, dürfen diese Messgeräte nicht für Prüfungen nach DIN VDE 0100-610 verwendet werden. Messgeräte, die den alten deutschen Normen der Reihe DIN VDE 0413 entsprechen, dürften im Allgemeinen auch die wesentlichen Anforderungen der DIN EN 61557 erfüllen, da diese europäischen Normen aus einer Überarbeitung der zugrunde liegenden deutschen Normen der Reihe VDE 0413 hervorgegangen sind. Allerdings wurden einige Anforderungen an die Geräte der Entwicklung auf diesem Gebiet angepasst.

In **Tabelle 5.1** sind für die verschiedenen Messgeräte die zugehörigen DIN-VDE-Normen mit den maximal zulässigen Betriebsmessabweichungen (früher als Gebrauchsfehler bezeichnet) aufgeführt und den Werten der alten deutschen DIN VDE 0413 gegenübergestellt. Die Betriebsmessabweichungen beziehen sich auf festgelegte Bemessungsbedingungen (früher als Gebrauchsbedingungen bezeichnet), wie beispielsweise

- Umgebungstemperatur 0 °C – 35 °C
- 85 % – 110 % Nennversorgungsspannung bei Netzversorgung
- Gebrauchslage
- konstante Netzspannung während des Messvorgangs
- sinusförmiger Strom

Durch eine Typprüfung und teilweise durch Stückprüfungen muss nachgewiesen werden, dass die Betriebsmessabweichungen unter den vorgegebenen Bemessungsbedingungen eingehalten werden. Durch die freiwillige Prüfung einer akkreditierten Prüfstelle kann der Gerätehersteller die Einhaltung der Anforderungen von einer neutralen Stelle bestätigen lassen. Eine solche Prüfung wird durch das GS-Zeichen dokumentiert.

Geräte zum Prüfen, Messen oder Überwachen von Schutzmaßnahmen	DIN EN 61557	VDE 0413 (alt)
1. Allgemeine Anforderungen	DIN EN 61557-1 (VDE 0413 Teil 1) Übergeordnete Bemessungsbedingungen (sofern zutreffend und in den einzelnen Teilen nicht anders festgelegt): Temperaturbereich 0 °C – 35 °C 90° zur Referenzlage 85 % – 110 % Nennversorgungsspannung bei Netzversorgung Frequenz der Versorgungsspannung ± 1 % Schutzklasse II (ausgenommen Messeinrichtungen nach Teil 8) Fremdspannungsfestigkeit Verschmutzungsgrad 2 (nach VDE 0411 Teil 1) Überspannungskategorie II (bei Netzversorgung III) Batteriekontrolleinrichtung bei Messgeräten mit Batterie- bzw. Akkumulatorversorgung	Bemessungsbedingungen (Nenngebrauchsbedingungen) nicht übergeordnet formuliert, sondern nur in den Einzelnormen, z. B. Temperaturbereich 0 °C – 30 °C 90 % – 110 % Netznennspannung
2. Isolationswiderstand	DIN EN 61557-2 (VDE 0413 Teil 2) Gleichspannung als Ausgangsspannung Nennstrom ≥ 1 mA Messstrom ≤ 15 mA Betriebsmessabweichung ≤ ± 30 % vom Messwert Fremdspannungsfestigkeit bis 120 % Kein unbeabsichtigtes Berühren von aktiven Teilen	VDE 0413 Teil 1 Gleichspannung als Ausgangsspannung Nennstrom ≥ 1 mA Kurzschlussstrom ≤ 12 mA Leerlaufspannung ≤ 1,5 Nennspannung Gebrauchsfehler ≤ ± 30 % bei Nenngebrauchsbedingungen

Tabelle 5.1 Messgeräte zur Prüfung von Schutzmaßnahmen und ihre zulässige Betriebsmessabweichung bei den maßgeblichen Bemessungsbedingungen

Geräte zum Prüfen, Messen oder Überwachen von Schutzmaßnahmen	DIN EN 61557	VDE 0413 (alt)
noch 2. Isolationswiderstand		Nenngebrauchsbedingungen: 0 °C – 30 °C, beliebige Gebrauchslage, 90 % – 110 % der Netznennversorgungsspannung bei Netzversorgung Fremdspannungsfestigkeit bis 120 % Kein unbeabsichtigtes Berühren von aktiven Teilen Schutzklasse II
3. Schleifenwiderstand	DIN EN 61557-3 (VDE 0413 Teil 3) Betriebsmessabweichung ≤ ± 30 % vom Messwert Netzimpedanzwinkel cos φ ≥ 0,95 Keine Gefahr durch Berührungsspannung von mehr als 50 V im zu prüfenden Netz Bei Anschluss an 120 % der Nennspannung darf die zulässige Berührungsspannung nicht überschritten werden, Schutzeinrichtungen dürfen nicht ansprechen Bei Anschluss an 173 % der Nennspannung keine Gefährdung für Bediener und Messgerät, Schutzeinrichtungen dürfen ansprechen	VDE 0413 Teil 3 Gebrauchsfehler ≤ ± 30 % bei Nenngebrauchsbedingungen Nenngebrauchsbedingungen: 0 °C – 30 °C, Abweichung von ± 30 % von der Referenzlage Keine Gefahr durch Berührungsspannung von mehr als 65 V im zu prüfenden Netz
4. Widerstand von Erdungsleitern, Schutzleitern und Potentialausgleichsleitern	DIN EN 61557-4 (VDE 0413 Teil 4) Gleich- oder Wechselspannung Leerlaufspannung 4 V – 24 V Messstrom ≥ 0,2 A im minimalen Messbereich Skaleneinteilung 0,5 mm je 0,1 Ω Betriebsmessabweichung ≤ ± 30 % Eindeutige Grenzwertanzeige Spannungsfestigkeit 120 % Netznennspannung Polwender bei Gleichspannung	VDE 0413 Teil 4 Gleich- oder Wechselspannung Leerlaufspannung 4 V – 24 V Kurzschlussstrom ≥ 0,2 A bei Gleichstrom und ≥ 5 A bei Wechselstrom Skaleneinteilung 0,5 mm je 0,1 Ω Gebrauchsfehler ≤ ± 30 % unter Nenngebrauchsbedingungen

Tabelle 5.1 (Fortsetzung) Messgeräte zur Prüfung von Schutzmaßnahmen und ihre zulässige Betriebsmessabweichung bei den maßgeblichen Bemessungsbedingungen

Geräte zum Prüfen, Messen oder Überwachen von Schutzmaßnahmen	**DIN EN 61557**	**VDE 0413 (alt)**
noch 4. Widerstand von Erdungsleitern, Schutzleitern und Potentialausgleichsleitern		Nenngebrauchsbedingungen: 0 °C – 30 °C, beliebige Gebrauchslage, 90 % – 110 % Netznennspannung Polwender bei Gleichspannung Spannungsfestigkeit 110 % Netznennspannung
5. Erdungswiderstand	DIN EN 61557-5 (VDE 0413 Teil 5) Wechselspannung als Ausgangsspannung Betriebsmessabweichung ≤ ± 30 % vom angezeigten Messwert unter Bemessungsbedingungen Keine gefährliche Berührungsspannung Spannungsfestigkeit 120 % Netznennspannung festgelegter Sonden- und Hilfserderwiderstand	VDE 0413 Teil 5 (Kompensations-Messverfahren) und Teil 7 (Strom-Spannungs-Messverfahren) Wechselspannung als Ausgangsspannung Keine gefährliche Berührungsspannung Gebrauchsfehler ≤ ± 30 % unter Nenngebrauchsbedingungen Nenngebrauchsbedingungen: 0 °C – 30 °C, beliebige Gebrauchslage, festgelegter Sonden- und Hilfserderwiderstand, 90 % – 110% Netznennspannung Spannungsfestigkeit 2 kV gegen berührbare Teile Schutzklasse II
6. Fehlerstrom-Schutzeinrichtungen (RCDs)	DIN EN 61557-6 (VDE 0413 Teil 6) Betriebsmessabweichung des Prüfstroms und der Messung des Auslösestroms 0 % – 10 % des Bemessungsdifferenzstroms Betriebsmessabweichung bei Messung der Fehlerspannung 0 % – 20 % der zulässigen Berührungsspannung Einhalten der zulässigen Auslösezeit muss erkennbar sein, Betriebsmessabweichung ± 10 %	VDE 0413 Teil 6 Messabweichung der Messung des Auslösestroms ± 10 % des Bemessungsdifferenzstroms Betriebsmessabweichung bei Messung der Fehlerspannung 0 % – 20 % der zulässigen Berührungsspannung

Tabelle 5.1 (Fortsetzung) Messgeräte zur Prüfung von Schutzmaßnahmen und ihre zulässige Betriebsmessabweichung bei den maßgeblichen Bemessungsbedingungen

Geräte zum Prüfen, Messen oder Überwachen von Schutzmaßnahmen	DIN EN 61557	VDE 0413 (alt)
noch 6. Fehlerstrom-Schutz-einrichtungen (RCDs)	Einhalten der zulässigen Berührungsspannung beim Bemessungsdifferenzstrom muss erkennbar sein Bei $I_{\Delta N} \leq 30$ mA muss Prüfung mit fünffachem Wert möglich sein, Prüfdauer auf 40 ms begrenzt Keine gefährliche Berührungsspannung Spannungsfestigkeit 120 % Netznennspannung ohne, 173 % mit Ansprechen von Schutzeinrichtungen	Betriebsbedingungen: 0 °C – 30°C, Abweichung gegenüber Referenzlage 30 %, 90 % – 110 % Nennspannung, Schutzleiter fremdspannungsfrei, Netzspannung konstant, Stromkreis fehlerstromfrei Einhalten der zulässigen Fehlerspannung beim Auslösestrom muss erkennbar sein Keine gefährliche Berührungsspannung Spannungsfestigkeit 120 % Netznennspannung ohne, 174 % mit Ansprechen von Schutzeinrichtungen
7. Drehfeld	DIN EN 61557-7 (VDE 0413 Teil 7) Abweichung von Netznennfrequenz ± 5 % Spannungsfestigkeit 120 % Netznennspannung Berührungssichere Gerätesteckvorrichtungen Schutzklasse II	VDE 0413 Teil 9 Nennspannung ± 10 %, Nennfrequenz ± 5 % Spannungsfestigkeit 120 % Netznennspannung Berührungssichere Gerätesteckvorrichtungen Schutzklasse II
8. Isolationsüberwachungsgeräte	DIN EN 61557-8 (VDE 0413 Teil 8) Überwachen von Wechselspannungsnetzen bzw. Wechselspannungsnetzen mit galvanisch verbundenen Gleichstromkreisen und Gleichspannungsnetzen Ansprechzeit ≤ 10 s bzw. 100 s Messstrom ≤ 10 mA Wechselstrominnenwiderstand ≥ 250 Ω/V, mind. ≥ 15 kΩ Ansprechabweichung 0 % – 30 % bzw. 0 % – 50 % weitere Anforderungen gem. Tabelle 1 der Norm	VDE 0413 Teil 2 Überwachen von Wechselspannungsnetzen mittels überlagerter Gleichspannung Umgebungstemperatur 0 °C – 40 °C Netzspannung an Anschlussklemmen 0 % – 115 % U_n Eingangsspannung 80 % – 110 % U_n Wechselstrominnenwiderstand ≥ 250 Ω/V, mind. ≥ 15 kΩ Ansprechfehler ≤ 15 %

Tabelle 5.1 (Fortsetzung) Messgeräte zur Prüfung von Schutzmaßnahmen und ihre zulässige Betriebsmessabweichung bei den maßgeblichen Bemessungsbedingungen

Geräte zum Prüfen, Messen oder Überwachen von Schutzmaßnahmen	DIN EN 61557	VDE 0413 (alt)
noch 8. Isolationsüberwachungsgeräte		VDE 0413 Teil 8 Überwachung von Wechselspannungsnetzen mit galvanisch verbundenen Gleichstromkreisen, auch für Gleichspannungsnetze geeignet Umgebungstemperatur 0 °C – 50 °C Netzspannung an Anschlussklemmen 0 % – 115 % U_n Ansprechzeit 100 s Ansprechfehler 0 % – 50 %
9. Einrichtungen zur Isolations-Fehlersuche in IT-Systemen	DIN EN 61557-9 (VDE 0413 Teil 9) Lokalisierung von symmetrischen und unsymmetrischen Isolationsfehlern Symmetrische Netzableitkapazität Weitere Anforderungen gemäß Tabelle 1 der Norm	
10. Kombinierte Messgeräte	DIN EN 61557-10 (VDE 0413 Teil 10)	

Tabelle 5.1 (Fortsetzung) Messgeräte zur Prüfung von Schutzmaßnahmen und ihre zulässige Betriebsmessabweichung bei den maßgeblichen Bemessungsbedingungen

In den noch folgenden Abschnitten, in denen auf die speziellen Messverfahren eingegangen wird, sind weitere Anforderungen an die Messgeräte beschrieben. **Tabelle 5.2** vermittelt einen Überblick über weitere Mess- und Prüfgeräte und die zugrunde zu legenden Anforderungen der DIN-VDE-Normen.

Art der Mess- oder Prüfgeräte	Normen	Messgrößen
Durchgangsprüfgeräte	DIN VDE 0403	Widerstand
zweipolige Spannungsprüfer	DIN EN 61243-3 (VDE 0682 Teil 401)	Spannung
einpolige Spannungsprüfer	DIN VDE 0680-6	Spannung
Messgeräte mit Skalenanzeige	DIN EN 60051	Strom, Spannung
Prüf- und Messeinrichtungen zum Prüfen der elektrischen Sicherheit von elektrischen Geräten	DIN VDE 0404	Schutzleiterwiderstand, Isolationswiderstand, Ableitströme

Tabelle 5.2 Weitere Normen für Mess- und Prüfgeräte

5.2 Messfehler und deren Bewertung

Zum Messen zählt auch die Feststellung, inwieweit bei Messgeräten mit einer Gut-Schlecht-Anzeige ein Grenzwert – gegebenenfalls unter Berücksichtigung des Messfehlers – eingehalten ist.

Werden Geräte mit Messwertanzeige verwendet, ist der Messwert – insbesondere im Grenzbereich – zu bewerten; dabei sind die Messfehler des Messgeräts und der Messmethode zu berücksichtigen. Für Messgeräte nach DIN EN 61557 (VDE 0413) ist die von der Norm bzw. dem Gerätehersteller vorgegebene Betriebsmessabweichung zu beachten; sie ist als Fehler unter Bemessungsbedingungen definiert.

Neben der Betriebsmessabweichung, also dem Fehler durch das Messgerät, müssen systematische Fehler (grundlegende Fehler der Messmethode) berücksichtigt werden; sie sind je nach Messaufgabe auf verschiedenartige Ursachen zurückzuführen. Die folgenden fünf Unterabschnitte vermitteln hierzu eine stichwortartige Übersicht.

5.2.1 Schutzleiterwiderstand

Abweichung der Leitertemperatur bei der Messung (bei etwa 20 °C Raumtemperatur) von der Leitertemperatur im Fehlerfall.

Gemäß der inzwischen zurückgezogenen DIN VDE 0102:1990-01 kann man im Kurzschlussfall von einer maximalen Erwärmung auf 80 °C ausgehen (die aktuell gültige DIN EN 60909-0 (VDE 0102):2002-07 gibt hierfür keinen Wert mehr an). Dies entspricht einer Vergrößerung des Schutzleiterwiderstands bei Kupferleitern um den Faktor 1,24.

Wenn der Schutzleiter mit den belasteten Leitern eines Stromkreises in einer gemeinsamen Umhüllung verlegt ist und der Stromkreis kurz vor der Messung belastet wurde, kann gegebenenfalls mit einem geringeren Wert als 1,24 gerechnet werden.

Ein weiterer Fehler bei der Messung von Schutzleiterwiderständen kann durch die verwendeten Messleitungen und durch Übergangswiderstände an der Kontaktstelle der Messspitzen, z. B. durch Korrosion an der Messstelle, entstehen.

5.2.2 Schleifenimpedanz

Abweichung der Leitertemperatur: Diese wirkt sich wie beim Schutzleiterwiderstand beschrieben auch auf die Schleifenimpedanz aus. Im Anhang E der DIN VDE 0100-610 wird unter E 612.6.3 ein Verfahren zur Messung der Schleifenimpedanz angegeben unter Berücksichtigung des Anstiegs der Leiterwiderstände bei steigender Temperatur.

Impedanzwinkel der Netzimpedanz: Üblicherweise reicht der nahezu rein Ohm'sche Anteil der Leitungsimpedanz der Verbraucheranlage dafür, dass die gesamte Schleifenimpedanz einen für den Messfehler des Messgeräts zulässigen Impedanzwinkel annimmt. Eine einigermaßen genaue Eingrenzung des Impedanzwinkels ist mit praxisüblichen Messgeräten nicht möglich. Entsprechend ungenau muss daher auch die Abschätzung seines Einflusses auf die Exaktheit der Messung der Netzimpedanz sein, sofern ein zu großer Impedanzwinkel angenommen werden muss. Bei den Messgeräten nach DIN EN 61557-3 wird bei Verwendung eines Wirkwiderstands als Belastungseinrichtung vorausgesetzt, dass der Leistungsfaktor cos φ des zu prüfenden Netzes größer als 0,95 ist. Der Fehler durch den Impedanzwinkel ist bis zu diesem Wert bei der Betriebsmessabweichung berücksichtigt. Größere Fehler können nur unmittelbar hinter dem Transformator oder bei am Hausanschluss angeschlossenen Freileitungen auftreten. Daher ist die Messung des Schleifenwiderstands statt der von der Norm geforderten Schleifenimpedanz im Allgemeinen ausreichend.

Schwankungen der Netzspannung nach Betrag und Phasenlage: Diese Schwankungen werden insbesondere durch Änderungen der Netzbelastung hervorgerufen, z. B. beim Anlauf von größeren Antrieben in bereits bestehenden Anlagenteilen. Kurzfristige Schwankungen lassen sich durch Mittelwertbildung von mehreren Messungen ausgleichen. Dies wird von den Messgeräten einiger Hersteller bereits automatisch durchgeführt. Länger andauernde anormale Lastzustände des Netzes lassen sich allenfalls durch Messung der Leerlaufspannung am Ort der Messung und eine Korrektur des Kurzschlussstroms bzw. der Netzimpedanz gemäß der vermuteten Leerlaufspannung des speisenden Netztransformators berücksichtigen.

Einfluss der Messleitung: Wenn Messleitungen insgesamt eine Länge von etwa 2 m haben und zusätzliche Übergangswiderstände ausgeschlossen werden können, braucht die Leitungsimpedanz im Messergebnis nicht berücksichtigt zu werden. Die heutigen Messgeräte sind mit Vierpolmessleitungen ausgestattet oder der Widerstand der Messleitungen lässt sich einkalibrieren.

5.2.3 Erderwiderstand

Beeinflussung des Messergebnisses (bei Sondenmessung) durch andere Erder: Es lässt sich verallgemeinerungsfähig nicht konkret darstellen, wie dieser Einfluss berücksichtigt werden könnte.

Jahreszeitliche Schwankungen des spezifischen Erdwiderstands infolge von Frost und Feuchtigkeit: Dieser Einfluss hängt natürlich wesentlich von der jeweiligen Verlegungstiefe, der Oberflächenabdeckung des Erdbodens und der Niederschlagsmenge der zurückliegenden Zeit ab. Auch hier lässt sich der Einfluss nur schwer abschätzen.

Beeinflussung durch vagabundierende Ströme im Erdreich (Fremdspannungen).

5.2.4 Berührungsspannung bei Anwendung von Fehlerstrom-Schutzeinrichtungen (RCDs) im TT-System

Es ergeben sich dieselben systematischen Fehler wie beim Erderwiderstand.

Bei der Bemessung eines Erders für mehrere Fehlerstrom-Schutzeinrichtungen im TT-System ist zu beachten, dass der Erdungswiderstand R_A allein nach dem größten Bemessungsdifferenzstrom $I_{\Delta N}$ zu bemessen ist. Die Gleichzeitigkeit mehrerer Körperschlüsse braucht hier genauso wenig angenommen zu werden wie bei der Bemessung von Schutzleitern nach DIN VDE 0100-540.

5.2.5 Bewertung der Messfehler

In vielen, wenn nicht gar den meisten Fällen lassen sich die systematischen Fehler nur durch einen deutlichen Abstand des gemessenen Werts vom Auslegungsgrenzwert berücksichtigen. Wie groß der Abstand gewählt werden sollte, lässt sich zahlenmäßig meist nur recht vage abschätzen, da es oft keine klaren Wertmaßstäbe gibt, z. B. zur Erfassung des Witterungseinflusses. In aller Regel liegt man auf der sicheren Seite, wenn man vereinfachend zusammen für den Fehler des Messgeräts (Betriebsmessabweichung = Fehler unter Bemessungsbedingungen) und den der Messmethode (systematischer Fehler) den Messwert verdoppelt bzw. halbiert. Die Verdoppelung ist erforderlich, wenn es darum geht, einen oberen Grenzwert nicht zu überschreiten (z. B. Erdungswiderstand). Der gemessene Wert ist zu halbieren, wenn ein Mindestwert nicht unterschritten werden darf (z. B. Isolationswiderstand). Wenn mit einer solchen vereinfachenden Bewertung die Anforderungen, z. B. die Wirksamkeit der Abschaltung im TN-System (Schleifenimpedanz), nicht erfüllt werden, sind genauere Abschätzungen erforderlich. Voraussetzung für alle Messfehlerbewertungen ist, dass die Messgeräte regelmäßig kalibriert werden.

5.3 Kriterien zur Beurteilung geeigneter Messgeräte

Die in Abschnitt 5.1 behandelten Anforderungen der DIN EN 61557 an Messgeräte müssen bei den ausgewählten Geräten erfüllt sein. Da Messgeräte für unterschiedliche Einsatzbereiche vorgesehen sind, weisen sie unabhängig von den Anforderungen der Norm Besonderheiten auf; sie sind üblicherweise in den Gebrauchsanleitungen ausführlich beschrieben.

5.3.1 Universalgerät oder mehrere Einzelgeräte?

Diese Frage lässt sich exakt nur auf den speziellen Einzelfall bezogen beantworten. Hierbei sind insbesondere neben den rein technischen Gesichtspunkten auch die persönlichen Aspekte des Anwenders zu berücksichtigen.

Bei den vielfach angebotenen Universalgeräten ist zu prüfen, inwieweit es sich hier tatsächlich um ein Universalgerät handelt bzw. welche Messungen mit dem Gerät exakt durchgeführt werden können und ob das angebotene Gerät den universellen Anspruch wirklich erfüllt. Einige Universalgeräte besitzen zusätzliche Funktionen, wie spezielle Messungen oder die Verbindung mit einem Drucker zur Ausgabe der Messergebnisse. Auf der Basis der erforderlichen Messaufgaben und der spezifischen Prioritäten lässt sich das Angebot in aller Regel schnell auf einige wenige Geräte eingrenzen.

In einem Versorgungsgebiet, in dem ausschließlich oder zumindest nahezu ausschließlich das TN-System zur Anwendung kommt, wird zwangsläufig besonderer Wert auf die Ermittlung der Schleifenimpedanz bzw. des Kurzschlussstroms gelegt. Diese Prüfung muss optimal vorgenommen werden können. Der Nachweis der Funktion von Fehlerstrom-Schutzeinrichtungen (RCDs), der zwangsläufig in einem solchen Gebiet nicht so häufig erforderlich sein wird, muss zwar ebenfalls exakt erbracht werden können; es kommt hierbei jedoch nicht so sehr darauf an, diese Messung auch besonders rationell durchzuführen.

Umgekehrt verhält es sich in einem Versorgungsgebiet, in dem vorwiegend das TT-System betrieben wird. Die Prüfung von Fehlerstrom-Schutzeinrichtungen hat hier Priorität; sie sollte besonders einfach und rationell durchgeführt werden können. Es ist jedoch zu bedenken, dass in Zukunft die Bedeutung der Fehlerstrom-Schutzeinrichtungen (RCDs) weiterhin zunehmen wird und damit auch die Anforderung an die Prüfung der Wirksamkeit der Schutzmaßnahme.

Einzelmessgeräte sind in aller Regel einfacher zu bedienen als Universalmessgeräte, bei denen die verschiedenen Messaufgaben zusätzliche Umschalter und Bedienungselemente erforderlich machen. Universalmessgeräte (**Bild 5.3**) wiederum sind wesentlich kompakter als mehrere Einzelmessgeräte (**Bild 5.4**) und in der Summe meist auch preiswerter als gleichwertige Einzelmessgeräte, mit denen die gleichen Messaufgaben wahrgenommen werden können. Weiterhin können Universalgeräte viele Zusatzfunktionen bieten, die Einzelgeräte nicht haben.

Die Entscheidung für mehrere Einzelmessgeräte oder ein Universalmessgerät wird sehr wesentlich auch durch die Struktur des jeweiligen Betriebs vorgegeben. So ist sie beispielsweise auch weitestgehend von der Anzahl der Mitarbeiter abhängig, die auf diese Messgeräte zurückgreifen müssen.

5.3.2 Ist die Bedienung des Geräts unkompliziert?

Messgeräte sollten schon nach kurzer Zeit der Einarbeitung ohne Bedienungsanweisung benutzt werden können. Häufig geht die Gebrauchsanleitung im Laufe der Zeit verloren, oder sie liegt „irgendwo“ in der Werkstatt, d. h. sie steht bei der Messung in der Anlage vor Ort nicht zur Verfügung. Schon aus diesem pragmatischen Grund sollten die Messgeräte so einfach zu bedienen sein, dass Messungen auch ohne Anleitung durchgeführt werden können. Der Aufbau von Messgeräten sollte so kon-

Bild 5.3 Beispiel für ein Universalmessgerät (PROFITEST 0100S der Firma Gossen Metrawatt; Werkfoto Gossen Metrawatt)

zipiert sein, dass das Gerät den Prüfenden geradezu zum Messen „anregt". Messungen sollen nicht nur möglich sein; sie sollen auch einfach, sicher und ohne langwierige Überlegungen und Recherchen in den Bedienungsanleitungen durchgeführt werden können.

Messgeräte zur Prüfung der Schutzmaßnahmen müssen für den Anwender konzipiert und gebaut sein, d. h. für Praktiker, die nicht über tief gehende und sehr spezielle Kenntnisse der eigentlichen Messtechnik verfügen. Leider werden am Markt auch Messgeräte angeboten, die durch ihre unnötige Komplexität geradezu eine Abneigung gegen das Messen auslösen.

Als vorteilhaft haben sich Geräte erwiesen, die nur mit einer Hand bedient werden und solche, die während des Messvorgangs um den Hals gehängt werden können. Sie erleichtern das Messen, da das Ablegen der Messgeräte während der Prüfung nicht immer problemlos möglich ist. In diesem Zusammenhang sei speziell an Prüfungen in Neubauten erinnert. Weiterhin ist es vorteilhaft, wenn die Geräte im Display eine Bedienführung und eine Bedienungsanleitung, z. B. als Schaltbild,

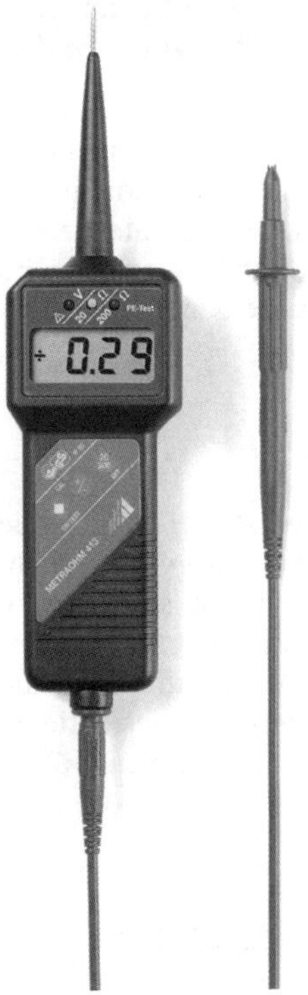

Bild 5.4 Beispiel für ein Einzelmessgerät (Niederohm-Messgerät Metraohm 413 der Firma Gossen Metrawatt; Werkfoto Gossen Metrawatt)

bieten. Das Display ist zur leichteren Ablesbarkeit oftmals schwenkbar, so dass der Blickwinkel verändert werden kann. Darüber hinaus gibt es Prüfspitzen mit integrierter Beleuchtungseinrichtung.

5.3.3 Wie lässt sich das Messgerät ablesen?

Es gibt Messgeräte mit analoger oder digitaler Anzeige. Bei analoger Anzeige lässt sich durch die Lage des Zeigers die Größenordnung und die Tendenz des Messwerts recht schnell erkennen, während der exakte Wert nur bei genauem Hinsehen abgelesen werden kann. Insbesondere bei stark schwankenden Messwerten lassen sich digitale Messgeräte ohne Messwertspeicherung kaum ablesen.

Bei digitaler Anzeige von festen Messwerten sind Ablesefehler nahezu auszuschließen. Deshalb und wegen zusätzlicher Komfort-Funktionen werden zunehmend Messgeräte mit digitaler Anzeige bevorzugt. Durch die mehrstellige Messwertanzeige wird die Genauigkeit jedoch häufig überschätzt. Eine Messwertspeicherung bietet Vorteile, da einige Messwerte nur über eine so kurze Zeit angezeigt werden, dass eine genaue Ablesung kaum möglich ist.

Bei Vielfachmessgeräten mit analoger Anzeige ist eine farbliche Differenzierung zwischen Skala und Bedienelement vorteilhaft, oder aber die Verwendung von Leuchtdioden, die anzeigen, welche Skala abzulesen ist. Diese Messgeräte werden jedoch heute nur noch selten angeboten. Bei Messgeräten mit digitaler Anzeige wird in der Regel die Messwerteinheit angezeigt, z. B. über Leuchtanzeigen. Das erleichtert die richtige Zuordnung des Messwerts.

5.3.4 Wie robust ist das Messgerät?

Messgeräte zur Prüfung der Schutzmaßnahmen, Isolationswiderstands-Messgeräte usw. werden üblicherweise sehr rauen Umgebungsbedingungen ausgesetzt. Nicht selten werden sie in einer Werkzeugkiste aufbewahrt oder liegen schutzlos in Betriebsfahrzeugen. An so beanspruchte Geräte, die zudem üblicherweise auf Baustellen eingesetzt werden, sind höhere Anforderungen hinsichtlich einer robusten Bauweise zu stellen als an Labor- oder Werkstattgeräte. Einen unbeabsichtigten Stoß, gegebenenfalls auch Fall, muss das Gerät – ohne Schaden zu nehmen – überstehen.

5.4 Empfehlungen für die Auswahl von Messgeräten

Nach Ziffer 2.3 der „Grundsätze für die Zusammenarbeit von Elektrizitätsversorgungsunternehmen und Elektroinstallateuren bei der Ausführung und Unterhaltung von elektrischen Anlagen im Anschluss an das Niederspannungsnetz der EVU" muss der bei einem Elektrizitätsversorgungsunternehmen (EVU) bzw. Verteilungsnetzbetreiber (VNB) eingetragene Elektroinstallateur jederzeit über ausreichende Mess- und Prüfgeräte verfügen, mit denen alle in einem Elektro-Installationsbetrieb üblicherweise vorkommenden Arbeiten vorschriftsmäßig und nach den Regeln handwerklichen Könnens ausgeführt und geprüft werden können. Das heißt, Messgeräte sind für jeden Elektro-Installationsbetrieb unumgänglich erforderlich.

Werden die zuvor behandelten Kriterien zur Beurteilung geeigneter Messgeräte bei dem Kauf der Geräte berücksichtigt, wird die Auswahl der Geräte nicht zu einem unüberschaubaren „Messgerätepark" führen. Auch die Höhe der Anschaffungskosten wird sich in vertretbaren Grenzen halten. Im Zusammenhang mit dem finanziellen Aufwand für die Messgeräte sollte gelegentlich auch einmal bedacht werden, dass die Investitionen für die erforderlichen Mess- und Prüfgeräte z. B. im Kraftfahrzeug- oder Rundfunk- und Fernsehtechnikerhandwerk wesentlich größer sind als im Elektroinstallateurhandwerk.

Um den Messenden, aber auch am Messvorgang unbeteiligte Personen während des Messvorgangs nicht zu gefährden – und natürlich um zuverlässige und nachvollziehbare Messergebnisse zu erzielen –, ist es erforderlich, normgerechte Messgeräte für die zuvor beschriebenen Messaufgaben und -verfahren zu verwenden. Die Neufassung der DIN EN 0100-610 schreibt die Verwendung von Messgeräten nach DIN EN 61557 (VDE 0413) oder von Messgeräten mit gleichen Leistungsmerkmalen und gleicher Sicherheit vor. Die Tabelle 5.1 vermittelt eine Übersicht über Messaufgaben und Normen für Messgeräte, die für Erstprüfungen nach DIN VDE 0100-610 verwendet werden können.

Selbstverständlich können mehrere Gerätefunktionen in einem Kombinationsgerät zusammengefasst sein. So kann z. B. die Kombination eines Isolations-Messgeräts nach DIN EN 61557-2 (VDE 0413 Teil 2) mit einem Widerstands-Messgerät nach DIN EN 61557-4 (VDE 0413 Teil 4) recht praktisch sein. Die Anforderungen an kombinierte Messgeräte zum Prüfen, Messen und Überwachen von Schutzmaßnahmen sind in DIN EN 61557-10 (VDE 0413 Teil 10):2001-12 festgelegt.

Zum Dokumentieren der Messwerte kann es von Vorteil sein, Messgeräte mit eingebautem oder aufsteckbarem Drucker zu verwenden. Insbesondere wenn in größeren Installationen viele Messungen durchzuführen sind, kann dies Zeit und damit Prüfkosten sparen helfen.

5.5 Überprüfung und Wartung von Messgeräten

Im Rahmen vorgegebener Toleranzen muss sich der Prüfende auf „seine“ Messgeräte verlassen können; die Anzeige „falscher“ Werte muss ausgeschlossen sein. Dennoch kann sich bei jedem Messgerät – auch beim besten und teuersten – im Laufe der Zeit die Messgenauigkeit vermindern, zumal die Geräte häufig rauen Umgebungseinflüssen unterliegen. Die Änderung kann beispielsweise dadurch eintreten, dass der Zeiger sich infolge einer Überlastung kaum sichtbar verbiegt, dass sich die Kraft der Federn geringfügig verändert oder die Widerstände durch Oxydation einen um wenige Hundertstel Ohm geänderten Wert annehmen.

Deshalb empfiehlt es sich, die Messgeräte regelmäßig kalibrieren zu lassen. Bei einer solchen Kalibrierung wird die Gültigkeit der Messergebnisse z. B. von einem Kalibrierlabor anhand von Messnormalen überprüft, die ebenfalls bezüglich einer noch höheren Genauigkeit kalibriert sind, so dass letztlich die Rückführbarkeit auf ein Urnormal sichergestellt ist. Eine solche Kalibrierung ist für Firmen, die ein Qualitätsmanagement nach DIN EN ISO 9001 eingeführt haben, vor dem ersten Gebrauch der Geräte und danach wiederkehrend in regelmäßigen Abständen verbindlich durch die Norm vorgeschrieben. Wegen der Bedeutung des Nachweises, dass die sicherheitstechnisch wichtigen Anforderungen der DIN VDE 0100 eingehalten sind, sollte eine solche Kalibrierung der Messgeräte für Prüfungen nach Teil 610 grundsätzlich durchgeführt werden. Die Kalibrierfristen lassen sich je nach

Empfindlichkeit und Handhabung des Geräts, Häufigkeit des Gebrauchs, Umgebungsbedingungen und Erfahrungswerten individuell festlegen.

Darüber hinaus können die Messgeräte in regelmäßigen Abständen überprüft werden. Zu diesem Zweck können in der Elektrowerkstatt „Referenzmessstellen“ geschaffen werden. Das Messgerät sollte bei jeder Überprüfung den gleichen Messwert anzeigen. Sind mehrere Messgeräte für die gleiche Messaufgabe vorhanden, sollten die gleichen Messungen mit allen Messgeräten durchgeführt werden. Ein Vergleich der Messergebnisse lässt etwaige Mängel erkennen. Werden bei der Überprüfung oder Kalibrierung Fehler festgestellt, empfiehlt es sich, das Gerät vom Hersteller justieren oder reparieren zu lassen. Es sollte aber auch überlegt werden, welche Messungen in der Vergangenheit mit diesem Gerät durchgeführt wurden und welche Auswirkungen eventuell falsche Messwerte auf die Sicherheit der elektrischen Anlage haben können. Gegebenenfalls müssen Prüfungen wiederholt werden.

Insbesondere Messgeräte mit Batterien oder Akkumulatoren bedürfen einer Wartung. Die Wartungsintervalle sind in den Gebrauchsanweisungen der einzelnen Geräte angegeben. Wird ein batteriebetriebenes Gerät über eine längere Zeit nicht benutzt, sollten die Batterien dem Messgerät entnommen werden, da sie andernfalls auslaufen und das Gerät beschädigen könnten. Akkumulatoren bedürfen einer regelmäßigen Aufladung.

6 Übersicht über die Prüfungen von Schutzmaßnahmen nach DIN VDE 0100-410

6.1 Allgemeines

Wie bei der bisher gültigen Normfassung muss jede Anlage bereits während der Errichtung, soweit sinnvoll, und/oder bei Fertigstellung geprüft werden, und zwar bevor sie vom Benutzer in Betrieb genommen wird. Sie muss besichtigt und gegebenenfalls erprobt werden und es müssen Messungen durchgeführt werden, um nachzuweisen, dass sämtliche Anforderungen gemäß den Normen der Reihe DIN VDE 0100 erfüllt sind. Hierbei ist insbesondere die Wirksamkeit des im Teil 410 beschriebenen Schutzes gegen elektrischen Schlag sicherzustellen. Die Einhaltung der für die angewandte Schutzmaßnahme im Teil 410 geltenden Anforderungen ist durch Prüfungen nach Teil 610 nachzuweisen, auch wenn dies im Detail nicht immer direkt aus den im Teil 610 beschriebenen Prüfaufgaben hervorgeht. Denn letztlich gehört zur Prüfung auch die Bewertung, ob alle Anforderungen der Normenreihe DIN VDE 0100 eingehalten sind. Über die Anforderungen der DIN VDE 0100 hinaus können je nach Art der Anlage weitere Anforderungen zu berücksichtigen sein (siehe Abschnitt 3.1).

Werden bei der Prüfung Abweichungen von den Errichtungsbestimmungen festgestellt, so sind nach Beseitigung der Fehler die entsprechenden Prüfschritte für die betroffenen Teile zu wiederholen.

6.1.1 Besichtigen

Die Anforderung, elektrische Anlagen durch Besichtigen zu prüfen, gibt es schon seit langem. Im neuen Teil 610 wurde der Begriff „Besichtigen" dahin erweitert, dass die Untersuchung der elektrischen Anlage mit allen Sinnen zu erfolgen hat, d. h. auch durch andere Wahrnehmungen wie Riechen, Hören und Fühlen. Das Besichtigen im Sinne der Prüfung nach DIN VDE 0100-610 ist von grundlegender Bedeutung für die Sicherheit elektrischer Anlagen. Hierauf wurde schon im Abschnitt 4 dieses Buchs hingewiesen. Ohne vorheriges Besichtigen sollte kein Erproben und Messen stattfinden. Mit anderen Worten:

Fällt das Besichtigen nicht zur Zufriedenheit des Prüfenden aus, sollte zum Zwecke der Beseitigung erkannter Mängel die Prüfung unter Umständen vorübergehend unterbrochen werden. Das Besichtigen begleitet die Errichtung einer elektrischen Anlage schon vom Beginn her. Es fängt an mit der Auswahl geeigneter Materialien und Betriebsmittel für die geplante bzw. zu errichtende Anlage. Die Überprüfung der richtigen Lieferung und der Übereinstimmung mit den Betriebsmittelnormen kann anhand der Kennzeichnung und der mitgelieferten Begleitpapiere erfolgen. Es ist aber auch zu prüfen, dass die erforderlichen Schaltpläne und Kennzeichnungen vorhanden sind.

Für alle Schutzmaßnahmen mit Schutzleiter sollte durch Besichtigen geprüft werden, dass

- Schutzleiter, Erdungsleiter und Potentialausgleichsleiter mindestens den geforderten Querschnitt haben
- Schutzleiter, Erdungsleiter und Potentialausgleichsleiter richtig verlegt, die Anschluss- und Verbindungsstellen gegen Selbstlockern gesichert und gegebenenfalls gegen Korrosion geschützt sind
- Schutzleiter und Außenleiter nicht verwechselt sind
- Schutzleiter und Neutralleiter nicht verwechselt sind
- für Schutzleiter und Neutralleiter die Festlegungen über Kennzeichnung, Anschlussstellen und Trennstellen eingehalten sind
- die Schutzkontakte der Steckvorrichtungen wirksam sein können (nicht verbogen, nicht verschmutzt, nicht mit Farbe überstrichen)
- die Schutzeinrichtungen für die Abschaltung richtig ausgewählt und eingebaut wurden
- in Schutzleitern und PEN-Leitern keine Überstrom-Schutzeinrichtungen vorhanden und PEN-Leiter und Schutzleiter für sich allein nicht schaltbar sind

Darüber hinaus sollte im TT-System durch Besichtigen festgestellt werden, ob alle Körper, die gleichzeitig berührbar oder an eine gemeinsame Schutzeinrichtung angeschlossen sind, einen gemeinsamen Erder haben. Im IT-System sollte durch Besichtigen geprüft werden, ob kein aktiver Leiter der Anlage direkt geerdet ist und ob die Körper einzeln, gruppenweise oder in ihrer Gesamtheit mit einem Schutzleiter verbunden sind.

Bei SELV sollte durch Besichtigen festgestellt werden, dass die eingesetzten Betriebsmittel richtig ausgewählt sind, insbesondere dass

- die Stromquelle richtig ausgewählt wurde
- bei ortsveränderlichem Transformator die Bedingungen der Schutzklasse II oder einer vergleichbaren Isolierung erfüllt sind
- die Stecker nicht in Steckdosen von anderen Spannungssystemen eingeführt werden können
- aktive Teile von SELV-Stromkreisen nicht mit Erde oder mit aktiven Teilen oder Schutzleitern anderer Stromkreise (PELV-Stromkreise, FELV-Stromkreise oder Stromkreise höherer Spannung) verbunden sind
- Körper nicht absichtlich mit Erde, mit dem Schutzleiter oder mit Körpern anderer Stromkreise verbunden sind und dass bei Nennspannungen über AC 25 V oder DC 60 V die Bedingungen der Schutzmaßnahme gegen direktes Berühren erfüllt sind

Bei PELV sollte durch Besichtigen festgestellt werden, dass der erforderliche Schutz gegen direktes Berühren vorhanden ist und dass die eingesetzten Betriebsmittel richtig ausgewählt sind, insbesondere dass

- die Stromquelle richtig ausgewählt wurde
- bei ortsveränderlichem Transformator die Bedingungen der Schutzklasse II oder einer vergleichbaren Isolierung erfüllt sind
- die Stecker nicht in Steckdosen von anderen Spannungssystemen eingeführt werden können
- aktive Teile von PELV-Stromkreisen nicht mit aktiven Teilen anderer Stromkreise (SELV-Stromkreise, FELV-Stromkreise oder Stromkreise höherer Spannung) verbunden sind

Bei Schutz durch Schutztrennung sollte durch Besichtigen festgestellt werden, dass die eingesetzten Betriebsmittel richtig ausgewählt sind, insbesondere dass

- die Stromquelle richtig ausgewählt wurde
- die aktiven Teile des Sekundärstromkreises weder mit einem anderen Stromkreis noch mit Erde verbunden sind
- die aktiven Teile des Sekundärstromkreises von anderen Stromkreisen elektrisch sicher getrennt sind (dieser Nachweis kann durch eine Herstellerbescheinigung erbracht werden)
- Leitungen den Anforderungen der DIN VDE 0100-410, Abschnitt 413.5.1, entsprechen
- bei der Versorgung von nur einem Verbrauchsmittel dieses weder mit dem Schutzleiter noch mit Körpern anderer Stromkreise verbunden ist
- bei Schutztrennung mit mehr als einem Verbrauchsmittel die Körper durch ungeerdete isolierte Potentialausgleichsleiter untereinander verbunden sind, z. B. durch Verwendung von Steckdosen mit Schutzkontakt

6.1.2 Erproben

Mit dem Erproben wird die Wirksamkeit von Schutz- und Meldeeinrichtungen nachgewiesen. Hierbei ist darauf zu achten, dass keine Gefahren für Personen, Nutztiere und Sachen entstehen, wie z. B. durch ungewolltes Anlaufen von Motoren. Unter Erproben fällt nicht nur das Betätigen der Prüftaste von Fehlerstrom-Schutzeinrichtungen (RCDs) oder Isolations-Überwachungsgeräten (IMDs), sondern auch der Nachweis der Funktion von Not-Aus-Schaltgeräten sowie von Anzeige- und Meldeeinrichtungen.

Schon hier sei der Hinweis gegeben, dass beim Betätigen der Prüftaste von Fehlerstrom-Schutzeinrichtungen (RCDs) lediglich die Funktion des Schalters selbst getestet wird. Die Funktion der Schutzmaßnahme insgesamt und deren Wirksamkeit kann hierdurch nicht nachgewiesen werden. Hierzu sind Messungen erforderlich.

6.1.3 Messen

Messen ist das Feststellen von Werten, um die Wirksamkeit von Schutzmaßnahmen sicher beurteilen bzw. nachweisen zu können. Hierzu ist in DIN VDE 0100-610 gefordert, Messgeräte zu verwenden, die den Anforderungen der Normen der Reihe DIN EN 61557 (VDE 0413) entsprechen oder die gleichen Leistungsmerkmale und Sicherheit aufweisen. Bei der Beurteilung des Messergebnisses sind die im Abschnitt 5.2 beschriebenen Fehler zu berücksichtigen.

In vielen Fällen der Praxis wird der Messwert bezogen auf die Grenzwerte der Anforderung weit auf der sicheren Seite liegen, so dass der Einfluss der Messfehler nicht gesondert berücksichtigt werden muss. Weicht aber der gemessene Wert von der Anforderungsgrenze nach oben oder unten nur sehr wenig ab, müssen – wie im Abschnitt 5.2 beschrieben – die möglichen Fehler und Einflüsse abgeschätzt werden, um die Wirksamkeit der Schutzmaßnahme sicher beurteilen zu können. Folgende Beispiele für den „Schutz durch automatische Abschaltung im Fehlerfall“ sollen den Sachverhalt verdeutlichen:

Beispiel 1: Erforderlicher Abschaltstrom 120 A; angezeigter Abschaltstrom (Kurzschlussstrom) 500 A. Da der gemessene Wert mehr als doppelt so hoch ist wie der erforderliche Abschaltstrom, ist die Normanforderung mit Sicherheit erfüllt.

Beispiel 2: Erforderlicher Abschaltstrom 120 A, angezeigter Abschaltstrom (Kurzschlussstrom) 180 A. Da dieser Wert geringer ist als der doppelte Abschaltstrom, muss der Prüfende die Fehlereinflüsse von Messgerät und Messmethode sehr sorgfältig abschätzen und berücksichtigen, um festzustellen, ob der erforderliche Abschaltstrom im Fehlerfall tatsächlich fließen wird.

Neben der Betriebsmessabweichung des Messgeräts und den Einflüssen der Messmethode sind unter Umständen auch etwaige Fehlermöglichkeiten durch den Anschluss der Messgeräte zu berücksichtigen. So können beispielsweise die Leitungslänge der Messleitungen und auch Übergangswiderstände an den Anschlussstellen das Messergebnis beeinflussen.

Von den erforderlichen Messungen sollte vorzugsweise als Erstes die Überprüfung der Durchgängigkeit der Schutzleiter und der Verbindungen des Hauptpotentialausgleichs und des zusätzlichen Potentialausgleichs überprüft werden, um im Falle einer fehlerbehafteten Installation Gefahren zu minimieren.

6.2 Messen und Erproben in Anlagen mit Schutzmaßnahmen ohne automatische Abschaltung der Stromversorgung

In **Tabelle 6.1** sind Schutzmaßnahmen ohne automatische Abschaltung der Stromversorgung aufgeführt. Diesen Schutzmaßnahmen sind die nach DIN VDE 0100-610 erforderlichen Prüfungen (Messaufgaben/Messverfahren und Erprobungen) unmittelbar tabellarisch zugeordnet.

Schutzmaßnahme	**Messaufgabe**	**Messverfahren**	**Erproben**
SELV (früher: Schutzkleinspannung)	1. Kontrolle der Spannungsgrenzen 2. Isolationswiderstand: 0,25 MΩ	Spannungsmessung Isolationswiderstandsmessung (hochohmige Widerstandsmessung)	wenn $U_n > 25$ V~ bzw. $U_n > 60$ V- und bei Verwenden einer Isolierung ohne deklarierte Spannungsfestigkeit in Zweifelsfällen: Prüfen mit $U = 500$ V~, 1 min
PELV (früher: Funktionskleinspannung mit sicherer Trennung)	1. Kontrolle der Spannungsgrenzen 2. Isolationswiderstand: 0,25 MΩ, eventuelle Erdung des Stromkreises aufheben	wie vor	wie vor, jedoch unabhängig von der Höhe der Nennspannung
Schutzklasse II (Schutzisolierung)	–	nur Sichtprüfung	–
Schutz durch nicht leitende Räume	Übergangswiderstand von Fußböden und Wänden	Messung der Übergangswiderstände von Fußböden und Wänden	–
Schutztrennung mit **einem** Verbrauchsmittel	Isolationswiderstand	Isolationswiderstandsmessung (hochohmige Widerstandsmessung) (Nachweis der sicheren Trennung durch Herstellerbescheinigung)	–
Schutztrennung mit **mehr als einem** Verbrauchsmittel	1. Nachweis der Abschaltung im Doppelfehlerfall wie im TN-System 2. Isolationswiderstand	Messung des Kurzschlussstroms I_k (oder Z_S), gegebenenfalls Rechnung Isolationswiderstand (hochohmige Widerstandsmessung) (Nachweis der sicheren Trennung durch Herstellerbescheinigung)	–

Tabelle 6.1 Messaufgaben, Messverfahren und Erproben in Anlagen mit Schutzmaßnahmen ohne automatische Abschaltung der Stromversorgung

6.3 Messen in Anlagen mit Schutz durch automatische Abschaltung der Stromversorgung

Die **Tabelle 6.2** vermittelt einen Überblick über die beim Schutz durch automatische Abschaltung der Stromversorgung (TN-, TT- und IT-System) gemeinsam erforderlichen Messaufgaben und Messverfahren.

Messaufgabe	Messverfahren
1. Isolationswiderstand des Schutzleiters zu Neutral- und Außenleiter	Isolationswiderstandsmessung
2. Verwechslung Schutz- und Außenleiter	Phasenprüfung oder Spannungsmessung gegen Erde
3. Verwechslung Schutz- und Neutralleiter	niederohmige Widerstandsmessung
4. Hauptpotentialausgleich und zusätzlicher Potentialausgleich	niederohmige Widerstandsmessung
5. Bei mehr als einer Fehlerstrom-Schutzeinrichtung (RCD) für die gesamte Anlage: Richtige Zuordnung der Neutralleiter zu den jeweils von der Fehlerstrom-Schutzeinrichtung erfassten Stromkreisen Schluss zwischen Neutralleitern unterschiedlicher Fehlerstrom-Schutzeinrichtungen	 niederohmige Widerstandsmessung Isolationswiderstandsmessung

Tabelle 6.2 Messaufgaben und Messverfahren in Anlagen mit Schutz durch automatische Abschaltung der Stromversorgung im TN-, TT- und IT-System

6.4 Messen in Anlagen mit Schutzmaßnahmen im TN-System

Je nach verwendeter Abschalteinrichtung für den Schutz durch automatische Abschaltung ist im TN-System gemäß **Tabelle 6.3** zu verfahren.

Wie in Abschnitt 6.1 beschrieben, ist auch hier zunächst die Prüfung durch Besichtigen durchzuführen. Bei Einsatz von Fehlerstrom-Schutzeinrichtungen (RCDs) als Abschalteinrichtung ist auch das Erproben durch Betätigen der Prüftaste erforderlich, um deren Wirksamkeit für die später erforderlichen regelmäßigen Prüfauslösungen sicherzustellen. Die erforderlichen Abschaltströme I_a sowie die maximal zulässigen Schleifenimpedanzen Z_S bei Einsatz von Überstrom-Schutzeinrichtungen sind **Tabelle 6.4** zu entnehmen.

Schutzeinrichtungen	Messaufgaben	Messverfahren
Überstrom-Schutzeinrichtung	1. Verbindung aller Körper mit der zentralen Schutzleiterschiene 2. Schleifenimpedanz $Z_S \leq \frac{U_n}{I_a}$ zwischen Außenleiter und Schutz- bzw. PEN-Leiter	niederohmige Prüfung des Schutzleiters (niederohmige Widerstandsmessung) Messen der Schleifenimpedanz (Kurzschlussstrommessung) oder Rechnung bzw. Nachweis am Netzmodell
Fehlerstrom-Schutzeinrichtung (RCD)	1. Verbindung aller Körper mit der zentralen Schutzleiterschiene 2. $U_B \leq U_L$ und $I_\Delta \leq I_{\Delta N}$	niederohmige Prüfung des Schutzleiters (niederohmige Widerstandsmessung) Messen des Auslösestroms[2]) und ggf. der Berührungsspannung[1]) durch Erzeugen eines Fehlerstroms sowie Feststellung, dass die Fehlerstrom-Schutzeinrichtung spätestens beim Bemessungsdifferenzstrom auslöst

[1]) Ist eine Fehlerstrom-Schutzeinrichtung (RCD) im TN-System installiert – fachgerechte Installation vorausgesetzt –, wird bei der Messung wahrscheinlich keine Berührungsspannung angezeigt. Dies wird besonders dann der Fall sein, wenn ein Bemessungsdifferenzstrom $I_{\Delta N} \leq 30$ mA für die Fehlerstrom-Schutzeinrichtung gewählt wurde. Bei digitaler Anzeige erscheint im Display „0 V", bei analoger Anzeige bewegt sich der Zeiger nicht. Eine Berührungsspannungsanzeige ist in diesem Fall nicht möglich, da die Höhe im Millivoltbereich liegt und daher von den üblichen Anzeigegeräten nicht erfasst wird. Wenn eine Spannung größer 0 V angezeigt wird, sollten die Ursachen erforscht werden.

[2]) Für den messtechnischen Nachweis der Wirksamkeit der automatischen Abschaltung der Stromversorgung durch Fehlerstrom-Schutzeinrichtungen (RCDs) ist nicht unbedingt die exakte Messung des Auslösestroms erforderlich. Er kann auch mit einem Messverfahren erbracht werden, bei dem – bei eingestelltem $I_{\Delta N}$-Wert der Fehlerstrom-Schutzeinrichtung am Messgerät – eine Auslösung innerhalb der vorgegebenen Abschaltzeit erfolgt. Die genaue Abschaltzeit muss dabei nicht ermittelt werden. Wie schon ausgeführt, wird wegen der geringen Schleifenimpedanz Z_S die Berührungsspannung U_B üblicherweise $\ll 1$ V sein. Auch bei Anwendung dieses Messverfahrens müssen die Anforderungen nach 1. und 2. der Tabelle 6.3 erfüllt sein.

Tabelle 6.3 Messaufgaben und Messverfahren in Anlagen mit Schutzmaßnahmen im TN-System

U_0[2]) = AC 230 V, 50 Hz	**Sicherungseinsatz nach DIN EN 60269-1 (VDE 0636 Teil 10) der Betriebsklasse gG**				**LS-Schalter DIN VDE 0641-11 (VDE 0641 Teil 11) und Leistungsschalter[1]) für die überschlägige Prüfung $t_a \leq 0{,}4$ s ; $t_a \leq 5$ s (wird erreicht durch Schnellabschaltung $t \leq 0{,}1$ s)**					
I_n	I_a (5 s)	Z_S (5 s)	I_a (0,4 s)	Z_S (0,4 s)	$I_a = 5\,I_n$ (Typ B)	Z_S	$I_a = 10\,I_n$ (Typ C)	Z_S	$I_a = 12\,I_n$	Z_S
A	A	Ω	A	Ω	A	Ω	A	Ω	A	Ω
2	9,2	25,00	16	14,38			20	11,5	24	9,58
4	19	12,11	32	7,19			40	5,75	48	4,79
6	27	8,52	47	4,89	30	7,67	60	3,83	72	3,19
10	47	4,89	82	2,80	50	4,60	100	2,30	120	1,92
16	65	3,54	107	2,15	80	2,88	160	1,44	192	1,20
20	85	2,71	145	1,59	100	2,30	200	1,15	240	0,96
25	110	2,09	180	1,28	125	1,84	250	0,92	300	0,77
32	150	1,53	265	0,87	160	1,44	320	0,72	384	0,60
35	173	1,33	295	0,78	175	1,31	350	0,66	420	0,55
40	190	1,21	310	0,74	200	1,15	400	0,58	480	0,48
50	260	0,88	460	0,50	250	0,92	500	0,46	600	0,38
63	320	0,72	550	0,42	315	0,73	630	0,36	756	0,30
80	440	0,52							960	0,24
100	580	0,40							1200	0,19
125	750	0,31							1440	0,16
160	930	0,25							1920	0,12

[1]) Für Leistungsschalter nach DIN EN 60947-2 (VDE 0660 Teil 101) sind die Werte für I_a als Vielfaches von I_n den jeweiligen Normen oder Herstellerkennlinien zu entnehmen und die Schleifenimpedanz Z_S zu ermitteln, wobei für die Ermittlung der Schleifenimpedanz die in der Norm enthaltene Fehlergrenze von + 20 % zu berücksichtigen ist.

BEISPIEL:

Ermittlung der Schleifenimpedanz bei Leistungsschaltern:

a) Erforderlicher Kurzschlussstrom für die unverzögerte Auslösung: 100 A

b) Erhöhung um die Grenzabweichung + 20 % (von 100 A), also auf: 120 A

c) $Z_S = \frac{U_0}{I_a} = \frac{230\,\text{V}}{120\,\text{A}} = 1{,}916\,\Omega$

Für die überschlägige Prüfung dürfen mit hinreichender Genauigkeit verwendet werden:

a) $I_a = 5\,I_n$ für LS-Schalter nach Normen der Reihe DIN VDE 0641-11 mit Charakteristik B

b) $I_a = 10\,I_n$ für LS-Schalter nach Normen der Reihe DIN VDE 0641-11 mit Charakteristik C und Leistungsschalter nach DIN EN 60947-2 (VDE 0660 Teil 101) bei entsprechender Einstellung

c) $I_a = 12\,I_n$ für Leistungsschalter nach DIN EN 60947-2 (VDE 0660 Teil 101) bei entsprechender Einstellung und LS-Schalter mit Charakteristik K bis 63 A

[2]) U_0 Nennspannung gegen geerdeten Leiter

Tabelle 6.4 Prüfwerte zur Beurteilung von Überstrom-Schutzeinrichtungen, Schleifenimpedanzen und Leiterquerschnitten in TN-Systemen

Abschaltströme I_a bei Abschaltzeiten 5 s und 0,4 s sowie maximal zulässige Schleifenimpedanzen Z_s für die Bemessungsströme I_n von

- Niederspannungssicherungen nach Normen der Reihe DIN VDE 0636 der Charakteristik gG,
- Leitungsschutzschaltern nach DIN VDE 0641-11 (VDE 0641 Teil 11) und
- Leistungsschaltern[1]) mit einstellbarem Abschaltstrom, eingestellt auf z. B. 5 I_n, 10 I_n, 12 I_n

6.5 Messen in Anlagen mit Schutzmaßnahmen im TT-System

Je nach verwendeter Abschalteinrichtung ist im TT-System nach **Tabelle 6.5** zu verfahren.

Schutz-einrichtungen	Messaufgaben	Messverfahren
Fehlerstrom-Schutzeinrichtung (RCD)	1. $U_B \leq U_L$ und $I_\Delta \leq I_{\Delta N}$ (Werte aus Tabelle 12.5 sind einzuhalten)	Messen der Berührungsspannung und des Auslösestroms oder Berührungsspannung bezogen auf $I_{\Delta N}$ sowie Feststellung, dass die Fehlerstrom-Schutzeinrichtung (RCD) spätestens beim Bemessungsdifferenzstrom auslöst
	2. Verbindung aller anderen Körper mit der zentralen Schutzleiterschiene	niederohmige Prüfung des Schutzleiters (niederohmige Widerstandsmessung
Überstrom-Schutzeinrichtung	Ermitteln des Erdungswiderstands R_A einschließlich des Schutzleiterwiderstands (Werte der Tabelle 6.6 sind einzuhalten) Rechnerischer Nachweis Anmerkung: Beim Besichtigen ist unter anderem auf eine geeignete Überstrom-Schutzeinrichtung im Neutralleiter zu achten	Messen des Erdungswiderstands

Tabelle 6.5 Messaufgaben und Messverfahren in Anlagen mit Schutzmaßnahmen im TT-System

Bei Verwendung von Fehlerstrom-Schutzeinrichtungen (RCDs) ist auch das Erproben durch Betätigen der Prüftaste erforderlich, um deren Wirksamkeit für die später erforderlichen regelmäßigen Prüfauslösungen sicherzustellen.

Der Einsatz von Überstrom-Schutzeinrichtungen im TT-System setzt sehr niedrige Erdungswiderstände voraus, so dass diese Schutzmaßnahme im TT-System nur in seltenen Fällen angewendet werden kann. Der Nachweis durch eine Messung ist hier also besonders wichtig. Die erforderlichen Abschaltströme I_a wie auch die maximal zulässigen Erdungswiderstände R_A bei Einsatz von Überstrom-Schutzeinrichtungen sind der **Tabelle 6.6** zu entnehmen.

Sicherungseinsatz nach DIN EN 60269-1 (VDE 0636 Teil 10) der Betriebsklasse gG				LS-Schalter nach DIN VDE 0641-11 (VDE 0641 Teil 11) und Leistungsschalter[1]) für die überschlägige Prüfung								
I_n	I_a (5 s)	R_A bei U_L = 50 V	R_A bei U_L = 25 V	$I_a = 5\,I_n$	R_A bei U_L = 50 V	R_A bei U_L = 25 V	$I_a = 10\,I_n$	R_A bei U_L = 50 V	R_A bei U_L = 25 V	$I_a = 12\,I_n$	R_A bei U_L = 50 V	R_A bei U_L = 25 V
A	A	Ω	Ω	A	Ω	Ω	A	Ω	Ω	A	Ω	Ω
2	9,2	5,4	2,7	10	5,0	2,5	20	2,5	1,25	24	2,10	1,05
4	19	2,6	1,3	20	2,5	1,25	40	1,25	0,63	48	1,04	0,52
6	27	1,8	0,9	30	1,7	0,83	60	0,83	0,41	72	0,69	0,34
10	47	1,1	0,53	50	1,0	0,50	100	0,50	0,25	120	0,42	0,21
16	65	0,77	0,38	80	0,63	0,32	160	0,32	0,16	192	0,26	0,13
20	85	0,59	0,29	100	0,50	0,25	200	0,25	0,13	240	0,21	–
25	110	0,45	0,23	125	0,40	0,20	250	0,20	0,10	300	0,17	–
32	150	0,33	0,16	160	0,31	0,16	320	0,16	–	384	0,13	–
35	173	0,29	0,14	175	0,29	0,14	350	0,14	–	420	0,12	–

Tabelle 6.6 Prüfwerte zur Beurteilung von Überstrom-Schutzeinrichtungen im TT-System

Abschaltströme I_a bei Abschaltzeiten nach DIN VDE 0100-410 (VDE 0100 Teil 410) sowie maximal zulässige Erdungswiderstände R_A der Körper für die Bemessungsströme I_n von

– Niederspannungssicherungen nach Normen der Reihe DIN VDE 0636 der Charakteristik gG (die Zahlenwerte I_a und Z_s sind zur sicheren Seite gerundet),

– Leitungsschutzschaltern nach DIN VDE 0641-11 (VDE 0641 Teil 11) und

– Leistungsschaltern[1]) mit einstellbarem Abschaltstrom, eingestellt auf z. B. 5 I_n, 10 I_n, 12 I_n

---

[1]) Erläuterungen am Fuß der folgenden Seite

6.6 Messen in Anlagen mit Schutzmaßnahmen im IT-System

Im IT-System sind Messungen gemäß **Tabelle 6.7** erforderlich. Bei Einsatz von Isolations-Überwachungsgeräten (IMDs) sowie von Fehlerstrom-Schutzeinrichtungen (RCDs) ist zur Erprobung die Prüftaste der jeweiligen Schutzeinrichtungen zu betätigen, um deren Wirksamkeit für die später erforderlichen regelmäßigen Prüfauslösungen sicherzustellen. Beim Erproben des Isolations-Überwachungsgeräts (IMD) sollte der zwischen Außen- und Schutzleiter zugeschaltete Widerstand mindestens 2 kΩ, aber kleiner als der an dem Gerät eingestellte Wert sein. Üblicherweise wird als Ansprechwert 100 Ω/V eingestellt.

Der Fehlerstrom beim Auftreten des ersten Fehlers ist zu berechnen. Wenn die hierfür benötigten Parameter nicht bekannt sind, muss eine Messung durchgeführt werden. Eine Messung der Wirksamkeit der Schutzmaßnahme beim ersten Fehler ist nur möglich, wenn ein künstlicher Erdschluss hergestellt wird. Hierdurch können bei IT-Systemen mit Neutralleiter höhere Beanspruchungen der Isolierungen der Betriebsmittel entstehen. Außerdem ist zu beachten, dass Vorkehrungen gegen Gefährdungen für den Fall eines Doppelfehlers zu treffen sind. Im Einzelfall können bei der Simulation von Isolationsfehlern auch hohe Ableitströme auftreten, z. B. in Anlagen mit Umrichtern.

Als Alternative zu einer Schleifenimpedanzmessung, für die ein künstlicher Erdschluss hergestellt werden muss, indem ein Außenleiter geerdet wird, ist auch eine Berechnung zulässig. Die bisher gültige Norm gab hierfür ein Verfahren zur Abschätzung über eine Messung des Schutzleiterwiderstands an. Unter der Voraussetzung, dass Außen- und Schutzleiter den gleichen spezifischen Widerstand besitzen, musste hiernach der Schutzleiter die folgende Bedingung erfüllen:

Fußnoten zur Tabelle 6.6

[1]) Für Leistungsschalter nach DIN EN 60947-2 (VDE 0660 Teil 101) sind die Werte für I_a als Vielfaches von I_n den jeweiligen Normen oder Herstellerkennlinien zu entnehmen und die Schleifenimpedanz Z_S zu ermitteln, wobei für die Ermittlung der Schleifenimpedanz die in der Norm enthaltene Fehlergrenze von + 20 % zu berücksichtigen ist.
BEISPIEL:
Ermittlung der Schleifenimpedanz bei Leistungsschaltern:
a) Erforderlicher Kurzschlussstrom für die unverzögerte Auslösung: 100 A
b) Erhöhung um die Grenzabweichung + 20 % (von 100 A), also auf: 120 A

c) $R_A = \frac{U_L}{I_a} = \frac{50\,\text{V}}{120\,\text{A}} = 0{,}417\ \Omega$

Für die überschlägige Prüfung dürfen mit hinreichender Genauigkeit verwendet werden:
a) $I_a = 5\ I_n$ für LS-Schalter nach Normen der Reihe DIN VDE 0641-11 mit Charakteristik B
b) $I_a = 10\ I_n$ für LS-Schalter nach Normen der Reihe DIN VDE 0641-11 mit Charakteristik C und Leistungsschalter nach DIN EN 60947-2 (VDE 0660 Teil 101) bei entsprechender Einstellung
c) $I_a = 12\ I_n$ für Leistungsschalter nach DIN EN 60947-2 (VDE 0660 Teil 101) bei entsprechender Einstellung

[2]) U_0 Nennspannung gegen geerdeten Leiter

$$R < 0{,}8 \cdot \frac{S_A}{S_A + S_{PE}} \cdot \frac{U}{I_a}$$

Darin bedeuten:

I_a Strom, der das automatische Abschalten bewirkt

S_A Außenleiterquerschnitt

S_{PE} Schutzleiterquerschnitt

U im Netz ohne Neutralleiter U_n, im Netz mit Neutralleiter U_0

U_0 Nennspannung zwischen Außenleiter und Neutralleiter

U_n Nennspannung zwischen Außenleitern

Der Faktor 0,8 berücksichtigt die bei der Widerstandsmessung nicht erfassten Impedanzen.

Konzept der Schutzmaßnahme	Messaufgaben	Messverfahren
allgemein	1. Abschätzung des Ableitstroms I_d aufgrund der Planungsunterlagen (Nennspannung, Kabeltypen, Längen usw.; hierzu dürfen Literaturangaben verwendet werden) 2. Gesamterdungswiderstand $R_A = U_L/I_d$ aller mit einem Erder verbundenen Körper	Messung des Erdungswiderstands oder zusammen für 1. und 2. Messung des Spannungsfalls am Erderwiderstand R_A nach Erdung eines Außenleiters
Isolations-Überwachungsgerät		Erproben durch Auslösung der Prüftaste
zusätzlicher Potentialausgleich		Widerstandsmessung
Verbindung aller Körper untereinander durch PE; bei Doppelkörperschluss TN-System	gemäß den Bedingungen des TN-Systems, siehe Tabelle 6.3	
einzeln oder gruppenweise Erdung von Körpern; bei Doppelkörperschluss: TT-System	gemäß den Bedingungen des TT-Systems, siehe Tabelle 6.5	

Tabelle 6.7 Messaufgaben und Messverfahren in Anlagen mit Schutzmaßnahmen im IT-System

7 Prüfung der Wirksamkeit des Potentialausgleichs (DIN VDE 0100-610, Abschnitt 612.2)

7.1 Allgemeines

Die Prüfung der Wirksamkeit des Potentialausgleichs ist in jedem Fall Aufgabe des Errichters der elektrischen Anlage, also des Elektroinstallateurs. Zu prüfen sind die Festlegungen nach DIN VDE 0100-410 und -540. Die Prüfanforderungen selbst sind in DIN VDE 0100-610, Abschnitt 611 und 612.2, festgehalten.

Zu unterscheiden sind die Prüfung des Hauptpotentialausgleichs und die Prüfung des zusätzlichen Potentialausgleichs, da die Prüfanforderungen unterschiedlich sind.

Beim zusätzlichen Potentialausgleich wiederum unterscheidet man einerseits den zusätzlichen Potentialausgleich als **Ersatz** für eine Schutzmaßnahme bei indirektem Berühren durch Abschalten gemäß DIN VDE 0100-410 und andererseits den zusätzlichen Potentialausgleich als **Ergänzung** für eine Schutzmaßnahme bei indirektem Berühren durch Abschaltung, wie sie in den 700er Teilen der DIN VDE 0100 festgelegt werden, z. B. im Teil 701 für Räume mit Badewanne oder Dusche und im Teil 702 für Becken von Schwimmbädern und andere Becken.

Gleich welcher Potentialausgleich, der Prüfumfang besteht aus „Besichtigen“ sowie „Erproben und Messen“. Das sonst bei vielen Prüfungen erforderliche Erproben ist hier allerdings nicht durchführbar.

7.2 Prüfung des Hauptpotentialausgleichs

7.2.1 Besichtigen

Das Besichtigen muss nach DIN VDE 0100-610:2004, Abschnitt 611, durchgeführt werden, um nachzuweisen, dass die fest angeschlossenen Betriebsmittel

- entsprechend den Normen der Reihe DIN VDE 0100 korrekt ausgewählt und errichtet wurden
- ohne sichtbare, die Sicherheit beeinträchtigende Beschädigungen sind

Konkrete Vorgaben für das Besichtigen des ausgeführten Hauptpotentialausgleichs sind in DIN VDE 0100-610 nicht enthalten.

Folgende in DIN VDE 0100-610 aufgeführte Vorgaben für das Besichtigen haben auch für den Hauptpotentialausgleich Bedeutung:

- Querschnitte
- Kennzeichnung der Klemmen
- ordnungsgemäße Leiterverbindungen

Besichtigen als Untersuchung der elektrischen Anlage mit allen Sinnen entsprechend der Norm bedeutet aber auch, die Festigkeit der Verbindung z. B. durch Fühlen oder Ziehen zu überprüfen.

Im Rahmen des Besichtigens stellt sich die Frage, welche fremden leitfähigen Teile in den Hauptpotentialausgleich einzubeziehen sind. Hilfestellung gibt die DIN VDE 0100-410:1997-01, Abschnitt 413.1.2.1.

Durch Besichtigen soll danach festgestellt werden, dass

- Hauptpotentialausgleichsleiter
- Hauptschutzleiter (z. B. der PEN-Leiter der Hauptleitung im TN-System)
- Haupterdungsleiter und weitere Erdungsleiter (z. B. Erdungsleiter für Funktionserdungen nach DIN VDE 0800-2 und Erdungsleiter für Überspannungsschutzeinrichtungen wie Trennfunkenstrecke und Überspannungsableiter)
- Erder, z. B. Fundamenterder, Blitzschutzerder, Erder von Antennenanlagen
- metallene Rohrsysteme, z. B. Wasserverbrauchsleitungen, Gasinnenleitungen, Rohre von Heizungs- und Klimaanlagen
- Metallteile der Gebäudekonstruktion (soweit dies möglich ist)

mit der Potentialausgleichsschiene verbunden worden sind.

Metallteile der Gebäudekonstruktion können z. B. sein:

- Stahlskelette
- Stahlträger
- Stahleinlagen im Beton
- Metallfassaden
- Metalleindeckungen
- Aufzugsführungsschienen

Durch Besichtigen ist weiter festzustellen, dass

- Vorrichtungen zum Abtrennen der Erdungsleiter zugänglich sind
- Potentialausgleichsschiene, Haupterdungsleiter, Hauptpotentialausgleichsleiter und Hauptschutzleiter vor mechanischer, thermischer oder chemischer Beschädigung geschützt sind
- der Querschnitt der Hauptpotentialausgleichsleiter DIN VDE 0100-540: 1991-11, Tabelle 9 (**Tabellen 7.1** und **7.2**), entspricht

	Querschnitte für Potentialausgleichsleiter
normal	0,5 × Querschnitt des größten Schutzleiters der Anlage
mindestens	6 mm^2
mögliche Begrenzung	25 mm^2 Cu oder gleichwertiger Leitwert bei anderen Werkstoffen

Tabelle 7.1 Querschnitte für Potentialausgleichsleiter des Hauptpotentialausgleichs (Werte entsprechen Tabelle 9 aus DIN VDE 0100-540:1991-11)

Nennquerschnitte				
Außenleiter in mm^2	**Schutzleiter (PE) im TT-System in mm^2**	**Potentialausgleichsleiter im TT-System in mm^2**	**Größter Schutzleiter der Anlage im TN-System in mm^2**	**Potentialausgleichsleiter im TN-System in mm^2**
10	2,5	6	10	6
16	2,5	6	16	10
25	2,5	6	16	10
35	2,5	6	16	10
50	2,5	6	25	16
70	2,5	6	35	25
95	2,5	6	50	25
120	2,5	6	70	25[1])
150	2,5	6	70	25[1])

[1]) Gilt für Kupfer. Bei anderen Werkstoffen als Kupfer gleichwertiger Leitwert erforderlich

Tabelle 7.2 Mindestquerschnitte von Potentialausgleichsleitern für den Hauptpotentialausgleich in Abhängigkeit vom als Basis dienenden Außenleiterquerschnitt (gemäß DIN VDE 0100-540:1991-11)

Konstruktionsteile, die von außerhalb des Gebäudes kommen, müssen so nahe wie möglich an ihrem Eintrittspunkt in das Gebäude miteinander verbunden werden.

7.2.2 Messen der Durchgängigkeit der Verbindungen des Hauptpotentialausgleichs

Nach DIN VDE 0100-610, Abschnitt 612.2, muss die Durchgängigkeit der Verbindungen des Hauptpotentialausgleichs gemessen werden. Hierdurch soll festgestellt werden, dass zwischen der Potentialausgleichsschiene und den in den Hauptpotentialausgleich einbezogenen fremden leitfähigen Teilen, z. B. metallenen Rohrsystemen, Verbindung besteht. Das uneingeschränkt geforderte Messen der Durchgängigkeit der Verbindungen des Hauptpotentialausgleichs gilt bereits seit Inkrafttreten der DIN VDE 0100-610:1994-04. Nach der davor gültigen DIN VDE 0100-600:1987-11

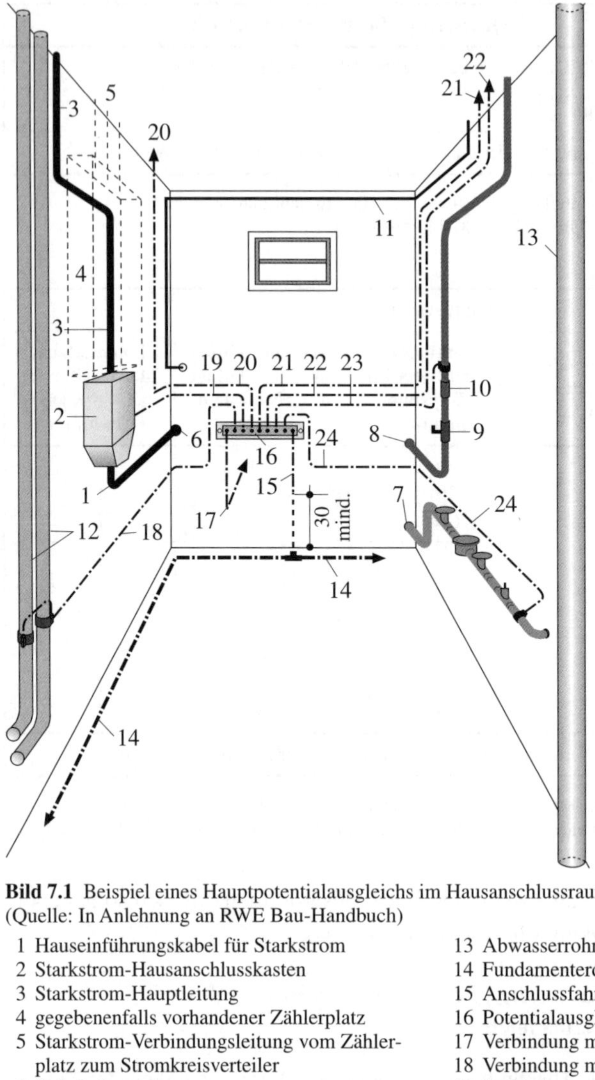

Bild 7.1 Beispiel eines Hauptpotentialausgleichs im Hausanschlussraum nach DIN 18012 (Quelle: In Anlehnung an RWE Bau-Handbuch)

1 Hauseinführungskabel für Starkstrom
2 Starkstrom-Hausanschlusskasten
3 Starkstrom-Hauptleitung
4 gegebenenfalls vorhandener Zählerplatz
5 Starkstrom-Verbindungsleitung vom Zählerplatz zum Stromkreisverteiler
6 Kabelschutzrohr
7 Hausanschlussleitung für Wasserversorgung mit Wasserzähler
8 Hausanschlussleitung für Gasversorgung
9 Gas-Hauptabsperreinrichtung
10 Isolierstück
11 Hausanschlusskabel für Fernmeldeversorgung
12 Heizungsrohre
13 Abwasserrohr
14 Fundamenterder
15 Anschlussfahne des Fundamenterders
16 Potentialausgleichsschiene
17 Verbindung mit Blitzschutzanlage
18 Verbindung mit Heizungsrohren
19 Verbindung mit PN-Leiter bei Schutzmaßnahme im TN-System
20 Verbindung mit Schutzleiter bei Schutzmaßnahme im TT-System
21 Verbindung mit Fernmeldeanlage
22 Verbindung mit Antennenanlage
23 Verbindung mit Gasrohren
24 Verbindung mit Wasserrohren

reichte üblicherweise allein das Besichtigen zum Prüfen der Wirksamkeit des Hauptpotentialausgleichs aus. Nach dieser alten Norm war das Messen nur dann erforderlich, wenn die Wirksamkeit des Hauptpotentialausgleichs durch Besichtigen nicht beurteilt werden konnte. Da die Potentialausgleichsleiter einen Mindestquerschnitt von 6 mm^2 haben müssen, ist üblicherweise eine ausreichende elektrische Verbindung sichergestellt. Bei derartigen Querschnitten wurde früher davon ausgegangen, dass Leiterunterbrechungen durch Besichtigen zu erkennen sind.

Das Besichtigen als alleiniges Mittel des Prüfens der Wirksamkeit des Hauptpotentialausgleichs nach DIN VDE 0100-600:1987-11 setzte allerdings voraus, dass die verlegten Potentialausgleichsleiter leicht zu verfolgen sind. Beim Hauptpotentialausgleich im Hausanschlussraum von Neuanlagen (**Bild 7.1**) war beispielsweise solch eine Situation gegeben. Nur wenn der Potentialausgleichsleiter sich nicht eindeutig verfolgen ließ, musste nach DIN VDE 0100-600:1987-11 gemessen werden.

Diese einfache Lösung gilt heute nicht mehr. Bereits die DIN VDE 0100-610: 1994-04 forderte – wie auch die neue Norm – uneingeschränkt das Messen der Durchgängigkeit der Verbindungen des Hauptpotentialausgleichs.

Eine konkrete Aussage darüber, bis zu welchem Widerstandswert die Wirksamkeit des Hauptpotentialausgleichs gegeben ist, wird in DIN VDE 0100-610 nicht gemacht. Auf jeden Fall müssen die Verbindungen niederohmig sein. Er sollte nicht höher sein, als aufgrund der Leitungsdaten und der üblichen Übergangswiderstände zu erwarten ist. Im Zweifelsfall müsste dies durch eine Überschlagsrechnung bestimmt werden. Ein Richtwert aus der alten, inzwischen zurückgezogenen DIN VDE 0190:1973-05 ist der Widerstandswert von 3 Ω. Ob ein solcher Wert im Rahmen des zugelassenen Ermessensspielraums herangezogen werden kann, hängt von den jeweiligen Gegebenheiten ab. Ist bei dem Querschnitt für den Hauptpotentialausgleich und bei der zu berücksichtigenden Leitungslänge mit deutlich kleineren Werten zu rechnen, so kann ein solcher Wert bereits auf schlechte Kontakte und Übergangswiderstände hinweisen, die im Betrieb der Anlage zu Verlusten und zu höherer Wärmeentwicklung führen können.

Beim Messen sind die Messpunkte auf den in den Hauptpotentialausgleich einzubeziehenden fremden leitfähigen Teilen, metallenen Rohrsystemen usw. so zu wählen, dass die Übergangswiderstände der Verbindungsstellen, z. B. Rohrschellen oder ähnliche Verbindungselemente, mitgemessen werden.

Die in den Hauptpotentialausgleich einzubeziehenden fremden leitfähigen Teile brauchen selbst keine elektrischen Anforderungen zu erfüllen. Nur dann, wenn sie – ganz oder auch auf einer Teillänge – selbst die Funktion eines Potentialausgleichsleiters wahrnehmen, müssen auch die Anforderungen erfüllt sein, die an einen Potentialausgleichsleiter gestellt sind.

Ein Beispiel hierzu zeigt **Bild 7.2**. Vor- und Rücklauf einer Heizungsanlage verlaufen nicht durch den Hausanschlussraum und können daher nicht unmittelbar an

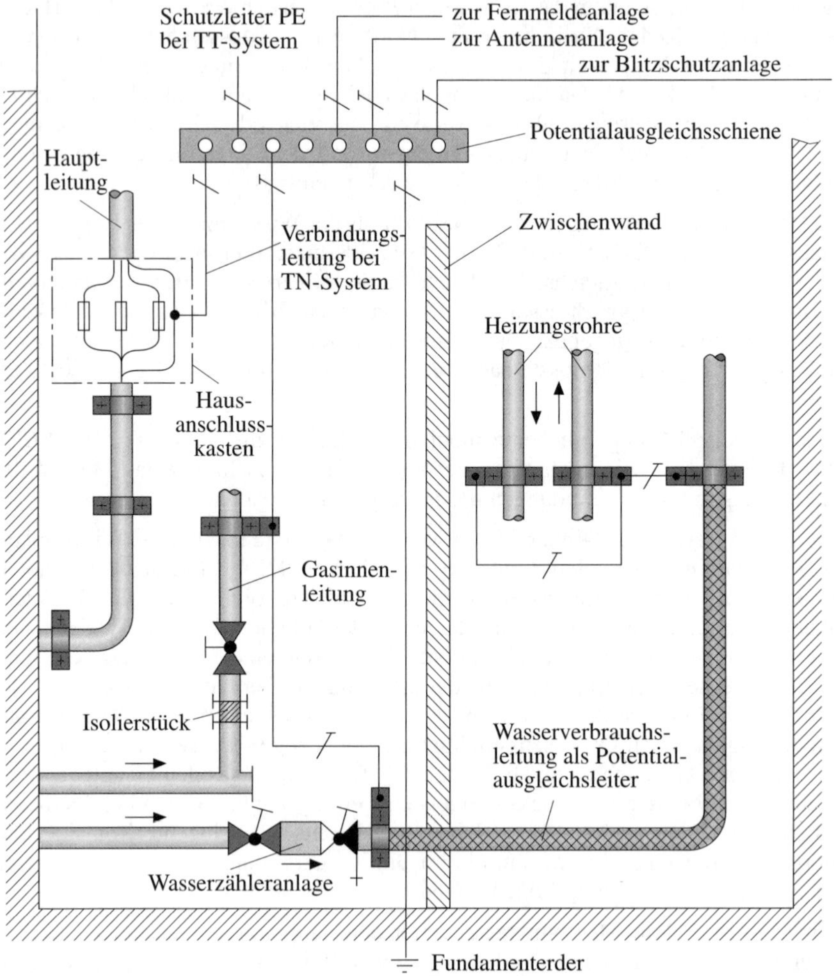

Bild 7.2 Hauptpotentialausgleich mit einem Teil der Wasserverbrauchsleitung als Potentialausgleichsleiter

die Potentialausgleichsschiene des Hauptpotentialausgleichs angeschlossen werden. Weil die Wasserverbrauchsleitung vom Hausanschlussraum ausgehend auch unmittelbar an den Heizungsrohren vorbeiführt, ist es zweckmäßig, die Wasserverbrauchsleitung als Potentialausgleichsleiter zu benutzen – besonders dann, wenn sie als hartgelötetes Kupferrohr ausgeführt ist.

Verwendet man die Wasserverbrauchsleitung als Potentialausgleichsleiter, ist lediglich eine kurze Leitung zwischen Wasserverbrauchsleitung und den beiden Heizungsrohren zu verlegen. Dadurch wird die Wasserverbrauchsleitung in einem Teilbereich zum Potentialausgleichsleiter. Dieser Teilbereich ist im Bild 7.2 gerastert dargestellt. In diesem Bereich muss die Wasserverbrauchsleitung die Anforderungen an einen Potentialausgleichsleiter erfüllen.

Die niederohmige Widerstandsmessung schafft in solch einem Fall klare Verhältnisse über die Durchgängigkeit der Verbindung des Hauptpotentialausgleichs mittels Wasserverbrauchsleitung. Dies gilt insbesondere dann, wenn die Wasserverbrauchsleitung aus verschraubten Stahlrohren besteht. Auf diese Weise wird ermittelt, ob die Dichtmittel an den Verschraubungen unzulässig hohe Übergangswiderstände darstellen.

Ein eindeutiger Grenzwert (z. B. 3 Ω) für den höchstzulässigen Widerstand ist nicht vorgegeben. Er liegt im Ermessensspielraum des jeweils verantwortlichen Fachmanns. Es erscheint sinnvoll, sich an dem Widerstandswert einer sonst erforderlichen gleichwertigen Aderleitung als Potentialausgleichsleiter zu orientieren. Die Widerstandsbeläge von Kupferleitern sind **Tabelle 7.3** zu entnehmen.

Leiterquerschnitt S in mm^2	**Leiterwiderstandsbeläge R' 30 °C in mΩ/m**
1,5	12,5755
2,5	7,5661
4	4,7392
6	3,1491
10	1,8811
16	1,1858
25	0,7525
35	0,5467
50	0,4043
70	0,2817
95	0,2047
120	0,1632
150	0,1341
185	0,1091

Tabelle 7.3 Leiterwiderstandsbeläge R' für Kupferleitungen bei 30 °C in Abhängigkeit vom Leiterquerschnitt S zur überschlägigen Berechnung von Leiterwiderständen[1])
(Werte entsprechen Tabelle NA.4 aus DIN VDE 0100-610)

Die Leiterwiderstandsbeläge beziehen sich auf 30 °C. Für andere Temperaturen Θ_x lassen sich die Leiterwiderstände R_{Θ_x} mit folgender Gleichung berechnen:

$$R_{\Theta_x} = R_{30\,°C}\left[1 + \alpha \cdot (\Theta_x - 30\,°C)\right]$$

α Temperaturkoeffizient (bei Kupfer $\alpha = 0{,}00393$ K^{-1})

---

1) Bei der Ermittlung der zulässigen Leiterlängen für den Schutz bei indirektem Berühren und Schutz bei Kurzschluss genügen diese Angaben nicht, da weitere Parameter zu beachten sind.

7.3 Prüfung des zusätzlichen Potentialausgleichs

7.3.1 Anforderungen an den zusätzlichen Potentialausgleich

Prinzipiell gibt es zwei Arten des zusätzlichen Potentialausgleichs:

- Ein zusätzlicher Potentialausgleich ist nach DIN VDE 0100-410 als Ersatz für den Fehlerschutz (Schutz bei indirektem Berühren) durch Abschaltung gefordert, wenn die Abschaltbedingungen nicht erfüllt werden können (relativ seltene Anwendung).
- Ein zusätzlicher Potentialausgleich wird in einigen Normen der Gruppe 700 der DIN VDE 0100 als Ergänzung für den Fehlerschutz (Schutz bei indirektem Berühren) durch Abschaltung gefordert (relativ häufige Anwendung).

Für den zusätzlichen Potentialausgleich sind die Auslegungsanforderungen in DIN VDE 0100-410, Abschnitt 413.1.6, sowie in DIN VDE 0100-540, Abschnitt 9.1.2, beschrieben. Darüber hinaus gibt es spezifische Anforderungen in den Normen der Gruppe 700.

Nach DIN VDE 0100-410, Abschnitt 413.1.6.1, müssen alle gleichzeitig berührbaren Körper festangebrachter Betriebsmittel und alle gleichzeitig berührbaren fremden leitfähigen Teile in den zusätzlichen Potentialausgleich einbezogen werden.

7.3.2 Prüfung des zusätzlichen Potentialausgleichs als Ersatz für den Fehlerschutz (Schutz bei indirektem Berühren) durch Abschaltung

7.3.2.1 Anwendungsbereich

Ein zusätzlicher Potentialausgleich muss nach DIN VDE 0100-410 Abschnitt 413.1.2.2 durchgeführt werden, wenn die Bedingungen für das automatische Abschalten nicht eingehalten werden können. Ein Merkmal für das Vorhandensein eines die Abschaltbedingung beim Fehlerschutz (indirektes Berühren) ersetzenden Potentialausgleichs – durch die Potentialausgleichsmaßnahmen liegt eine vollwertige Schutzmaßnahme bei indirektem Berühren vor – ist, dass der zugehörige Potentialausgleichsleiter in erster Linie Körper von elektrischen Betriebsmitteln miteinander verbindet.

Der zusätzliche Potentialausgleich als Ersatz für den Fehlerschutz (Schutz bei indirektem Berühren) durch Abschaltung nach DIN VDE 0100-410 liegt in folgenden Fällen vor:

- zusätzlicher Potentialausgleich bei Schutzmaßnahme im TN-System, wenn die Abschaltbedingung nicht erfüllt werden kann (Teil 410, Abschnitt 413.1.3.6)
- zusätzlicher Potentialausgleich bei Schutzmaßnahme im TT-System, wenn die Abschaltbedingung nicht erfüllt werden kann (Teil 410, Abschnitt 413.1.4.3)

- zusätzlicher Potentialausgleich bei Schutzmaßnahme im IT-System, wenn die Abschaltbedingung nicht erfüllt werden kann (Teil 410, Abschnitt 413.1.5.7)
- erdfreier, örtlicher Potentialausgleich (Teil 410, Abschnitt 413.4)
- Potentialausgleich bei Schutztrennung mit mehreren Verbrauchsmitteln (Teil 410, Abschnitt 413.5.3.1)

In der Installationspraxis kommt der zusätzliche Potentialausgleich als Ersatz für eine Schutzmaßnahme bei indirektem Berühren durch Abschaltung relativ selten vor. Somit brauchen die in diesem Abschnitt 7.3 aufgeführten Verfahren nur gelegentlich angewendet zu werden.

Die einzuhaltenden Anforderungen an den zusätzlichen Potentialausgleich gehen aus DIN VDE 0100-410, Abschnitt 413.1.6, hervor. Prüfkriterium ist die vereinbarte Grenze der dauernd zulässigen Berührungsspannung U_L bzw. bei Schutztrennung für mehrere Verbrauchsmittel die Einhaltung der geforderten Abschaltzeit im Doppelfehlerfall.

7.3.2.2 Besichtigen

Das Besichtigen muss nach DIN VDE 0100-610, Abschnitt 611, durchgeführt werden, um nachzuweisen, dass die fest angeschlossenen Betriebsmittel

- entsprechend den Normen der Reihe DIN VDE 0100 (aber auch entsprechend den anderen DIN-VDE-Normen) korrekt ausgewählt und errichtet wurden
- ohne sichtbare, die Sicherheit beeinträchtigende Beschädigungen sind

Konkrete Vorgaben für das Besichtigen des ausgeführten zusätzlichen Potentialausgleichs sind in DIN VDE 0100-610 nicht enthalten.

Was soll aber nun die geforderte Besichtigung hinsichtlich des zusätzlichen Potentialausgleichs bewirken?

Es muss festgestellt werden, ob alle gleichzeitig berührbaren Körper, Schutzleiteranschlüsse und alle fremden leitfähigen Teile in den zusätzlichen Potentialausgleich einbezogen sind.

Welche Körper ortsfester Betriebsmittel als gleichzeitig berührbar gelten, ist indirekt Abschnitt 413.3 von DIN VDE 0100-410 bei der Behandlung des Schutzes durch nicht leitende Räume zu entnehmen. Danach sind im Umkehrschluss unter anderem Abstände zwischen den einzelnen Körpern untereinander als gleichzeitig berührbar anzusehen, wenn die Entfernung zwischen zwei Teilen < 2,5 m beträgt (**Bild 7.3**). Sie kann außerhalb des Handbereichs auf < 1,25 m herabgesetzt werden (**Bild 7.4**). Als fremdes leitfähiges Teil gilt auch eine leitfähige Standfläche (**Bild 7.5**).

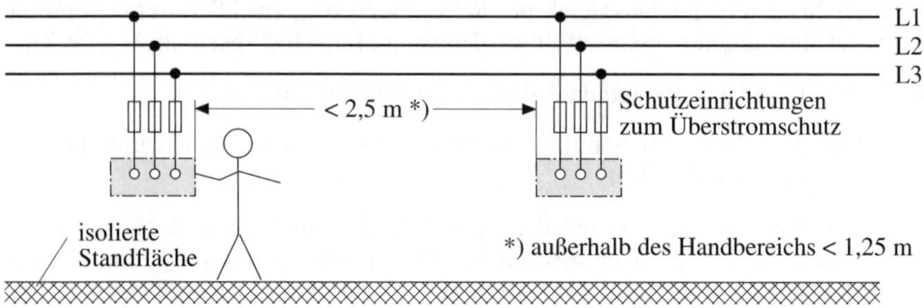

Bild 7.3 Untereinander gleichzeitig berührbare Körper bei isolierter Standfläche

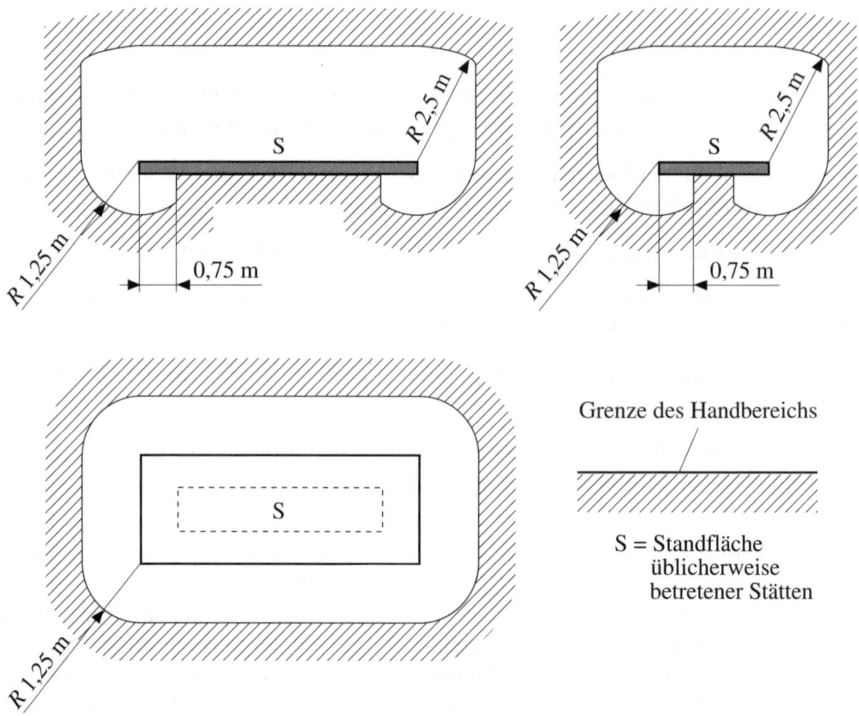

Bild 7.4 Maße des Handbereichs (nach DIN VDE 0100-200)

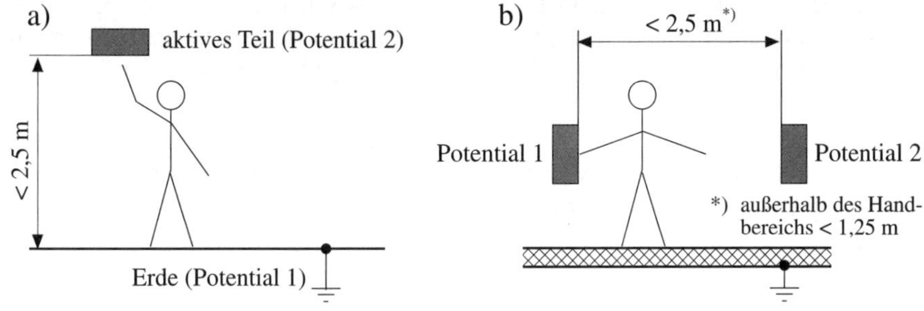

Bild 7.5 Untereinander gleichzeitig berührbare Körper – links bei leitfähigem Standort, rechts bei isoliertem Standort

7.3.2.3 Messen der Durchgängigkeit der Verbindungen des zusätzlichen Potentialausgleichs als Ersatz für den Fehlerschutz (Schutz bei indirektem Berühren) durch Abschaltung

Nach DIN VDE 0100-610, Abschnitt 612.2, muss eine Messung der Durchgängigkeit der Verbindungen des zusätzlichen Potentialausgleichs durchgeführt werden. Es muss also durch Messen – sinngemäß wie bei der Prüfung des Hauptpotentialausgleichs – festgestellt werden, dass zwischen den in den zusätzlichen Potentialausgleich einbezogenen, gleichzeitig berührbaren Körpern, Schutzleiteranschlüssen und fremden leitfähigen Teilen Verbindung besteht. Einzelheiten hierzu siehe auch Abschnitt 7.2.2 „Messen der Durchgängigkeit der Verbindungen des Hauptpotentialausgleichs".

Das uneingeschränkt geforderte Messen der Durchgängigkeit der Verbindungen des zusätzlichen Potentialausgleichs gilt seit Erscheinen der DIN VDE 0100-610: 1994-04. Nach dem alten Teil 600:1987-11 von DIN VDE 0100 war das Messen nur dann erforderlich, wenn Zweifel an der Wirksamkeit des zusätzlichen Potentialausgleichs bestanden. Zwei häufiger vorkommende Zweifelsfälle waren:

- Die gleichzeitig berührbaren Körper untereinander sowie die gleichzeitig berührbaren Körper und fremden leitfähigen Teile sind nicht direkt, sondern auf größeren Umwegen miteinander verbunden.
- Sind leitfähige Standflächen vorhanden, ist meistens nicht geklärt, ob sie ausreichend in den zusätzlichen Potentialausgleich einbezogen sind.

Diese Handhabung gilt bereits seit 1994 nicht mehr. Heute ist – wie bereits ausgeführt – uneingeschränkt das Messen der Durchgängigkeit der Verbindungen des zusätzlichen Potentialausgleichs gefordert.

Darüber hinaus muss durch Messen auch die Wirksamkeit der jeweiligen Schutzmaßnahme für den Fehlerschutz (Schutz bei indirektem Berühren) nachgewiesen werden. Festzustellen ist dann, ob der Widerstand zwischen den gleichzeitig berührbaren Körpern und fremden leitfähigen Teilen so niederohmig ist, dass beim maximal möglichen Fehlerstrom, der nicht zur Abschaltung führt, die vereinbarte Grenze der dauernd zulässigen Berührungsspannung U_L nicht überschritten wird.

Es ist also nachzuweisen, dass der Widerstand zwischen gleichzeitig berührbaren Körpern untereinander sowie zwischen gleichzeitig berührbaren Körpern und fremden leitfähigen Teilen folgende Bedingung erfüllt:

$$R \leq \frac{U_L}{I_a}$$

Darin bedeuten:

R Widerstand zwischen Körpern und fremden leitfähigen Teilen, die gleichzeitig berührbar sind.

U_L Vereinbarte Grenze der dauernd zulässigen Berührungsspannung (im Normalfall $U_L = 50$ V bei Wechselspannung bzw. $U_L = 120$ V bei Gleichspannung; in besonderen Anwendungsfällen, z. B. Tierhaltung in der Landwirtschaft, $U_L = 25$ V bei Wechselspannung bzw. $U_L = 60$ V bei Gleichspannung).

I_a Strom, der die automatische Abschaltung der Schutzeinrichtung innerhalb der festgelegten Zeit bewirkt.

Aus welcher Anforderung resultiert die Bedingung $R \leq \frac{U_L}{I_a}$?

Kriterium ist der Spannungsfall am Potentialausgleichsleiter zwischen zwei gleichzeitig berührbaren Körpern, der als Berührungsspannung U_B von einem Menschen überbrückt werden kann. Er ergibt sich zu:

$$U_B \leq U_L$$

Die vereinbarte Grenze der Berührungsspannung U_L ist nach DIN VDE 0100-200: 1998-06 definiert als der Höchstwert der Berührungsspannung, der zeitlich unbegrenzt bestehen bleiben darf. Die maximalen Werte für U_L ergeben sich zu: im Normalfall $U_L = 50$ V bei Wechselspannung bzw. $U_L = 120$ V bei Gleichspannung; in besonderen Anwendungsfällen, z. B. Tierhaltung in der Landwirtschaft, $U_L = 25$ V bei Wechselspannung bzw. 60 V bei Gleichspannung. DIN VDE 0100-410:1997-01 verwendet den Begriff der vereinbarten Grenze der dauernd zulässigen Berührungsspannung U_L nicht mehr. Stattdessen wird als maximaler Wert direkt der Wert von 50 V, wie er im Normalfall für Wechselspannung gültig ist, verwendet. Es ist jedoch zu berücksichtigen, dass bei Gleichspannung bzw. in den besonderen Anwendungsfällen stattdessen die entsprechenden Werte zu verwenden sind. Folgende Anmerkung ist zu beachten:

Obwohl die Berührungsspannung U_B beim größtmöglichen Strom ihren Maximalwert annimmt, ist dennoch nur der Strom I_a bei der Rechnung anzusetzen, der zur

Abschaltung innerhalb der festgelegten Zeit führt. Bei der Anwendung von Fehlerstrom-Schutzeinrichtungen (RCDs) ist hier der Bemessungs-Differenzstrom $I_{\Delta N}$ einzusetzen, bei Überstrom-Schutzeinrichtungen der Strom, der eine Abschaltung innerhalb der geforderten Zeit bewirkt. Treten jedoch in der Praxis höhere Ströme auf, so werden die Abschaltzeiten kürzer und dadurch auch trotz steigender Berührungsspannung U_B die Gefährdung von Personen geringer.

Die Gefährdung tritt nicht beim höchstmöglichen Spannungsfall auf, sondern bei

$$U_B = R \cdot I_a$$

I_a ist dabei meist der Abschaltstrom der Überstrom-Schutzeinrichtung, die im Hinblick auf den Überstromschutz sowieso vorhanden ist.

I_a und U_L sind fest vorgegebene Werte. Als veränderbare Größe bleibt nur der Widerstand R zwischen gleichzeitig berührbaren Körpern. Das Kriterium für die Dimensionierung für den zusätzlichen Querschnitt ergibt sich zu

$$R \leq \frac{U_L}{I_a}$$

Die Bedingung ist relativ leicht zu erfüllen und auch leicht zu kontrollieren, wenn eine direkte Verbindung zwischen zwei gleichzeitig berührbaren Körpern untereinander oder zwischen gleichzeitig berührbaren Körpern und fremden leitfähigen Teilen besteht (**Bild 7.6**).

Beispiel:

Gegeben: PVC-isolierter Potentialausgleichsleiter zwischen zwei gleichzeitig berührbaren Körpern mit dem Querschnitt 2,5 mm^2 Cu und der Länge von 2 m; die Verbrauchsmittel sind mit Sicherungen der Betriebsklasse gL mit einem Nennstrom von 160 A bzw. 20 A abgesichert.

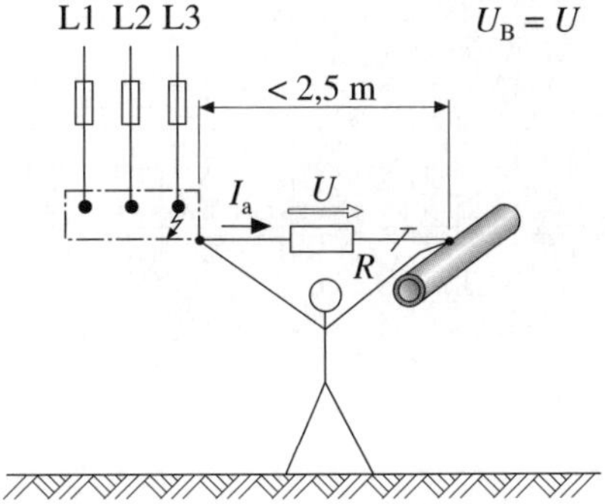

Bild 7.6 Prüfung des zusätzlichen Potentialausgleichs bei isolierter Standfläche

Gefragt: Bedingung $R \leq \frac{U_L}{I_a}$ erfüllt?

Lösung:

Der 5-s-Abschaltstrom einer Sicherung der Betriebsklasse gG mit einem Nennstrom von 160 A (größte Sicherung) beträgt 900 A (**Bild 7.7**). Daraus ergibt sich:

$$R = \frac{U_L}{I_a} = \frac{500\,\text{V}}{900\,\text{A}} = 55{,}6\,\text{m}\Omega$$

$R = 55{,}6\ \text{m}\Omega$

Der Kaltwiderstand des 2 m langen Potentialausgleichsleiters aus Kupfer mit dem Querschnitt 2,5 mm² beträgt bei 30 °C nach Tabelle 7.3:

$R_{30\,°\text{C}} = 2\ \text{m} \cdot 7{,}5661\ \text{m}\Omega/\text{m}$

$R_{30\,°\text{C}} = 15{,}1\ \text{m}\Omega$

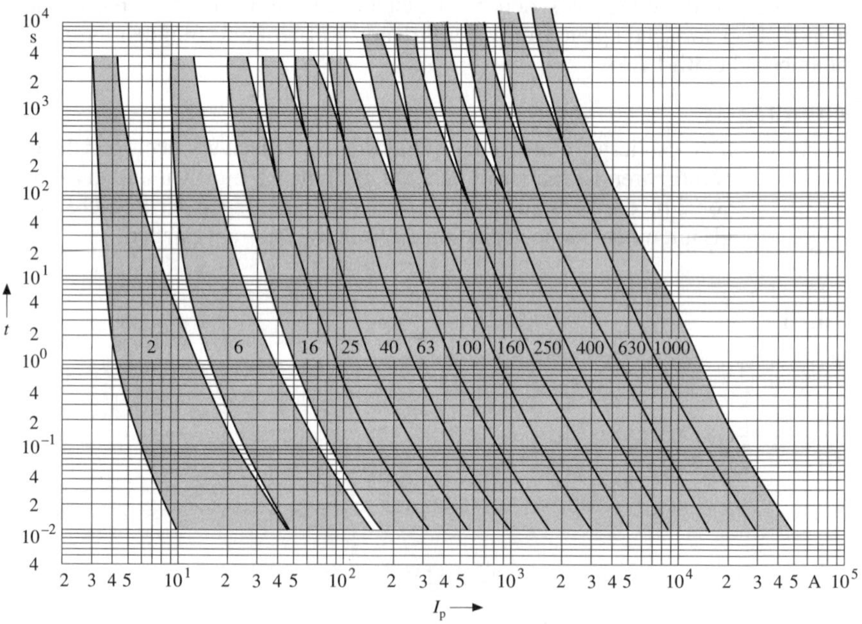

Bild 7.7 Zeit-Strom-Bereiche für NH-Sicherungseinsätze der Betriebsklasse gG gemäß DIN VDE 0636-201:2003-02

Außer von Länge, Querschnitt und Leiterwerkstoff hängt der Widerstand aber noch von der Temperatur ab. Der Warmwiderstand ergibt sich zu:

$$R_{\Theta_x} = R_{30\,°C}\left[1+\alpha\cdot\left(\Theta_x - 30\,°C\right)\right]$$

Darin bedeuten:

R_{Θ_x} Warmwiderstand

α Temperaturkoeffizient in K^{-1},

Θ_x andere Temperatur in °C.

Der Temperaturkoeffizient für Kupfer beträgt $\alpha = 3{,}93 \cdot 10^{-3}\ K^{-1}$. Die Temperatur Θ_x ergibt sich für den PVC-isolierten Potentialausgleichsleiter zu 160 °C, da als Leitertemperatur der Höchstwert angesetzt wird, der ebenfalls zur Ermittlung des Materialbeiwerts *k* im Abschnitt 5.1.1 und Anhang A von DIN VDE 0100-540:1991-11 angewendet wird. Der Warmwiderstand ergibt sich somit zu:

$$R_{\Theta_x} = R_{30\,°C}\left[1+\alpha\cdot\left(\Theta_x - 30\,°C\right)\right]$$

$$R_{\Theta_x} = 15{,}1\cdot 10^{-3}\,\Omega\left[1+3{,}93\cdot 10^{-3}\,K^{-1}\cdot\left(160\,°C - 30\,°C\right)\right]$$

$$R_{\Theta_x} = 22{,}8\ m\Omega$$

Die Forderung

$$R \le \frac{U_L}{I_a}$$

ist erfüllt, da

$22{,}8\ m\Omega \le 55{,}6\ m\Omega$.

Die Dimensionierung des Potentialausgleichsleiters mit 2,5 mm^2 Cu Querschnitt ist im Hinblick auf den Spannungsfall am Potentialausgleichsleiter, der von einem Menschen überbrückt werden kann, also richtig. Korrekterweise müsste nun noch geprüft werden, ob die thermische Belastbarkeit gegeben ist. Hierauf soll in diesem Band verzichtet werden.

Gerade die leitfähigen Standflächen bedeuten Probleme bei der Überprüfung des zusätzlichen Potentialausgleichs, da sie meist eine deutlich schlechtere Leitfähigkeit als sonstige Metallteile haben. Daher muss in solchen Fällen der Widerstand $R_Ü$ zwischen den metallenen Steuererdern und der Standfläche berücksichtigt werden (**Bild 7.8**). Weil ein Fehler zu einem in aller Regel deutlichen Spannungsabfall $U_Ü$ am Übergangswiderstand führen wird, ist die vorher behandelte Prüfbedingung (siehe Beispiel) nicht mehr ausreichend. Sie ist als zu großzügig anzusehen.

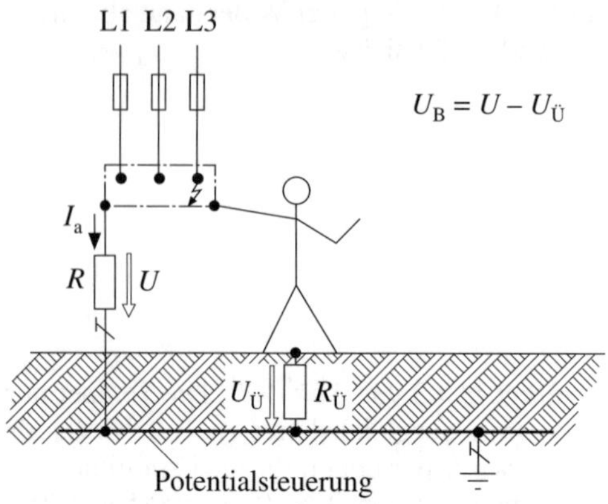

Bild 7.8 Prüfung des zusätzlichen Potentialausgleichs bei leitfähiger Standfläche

In den Fällen mit leitfähiger Standfläche ist es besser, die Spannung, die bei einem Körperschluss auftritt, zwischen den berührbaren Körpern bzw. fremden leitfähigen Teilen und der leitfähigen Standfläche direkt zu messen. Für das Messen dieser Spannung ist ein Verfahren gemäß DIN VDE 0101:2000-01, Anhang G, zur Messung der Berührungsspannung anzuwenden. Bei dieser Methode (**Bild 7.9**) ist ein Spannungsmesser mit einem inneren Widerstand von etwa 1 kΩ zu verwenden. Die

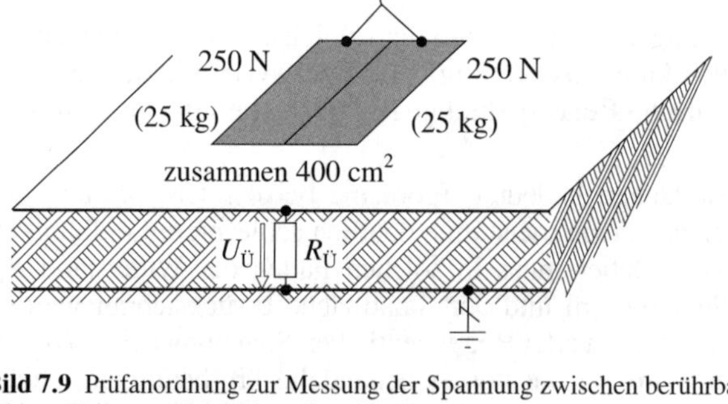

Bild 7.9 Prüfanordnung zur Messung der Spannung zwischen berührbaren Körpern bzw. fremden leitfähigen Teilen und leitfähigen Standflächen

Messelektrode zur Nachbildung der Füße muss eine Fläche von insgesamt 400 cm^2 (zwei Füße je 200 cm^2) haben und mit einer Kraft von 500 N (2 Füße je 250 N) auf dem Boden aufliegen.

7.3.3 Prüfung des zusätzlichen Potentialausgleichs als Ergänzung für den Fehlerschutz (Schutz bei indirektem Berühren) durch Abschaltung

7.3.3.1 Anwendungsbereich

Als Merkmal für das Vorhandensein eines den Fehlerschutz (Schutz bei indirektem Berühren) ergänzenden Potentialausgleichs ist anzusehen, dass der zugehörige Potentialausgleichsleiter vorwiegend fremde leitfähige Teile miteinander verbindet. Bei dem den Fehlerschutz (Schutz bei indirektem Berühren) ergänzenden zusätzlichen Potentialausgleich handelt es sich demnach um den in der Hausinstallation üblichen zusätzlichen Potentialausgleich in Räumen und Anlagen besonderer Art, wie er beispielsweise in der Gruppe 700 der DIN VDE 0100 gefordert wird.

Beispiele für Orte und Bereiche, in denen der zusätzliche Potentialausgleich als Ergänzung für eine Schutzmaßnahme bei indirektem Berühren nach DIN VDE 0100-410 gefordert wird:

- Räume mit Badewanne oder Dusche (DIN VDE 0100-701)
- Becken von Schwimmbädern und andere Becken (DIN VDE 0100-702)
- Landwirtschaftliche Anwesen (DIN VDE 0100-705)
- Unterrichtsräume mit Experimentierständen (DIN VDE 0100-723)
- Springbrunnen (DIN VDE 0100-738)

7.3.3.2 Besichtigen

Das Besichtigen muss nach DIN VDE 0100-610, Abschnitt 611, durchgeführt werden, um nachzuweisen, dass die fest angeschlossenen Betriebsmittel

- entsprechend den Normen der Reihe DIN VDE 0100 (aber auch entsprechend den anderen DIN-VDE-Normen) korrekt ausgewählt und errichtet wurden
- ohne sichtbare, die Sicherheit beeinträchtigende Beschädigungen sind

Hierzu gehört auch die Feststellung, dass der Querschnitt der Potentialausgleichsleiter des zusätzlichen Potentialausgleichs DIN VDE 0100-540, Tabelle 9 (**Tabelle 7.4**), entspricht.

Konkrete Vorgaben für das Besichtigen des ausgeführten zusätzlichen Potentialausgleichs sind in DIN VDE 0100-610 nicht enthalten.

Was soll aber nun die geforderte Besichtigung hinsichtlich des zusätzlichen Potentialausgleichs bewirken?

Es muss festgestellt werden, ob alle gleichzeitig berührbaren Körper, Schutzleiteranschlüsse und alle fremden leitfähigen Teile in den örtlichen zusätzlichen Poten-

	Querschnitte für Potentialausgleichsleiter	
normal	zwischen zwei Körpern	1 × Querschnitt des kleineren Schutzleiters
	zwischen einem Körper und einem fremden leitfähigen Teil	0,5 × Querschnitt des Schutzleiters
mindestens	bei mechanischem Schutz	2,5 mm^2 Cu oder Al[1])
	ohne mechanischem Schutz	2,5 mm^2 Cu oder Al[1])
[1]) Werden Aluminiumleiter ungeschützt verlegt, besteht wegen möglicher Korrosion und geringer mechanischer Festigkeit eine erhöhte Möglichkeit der Leiterunterbrechung		

Tabelle 7.4 Querschnitte für Potentialausgleichsleiter des zusätzlichen Potentialausgleichs (Auszug aus Tabelle 9 aus DIN VDE 0100-540:1991-11)

tialausgleich einbezogen sind. Hierzu gehört auch, durch Fühlen die Festigkeit der Verbindung zu überprüfen.

7.3.3.3 Messen der Durchgängigkeit der Verbindungen des zusätzlichen Potentialausgleichs als Ergänzung für den Fehlerschutz (Schutz bei indirektem Berühren) durch Abschaltung

Nach DIN VDE 0100-610:2004, Abschnitt 612.2, muss eine Messung der Durchgängigkeit der Verbindungen des zusätzlichen Potentialausgleichs durchgeführt werden.

Auch hier verfährt man sinngemäß wie bei der Prüfung des Hauptpotentialausgleichs. Es ist also durch Messen festzustellen, dass zwischen den in den zusätzlichen Potentialausgleich einbezogenen gleichzeitig berührbaren Körpern, Schutzleiteranschlüssen und fremden leitfähigen Teilen Verbindung besteht. Einzelheiten hierzu siehe auch Abschnitt 7.2.2.

Das uneingeschränkt geforderte Messen der Durchgängigkeit der Verbindungen des zusätzlichen Potentialausgleichs gilt seit Erscheinen der DIN VDE 0100-610: 1994-04. Nach dem alten Teil 600:1987-11 der DIN VDE 0100 war das Messen nur dann erforderlich, wenn die Wirksamkeit des zusätzlichen Potentialausgleichs durch Besichtigen nicht beurteilt werden konnte.

7.4 Messgeräte für die Prüfung der Wirksamkeit des Potentialausgleichs

7.4.1 Allgemeines

Während der Prüfung müssen nach DIN VDE 0100-610, Abschnitt 61.1.3, Vorsichtsmaßnahmen ergriffen werden, um eine Gefährdung von Personen und eine Beschädigung von Eigentum sowie der installierten Betriebsmittel zu vermeiden.

Selbstverständlich darf auch der Messende selbst nicht gefährdet werden. Man erreicht diese Ziele, wenn die Prüfung mit normgerechten Messgeräten für die Messaufgaben erfolgt.

DIN VDE 0100-600:1987-11 forderte bereits in Abschnitt 4.3 unter „Messen", dass die jeweiligen Messaufgaben mit Messgeräten nach Normen der Reihe VDE 0413 durchzuführen sind, die in einer Tabelle in Teil 600 aufgeführt waren. Eine solche Zuordnung der Messgeräte zu den Messaufgaben gab es im Wortlaut der DIN VDE 0100-610:1994-04 nicht mehr. Sie war durch die Harmonisierung entfallen, da die Messgeräte noch nicht europäisch harmonisiert waren. Inzwischen liegen für die Messgeräte mit der Normenreihe DIN EN 61557 (VDE 0413) harmonisierte Normen vor und die Anwendung dieser Messgeräte wird im neuen Teil 610, Absatz 612.1, verbindlich vorgeschrieben. Hiernach müssen Messgeräte und Überwachungseinrichtungen den Normen dieser Reihe entsprechen. Falls andere Messgeräte verwendet werden sollen, müssen sie die gleichen Leistungsmerkmale und die gleiche Sicherheit aufweisen. Messgeräte, die nach der alten nationalen Norm VDE 0413 hergestellt waren, werden diese wesentlichen Anforderungen im Allgemeinen erfüllen, da die VDE 0413 Grundlage für die Erarbeitung der europäischen Norm war.

Um dem Praktiker eine Hilfe zu geben, welche der Normen im Einzelfall anzuwenden sind, wurde eine Zuordnungstabelle in der nationalen Anmerkung unter Abschnitt 61.1.6 der DIN VDE 0100-610 aufgenommen. Die Auswahl normgerechter Messgeräte für die jeweiligen Messaufgaben gemäß dieser Tabelle ermöglicht neben der Nichtgefährdung der Messenden auch das Erreichen von nachvollziehbaren Messergebnissen.

Für das Messen des Widerstands von Erdungsleitern, Schutzleitern und Potentialausgleichsleitern wird als Norm für das zugehörige Messgerät die DIN EN 61557-4 (VDE 0413 Teil 4) genannt. Die aktuelle Fassung ist die Ausgabe Mai 1998. Messgeräte nach dieser Norm sind unter anderem geeignet zur Prüfung der Wirksamkeit des Potentialausgleichs, also der Messung des Widerstands von Potentialausgleichsleitern einschließlich ihrer Verbindungen und Anschlüsse.

7.4.2 Wesentliche Anforderungen

Die Messspannung darf bei solchen Messgeräten nach DIN EN 61557-4 (VDE 0413 Teil 4) eine Gleich- oder Wechselspannung sein. Die Leerlaufspannung darf 24 V nicht überschreiten und 4 V nicht unterschreiten, wobei ein Messstrom von mindestens 200 mA fließen muss. Diese Festlegungen in der DIN EN 61557 entsprechen auch den Anforderungen der DIN VDE 0100-610, Abschnitt 612.2. Einfache Widerstandsmesser, z. B. digitale Multimeter, erfüllen diese Bedingung meist nicht. Sie entsprechen nicht der DIN EN 61557 und dürfen daher nicht für Messungen bei der Überprüfung von Schutzmaßnahmen verwendet werden. Nur durch die Verwendung von Messgeräten nach DIN EN 61557 ist gewährleistet, dass gefährliche Berührungsspannungen und erhöhte Fremdspannungen erkannt werden und die erforderliche Messgenauigkeit auch bei korrodierten Klemmen eingehalten wird.

Die Leerlaufspannung muss deshalb mindestens 4 V betragen, da bei niedrigeren Spannungen die Gefahr besteht, dass die Messwerte in unzulässiger Weise, z. B. durch Thermospannungen, galvanische Spannungen oder Fremdschichten an Prüfobjekten, verfälscht werden können. Bei Anwendung von Gleichstrom – die meisten Geräte auf dem Markt sind so ausgelegt – ist ein Polumschalter vorgeschrieben oder die Möglichkeit, die Polarität über die Anschlussleitungen zu vertauschen. Dadurch ist auf einfache und schnelle Weise zu prüfen, ob Störgleichströme, z. B. galvanische Erdströme, in der Anlage vorhanden sind. Deren Einfluss lässt sich so ausschließen.

Die maximale prozentuale Betriebsmessabweichung (früher: Gebrauchsfehler) darf innerhalb des zu kennzeichnenden Messbereichs ± 30 % nicht überschreiten. Der bei den im Handel erhältlichen Messgeräten übliche Wert liegt deutlich darunter, z. B. 10 %.

Da mitunter lange Messleitungen benötigt werden, ist zu beachten, dass der Widerstand der Messleitungen vom Messwert abzuziehen ist, sofern dies nicht durch eine entsprechende Schaltung des Messgeräts berücksichtigt wird. Wenn der Widerstand der Messleitungen als Vorwegabzug bereits im Messgerät einkalibriert wird, so muss dies nach DIN EN 61557-4 (VDE 0413 Teil 4) erkennbar sein.

Bei Verwendung von Wechselstrom war früher die untere Grenze des Kurzschlussstroms auf 5 A festgelegt, um den Einfluss von überlagerten Gleichströmen auf das Messergebnis niedrig zu halten. In der heute nicht mehr gültigen DIN VDE 0190:

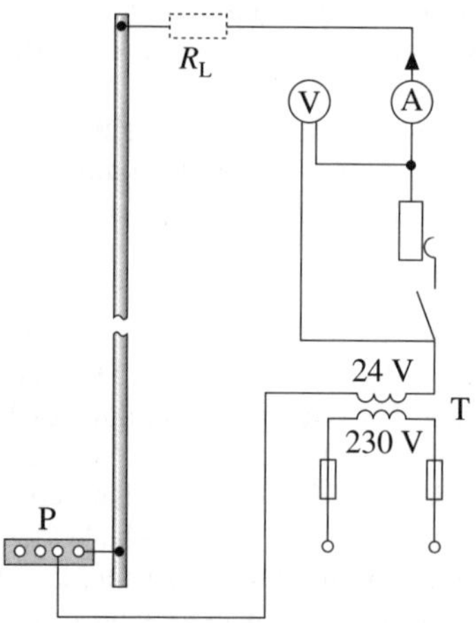

$$R = \frac{U_1 - U_2}{I} - R_L$$

U_1 Spannung bei offenem Prüfstromkreis

U_2 Spannung bei geschlossenem Prüfstromkreis

I Prüfstrom

R_L Widerstand der Messleitung

T Transformator, Leistung etwa 150 VA

P Potentialausgleichsschiene

Bild 7.10 Beispiel für die Prüfung der Wirksamkeit des Potentialausgleichs nach DIN VDE 0190: 1973-05 (wird heute als **gefährlich** angesehen)

1973-05 wurde eine Messmethode aufgezeigt (**Bild 7.10**), bei der „echte" 5 A fließen und nicht – wie bei den meisten am Markt erhältlichen Geräten nach DIN EN 61557-4 – nur 200 mA bei Gleichstrom. Diese alte Prüfmethode darf nicht mehr angewendet werden; sie wird heute als gefährlich angesehen, da bei unsachgemäßer Durchführung Brandgefahr gegeben ist. Sie fand bereits in DIN VDE 0100-600 keine Erwähnung mehr.

Hinweis:

Weitere Aussagen zu den Bemessungsbedingungen und den Betriebsmessabweichungen der Widerstands-Messgeräte findet man außer in der DIN EN 61557-4 in der DIN EN 61557-1.

8 Messen von Isolationswiderständen (DIN VDE 0100-610, Abschnitt 612.3)

8.1 Allgemeines

Nahezu ständig und recht selbstverständlich verarbeitet der Elektrohandwerker isolierende Werkstoffe, und das wahrscheinlich ohne sich der besonderen Bedeutung dieses Materials bewusst zu sein. Gäbe es diesen „Baustein“ nicht, wäre weder die Erzeugung noch die Fortleitung elektrischer Energie möglich. Dies macht deutlich, welche Bedeutung die „Isolation“ besonders in der Elektroindustrie hat.

Im Folgenden soll aber nicht auf die speziellen Eigenschaften der unterschiedlichen Isolierstoffe eingegangen werden, sondern vielmehr auf den Widerstand, den die Isolation dem elektrischen Strom entgegensetzt. Da es sich um einen elektrischen Widerstand handelt, kann man folgern, dass mit einem gewissen Stromfluss durch den Widerstand zu rechnen ist. Dies ist eine Tatsache, die oft nicht so recht bedacht wird: Es gibt keinen 100%igen Isolator. In jeder elektrischen Anlage wird ein gewisser „Leckstrom“ fließen, abhängig von der Größe des Widerstands und der Höhe der Spannung. Das in der Fachliteratur häufig verwendete Wort „Leckstrom“ wird gelegentlich vielleicht eine gewisse Verwunderung auslösen, dennoch handelt es sich hier tatsächlich um ein „Lecken“ – eine Undichtigkeit, ein Verlorengehen. Im Zusammenhang mit den Anforderungen der DIN VDE 0100 wird jedoch nicht die Größe des „Lecks“ gemessen, sondern der Widerstand, der dem „Verlorengehen“ entgegengesetzt wird.

Die normensetzenden Gremien sehen einen gewissen „Leckstrom“ als zulässig an. Das heißt, man kalkuliert einen gewissen „Energieverlust“ ein. Dieser ist jedoch so gering, dass hiervon keine Gefahren für Menschen, Nutztiere oder Sachwerte ausgehen.

Nennspannung des Stromkreises	Messgleichspannung in V	Isolationswiderstand in MΩ
mit SELV (früher: Schutzkleinspannung) und PELV (früher: Funktionskleinspannung mit sicherer Trennung)	250	≥ 0,25
bis einschließlich 500 V, außer SELV und PELV (siehe oben)	500	≥ 0,5
über 500 V	1000	≥ 1,0

Tabelle 8.1 Messgleichspannung und Mindestwerte des Isolationswiderstands

Der messtechnische Nachweis, dass die in den DIN-VDE-Normen geforderten Isolationswerte eingehalten sind, ist relativ einfach zu führen. Dennoch ist diese praktisch recht problemlos durchzuführende Messung bezogen auf die Sicherheit der Anlage von großer Bedeutung. In der Wertigkeit der Messungen im Rahmen der DIN VDE 0100-610 steht die Messung des Isolationswiderstands an erster Stelle.

8.2 Durchführung der Isolationswiderstandsmessung

Schon die DIN VDE 0100-600 aus dem Jahre 1987 brachte eine wesentliche Änderung hinsichtlich der Anforderungen an die Messung und Qualität der Isolationswiderstände. Während sich zuvor die Größe des Isolationswiderstandswertes an der Höhe der treibenden Spannung orientierte – 1000 Ω je Volt –, wurden schon seinerzeit Festwerte für bestimmte Spannungsbereiche gefordert. Für den Bereich der Kleinspannung galt ein Isolationswert von 0,25 MΩ; für die Spannungen darüber bis einschließlich 500 V war ein Isolationswiderstand von 0,5 MΩ einzuhalten. Bei höheren Spannungen bis einschließlich 1000 V musste der Isolationswert bei mindestens 1 MΩ liegen (**Bild 8.1**). Schon die DIN VDE 0100-600 machte – im Gegensatz zu der Vorgängernorm – keinen Unterschied mehr zwischen Anlagen im Freien und Anlagen in besonderen Räumen gegenüber anderen Anlagen. Für die üblichen Niederspannungsanlagen bis 500 V galt der Isolationswert 0,5 MΩ. Nur bei Kleinspannung galt der halbierte Wert 0,25 MΩ und bei Spannungen oberhalb 500 bis 1000 V galt der doppelte Wert 1 MΩ.

An dem Verfahren zur Messung von Isolationswiderständen hat sich durch die neue Fassung der DIN VDE 0100-610 im Prinzip nichts geändert. Um den Messaufwand

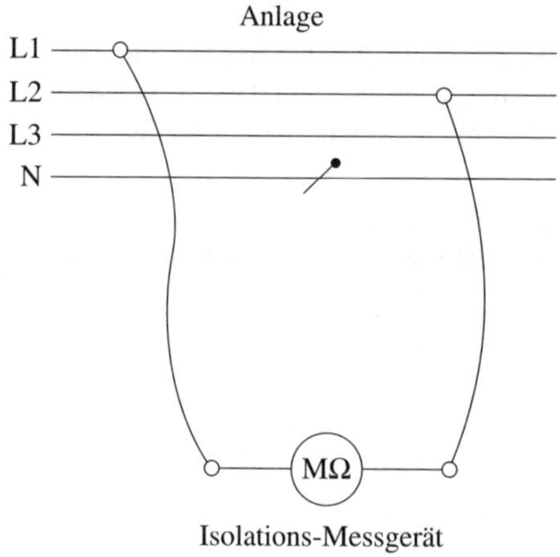

Bild 8.1 Messen von Isolationswiderständen

zu reduzieren, war entsprechend der letzten Normfassung zugelassen, dass Außen- und Neutralleiter während der Messung miteinander verbunden werden. Diese Aussage ist in der neuen Norm nicht mehr enthalten, da dies bei den heutigen Messgeräten nicht immer eine Vereinfachung des Messaufwands bedeutet. Da aber, außer in feuergefährdeten Betriebsstätten, nur die Messung des Isolationswiderstands zwischen den aktiven Leitern (dazu gehört auch der Neutralleiter) und dem Schutzleiter bzw. Erde gefordert ist, ist eine solche zusammenfassende Messung weiterhin ausreichend, wenn sie einen ausreichend hohen Isolationswiderstand liefert. Sie ist insbesondere sinnvoll, wenn der Stromkreis elektronische Einrichtungen enthält. Werden die erforderlichen Messwerte nicht erreicht, muss jeder Leiter getrennt überprüft werden.

Bei der Messung des Isolationswiderstands muss das zu prüfende Anlagenteil vollständig vom einspeisenden Netz getrennt und spannungsfrei sein. Damit alle Leitungsteile erfasst werden, müssen vorhandene Schalter geschlossen sein. Falls dies nicht möglich ist, müssen die Teilabschnitte getrennt gemessen werden.

Am einfachsten führt man die Messung im Speisepunkt der Anlage durch, also in einer Verteilung, wo sich auch die erforderliche Trennung des Neutralleiters vom Schutzleiter durchführen lässt. Die Messung wird zwischen allen aktiven Leitern (d. h. allen Außenleitern und dem Neutralleiter) und dem Schutzleiter durchgeführt, wobei alle Stromkreise zusammengefasst werden können. Wenn der Messwert kleiner ist als der nach Tabelle 8.1 vorgegebene Wert, ist es zulässig, die Anlage in einzelne Stromkreisgruppen aufzuteilen und den Isolationswiderstand einer jeden Gruppe zu messen. Wenn der bei einer Stromkreisgruppe gemessene Wert immer noch zu klein ist, muss der Widerstand für die einzelnen Stromkreise oder Teilstromkreise gemessen werden.

Die Anforderungen sind dem Bild 8.1 (entspr. Tab. 61A aus DIN VDE 0100-610) zu entnehmen; sie gelten gleichermaßen für trockene und nasse Räume.

Enthalten Stromkreise elektronische Einrichtungen, sollten zur Vermeidung von möglichen Zerstörungen Außen- und Neutralleiter während der Messung miteinander verbunden werden. Dies war in der Vorgängernorm DIN VDE 0100-610: 1994-04 noch verbindlich gefordert, ist in der jetzigen Norm jedoch nicht mehr enthalten.

Der Verzicht auf Messung des Isolationswiderstands bei Schalterleitungen in Lichtstromkreisen – wie nach DIN VDE 0100-600 noch möglich – ist seit Inkrafttreten der DIN VDE 0100-610:1994-04 entfallen. Die Messungen sind mit Gleichspannung durchzuführen. Welchen Einfluss Messfehler auch bei dieser Messung haben können, zeigt das folgende Beispiel.

Beispiel:

Einzuhalten ist ein Isolationswert von 0,5 MΩ. Möglicher Messfehler nach DIN EN 61557-2 (VDE 0413 Teil 2) ± 30 %. Der am Messgerät abzulesende Wert muss also mindestens 0,5 MΩ + 30 % = 0,65 MΩ betragen.

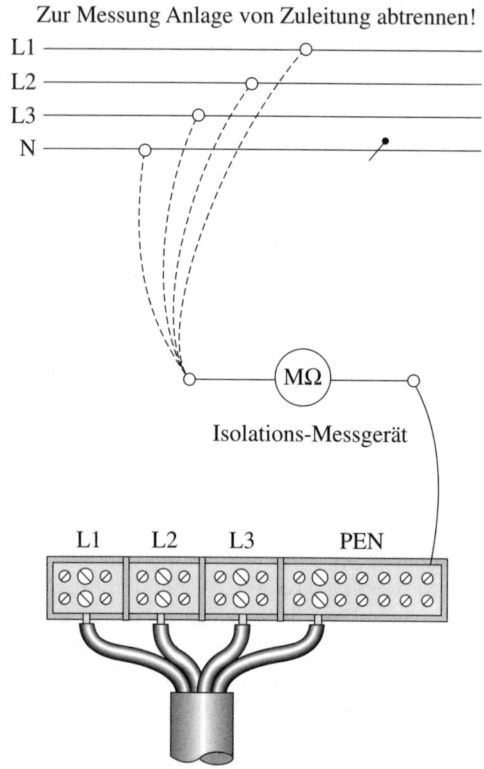

Um den Messaufwand zu reduzieren, dürfen während der Messungen des Isolationswiderstands Außen- und Neutralleiter miteinander verbunden sein. Dies ist insbesondere sinnvoll, wenn der Stromkreis elektronische Einrichtungen enthält.

Bild 8.2 Messen des Isolationswiderstands in der Praxis

Es sind die Werte der Isolationswiderstände zu ermitteln zwischen (Bild 8.1 und **Bild 8.2**):

- jedem Außenleiter (L1, L2, L3) und Erde (Schutzleiter PE oder PEN)
- dem Neutralleiter N und dem Schutzleiter PE

Der Isolationswiderstand reicht aus, wenn in jedem Stromkreis – ohne angeschlossene Verbraucher – die Werte in Bild 8.1 unter Berücksichtigung des Messfehlers gemessen werden. Man sollte jedoch bedenken, dass bei dem heutigen Isolationsmaterial üblicherweise für den Isolationswiderstand Werte gemessen werden, die weit über den geforderten Werten liegen. Wenn die Werte bei einer Messung ohne angeschlossene Verbraucher nur knapp eingehalten werden, so ist dies zwar der

Norm entsprechend, es ist bei einer neuen Anlage aber doch ein Zeichen dafür, dass etwas nicht ganz in Ordnung ist.

Die Messung des Isolationswiderstands ist üblicherweise an der vollständigen Anlage mit allen angeschlossenen Betriebsmitteln durchzuführen. Zu diesen Betriebsmitteln gehören auch Überspannungs-Schutzeinrichtungen. Wenn die Messung des Isolationswiderstands durch Überspannungs-Schutzeinrichtungen der Klasse B oder C im Einspeise- oder Stromkreisverteilerbereich beeinflusst wird, weil diese für die Messspannung nicht bemessen sind, lässt sich die Prüfung in der vorgeschriebenen Form nicht durchführen. Als Alternative wird in DIN V VDE V 0100-534:1999-04, Abschnitt 534.2.9, vorgeschlagen, diese Betriebsmittel während der Isolationsmessung erdseitig zu trennen. Dies ist problemlos durchzuführen, wenn die Überspannungs-Schutzeinrichtungen steckbar ausgeführt sind. Zur Durchführung der Prüfung sollte der Hersteller der Überspannungs-Schutzeinrichtungen in der Gebrauchsanweisung die erforderlichen Informationen mitliefern. Wenn es nicht leicht möglich ist, die Betriebsmittel abzuklemmen, z. B. bei Steckdosen mit Überspannungs-Schutzeinrichtungen, bleibt die Möglichkeit, die Prüfspannung für diesen Stromkreis auf 250 V zu reduzieren. Diese Einschränkung der Prüfanforderungen ist im Neuentwurf der internationalen Norm IEC 60364-6-61 bereits enthalten, hat jedoch noch keinen Eingang in das Harmonisierungsdokument von CENELEC und damit in die VDE-Norm gefunden. Um dem Prüfenden eine Hilfestellung zu geben, wurde diese Möglichkeit als nationale Anmerkung in die Norm übernommen. Auch der Gesamtverband der deutschen Versicherungswirtschaft (GDV) lässt in seiner VdS-Richtlinie 2046, Abschnitt 3.2.5, das Trennen der Überspannungs-Schutzeinrichtungen während der Isolationsprüfung bzw. die Messung mit 250 V zu.

Es ist zulässig, den Isolationswiderstand mit angeschlossenen Elektrogeräten zu messen. Werden die geforderten Werte jedoch nicht erreicht, ist die Prüfung ohne angeschlossene Verbraucher zu wiederholen. An dieser Stelle sei auf Glimmlampen oder Klingeltransformatoren hingewiesen, die das Messergebnis beeinflussen können.

Die Problematik mit angeschlossenen Verbrauchsmitteln zeigt sich in feuergefährdeten Betriebsstätten, wo entsprechend einer Anmerkung der Norm zusätzlich eine Messung des Isolationswiderstands zwischen den aktiven Leitern durchgeführt werden sollte, d. h. zwischen den Außenleitern untereinander und zwischen den Außenleitern und dem Neutralleiter. Diese Messung ist jedoch nicht immer möglich, nämlich wenn durch fest angeschlossene Verbraucher die Messung verfälscht wird. In diesem Fall kann die Messung nur vor dem Anschluss der Verbraucher durchgeführt werden oder die Verbraucher müssen vor der Messung vom Netz getrennt werden.

8.3 Anforderungen an Isolations-Messgeräte

Die verwendeten Isolations-Messgeräte müssen den Anforderungen der DIN EN 61557-2 (VDE 0413 Teil 2) genügen. Wie bereits früher darf auch nach den neuen Normen die Isolationswiderstandsmessung nur mit Gleichspannung durchgeführt werden. Man hat sich für die Gleichspannung entschieden, um den Einfluss der Kapazität zwischen den Leitern sowie den Leitern und Erde bei der Messung auszuschließen.

Die Höhe der Messspannung hat sich ebenfalls nicht geändert. Für SELV- und PELV-Stromkreise ist die Prüfgleichspannung mit 250 V angegeben. Für Spannungen bis einschließlich 500 V (dies gilt auch für FELV-Stromkreise, also Kleinspannung ohne sichere Trennung) werden 500 V Messgleichspannung verlangt. In Anlagen mit Nennspannungen größer 500 V ist mit einer Prüfgleichspannung von 1000 V zu messen. Der Nennstrom muss mindestens 1 mA betragen und der Messstrom darf 15 mA Scheitelwert bei Gleichstrom mit überlagertem Wechselstrom von maximal 1,5 mA nicht überschreiten. Die maximale Betriebsmessabweichung darf ± 30 % betragen, bei Umgebungstemperaturen zwischen 0 °C und +35 °C.

Nach DIN EN 61557-2 darf bei versehentlichem Anlegen von fremden Gleich- oder Wechselspannungen mit Effektivwerten bis zum 1,2fachen der Nennspannungen des Isolations-Messgeräts für die Dauer von 10 s das Gerät weder schadhaft noch der Anwender gefährdet werden.

8.4 Ausführungen von Isolations-Messgeräten

Beim Kauf eines Isolations-Messgeräts sollte man sich zunächst einen Überblick verschaffen über die Anforderungen, die an das Gerät gestellt werden. Danach sind die am Markt angebotenen Geräte bezüglich ihrer speziellen Eignung zu untersuchen. Um die verschiedenen Möglichkeiten zu erläutern, seien die Geräte zunächst nach der Art der Erzeugung der Prüfspannung in drei Gruppen unterteilt:

a) Isolations-Messgeräte mit Kurbelinduktor

b) Isolations-Messgeräte mit wiederaufladbarer Batterie (Akkumulator)

c) Isolations-Messgeräte mit nicht wiederaufladbarer Batterie

Die unter a) aufgeführten Geräte haben den wesentlichen Vorteil, dass die zur Messung erforderliche Spannung durch Drehen der Kurbel erzeugt wird. Es ist ein Nachteil dieser Geräte, dass für den Betrieb zwei Hände benötigt werden – eine Hand für das Drehen der Kurbel, die zweite Hand zum Halten des Geräts. Eine feste Unterlage zur Aufstellung des Geräts ist wünschenswert. Die Messleitungen müssen mit so genannten Krokodilklemmen am Messobjekt angeschlossen werden, was nicht immer einfach, in jedem Fall aber zeitraubend ist.

Die unter b) und c) aufgeführten Messgeräte können umgehängt werden, d. h. beide Hände sind frei für den Anschluss der Messleitungen. Die Prüfspannung kann entweder – nach Betätigen eines Bereitschaftsschalters – sofort bei Berühren des zu prüfenden Anlagenteils anstehen, oder – besser – eine Taste am Prüfgriff gibt die Spannung frei. Werden häufig Isolationsmessungen durchgeführt, sind diese Geräte denen mit Kurbelinduktor vorzuziehen. Nachteilig wirkt sich hier allerdings die Wartung aus; sie ist bei Geräten mit Akkumulatoren oder Batterien unumgänglich.

Der wiederaufladbare Akkumulator benötigt mehrere Stunden Ladezeit, erst dann können – soweit der Akkumulator entladen war – wieder Messungen vorgenommen werden. Das heißt, das Gerät ist praktisch nicht immer verfügbar. Es ist eine sorgfältige Beobachtung des Geräts erforderlich, die zwar kaum zeitaufwändig ist, aber eben nicht vergessen werden darf. Ist kein Ladebegrenzer eingebaut, muss darauf geachtet werden, dass die Ladezeit nicht überschritten wird. Ansonsten ist mit einer Beschädigung des Geräts zu rechnen. In der Regel sollten dann 14 h Ladezeit nicht überschritten werden.

Die gleiche Sorgfalt muss auch bei den Geräten mit nicht wiederaufladbaren Batterien aufgewendet werden; die Benutzungszeiträume bei diesen Geräten sind jedoch wesentlich größer. Die Batterien haben eine recht lange Lebensdauer. Als recht günstig haben sich Geräte erwiesen, die mit handelsüblichen Taschenlampenbatterien gespeist werden; sie können bei Ausfall schnell beschafft und ersetzt werden.

Werden Isolationsmessungen nur gelegentlich erforderlich, reicht ein Isolations-Messgerät mit Kurbelinduktor sicherlich aus. Bei diesem Gerät verzichtet man auf eine relativ hohe Messgeschwindigkeit zugunsten der ständigen Betriebsbereitschaft. Für den Elektroinstallateur, der das Isolations-Messgerät nahezu täglich benutzt, eignet sich eher ein batterie- oder akkugespeistes Gerät. Der Benutzer sollte allerdings die Speisebatterie regelmäßig bezüglich des Ladezustands überprüfen. Sinnvollerweise sollte diese Prüfung nicht ausschließlich unmittelbar vor der Benutzung des Geräts erfolgen, da das unter Umständen zu zeitlichen Problemen – Erwerb neuer Batterien oder Laden des Akkumulators – führen kann.

Inzwischen sind Geräte mit Kurbelinduktor in den Hintergrund getreten. Es werden fast ausschließlich batterie- oder akkugespeiste Isolations-Messgeräte angeboten und eingesetzt, was nicht zuletzt auf wesentliche Fortschritte in der Batterie- und Akkumulatorentechnik zurückzuführen ist.

9 Messen der Durchgängigkeit der Schutzleiter – niederohmige Widerstandsmessung (DIN VDE 0100-610, Abschnitt 612.2)

9.1 Allgemeines

Zu unterscheiden sind

- die eigentliche Forderung des Messens der Durchgängigkeit der Schutzleiter nach DIN VDE 0100-610, Abschnitt 612.2, und
- die Durchführung einer niederohmigen Widerstandsmessung zur Erfüllung vorgenannter Forderung.

Vor der Messung ist das Besichtigen der Schutzleiter erforderlich, z. B. bezüglich Querschnitte, Verbindungen und Anschlüsse.

9.2 Messen der Durchgängigkeit der Schutzleiter

Nach DIN VDE 0100-610, Abschnitt 612.2, muss die Durchgängigkeit der Schutzleiter gemessen werden.

Diese Anforderung war in DIN VDE 0100-600 in dieser Form – gültig für alle Schutzleiter der elektrischen Anlage – nicht vorhanden. Bereits seit Veröffentlichung der DIN VDE 0100-610:1994-04 ist eine Messung der Durchgängigkeit erforderlich.

9.3 Niederohmige Widerstandsmessung

9.3.1 Wozu dient die niederohmige Widerstandsmessung?

Mit der niederohmigen Widerstandsmessung kann die Niederohmigkeit von Schutzleitern, Potentialausgleichsleitern und Erdungsleitern gemessen werden. Außerdem kann durch die niederohmige Widerstandsmessung die niederohmige Verbindung von Körpern mit anderen Körpern, mit den Schutzleitern und den Erdern einschließlich der Leiterverbindungen sowie Klemm- und Anschlussstellen gemessen werden.

9.3.2 Wo kann die niederohmige Widerstandsmessung angewendet werden?

Die niederohmige Widerstandsmessung ist keine eigenständige Prüfung. Sie ermöglicht aber das Durchführen vielfältiger Messaufgaben. Einsatzmöglichkeiten sind **Tabelle 9.1** zu entnehmen.

Schutzmaßnahme zum Schutz gegen elektrischen Schlag	**Messaufgabe**
Hauptpotentialausgleich	Messen der Durchgängigkeit der Verbindungen des Hauptpotentialausgleichs
Zusätzlicher Potentialausgleich	Messen der Durchgängigkeit der Verbindungen des zusätzlichen Potentialausgleichs
TN-, TT-, IT-System allgemein	Verwechslung von Schutz- und Neutralleitern. Durchgängigkeit der Schutzleiter
TN-, TT-, IT-System mit Fehlerstrom-Schutzeinrichtung (RCD)	Richtige Zuordnung der Neutralleiter zu den jeweils von der Fehlerstrom-Schutzeinrichtung (RCD) erfassten Stromkreisen bei mehr als einer Fehlerstrom-Schutzeinrichtung für die gesamte Anlage Feststellung, ob alle anderen zu schützenden Anlagenteile über den Schutzleiter mit der Messstelle zuverlässig verbunden sind, an der die Auslösung der Fehlerstrom-Schutzeinrichtung erfolgte
FELV (früher: Funktionskleinspannung ohne sichere Trennung)	Messung, ob ordnungsgemäße Verbindung der Körper mit dem Schutzleiter des speisenden Netzes oder dem Potentialausgleichsleiter besteht

Tabelle 9.1 Durch niederohmige Widerstandsmessung zu erfüllende Messaufgaben

9.3.3 Durchführung der niederohmigen Widerstandsmessung

Die Durchführung ist – was besonders in bewohnten und teilbewohnten Anlagen von Bedeutung ist – infolge der verwendeten Spannung von mindestens 4 V bis maximal 24 V nach DIN EN 61557-4 (VDE 0413 Teil 4) „Widerstand von Erdungsleitern, Schutzleitern und Potentialausgleichsleitern" ungefährlich.

Die Messung der niederohmigen Verbindung erfolgt je nach Messaufgabe (siehe Tabelle 9.1) zwischen unterschiedlichen Messpunkten. So z. B. bei der

- Messung von Schutzleitern zwischen den Schutzleiteranschlussklemmen bzw. Körpern der Betriebsmittel, z. B. Steckdose, und der PE-Schiene des Stromkreisverteilers
- Messung der Durchgängigkeit der Verbindungen des Hauptpotentialausgleichs und des zusätzlichen Potentialausgleichs zwischen fremden leitfähigen Teilen untereinander und mit dem Schutzleiter

- Messung von Erdungsleitern zwischen Erder und der Potentialausgleichsschiene des Hauptpotentialausgleichs

Der Ablauf einer niederohmigen Widerstandsmessung ist nachstehend am Beispiel einer Messung zwischen der PE-Schiene im Stromkreisverteiler und den Schutzleiteranschlussklemmen der Verbrauchsmittel aufgezeigt.

Als zusätzliches Hilfsmittel ist eine etwa 10 m lange Messleitung erforderlich (Messleitungen 1 und 1' in **Bild 9.1**), deren Eigenwiderstand berücksichtigt werden muss. Diese Messleitung wird einerseits mit der Schutzleiterschiene des Stromkreisverteilers, andererseits mit dem Messgerät verbunden (Messleitung 1 in Bild 9.1). Die etwa 10 m Leitungslänge geben genügend Spielraum, einen Teil der

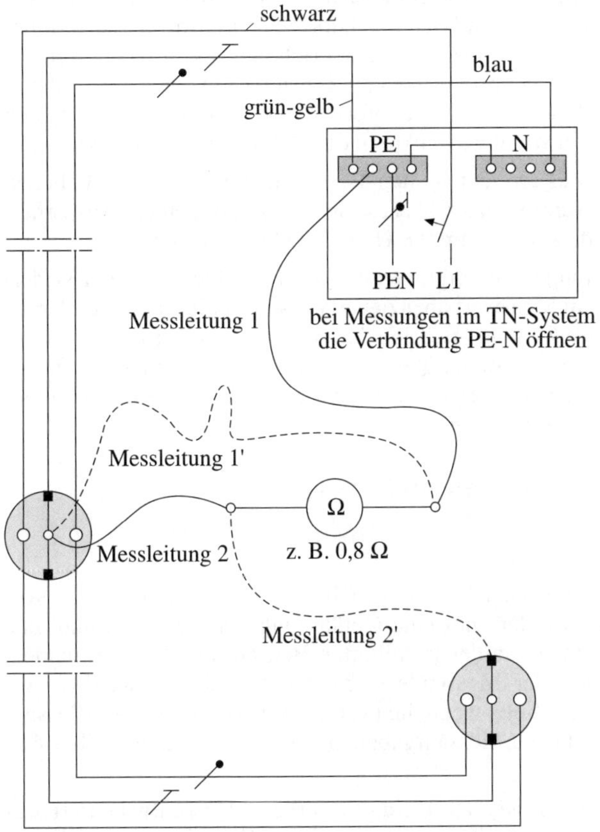

Bild 9.1 Niederohmige Prüfung des Schutzleiters (PE)

Schutzkontakte oder Geräte der zu prüfenden Anlage mit der zweiten Messleitung (Messleitung 2 im Bild 9.1) des Geräts zu erreichen.

Nach dem Prüfen des ersten Teilbereichs der Anlage (Messleitungen 1 und 2 in Bild 9.1) wird die Messleitung von der Schutzleiterschiene der Verteilung abgenommen und mit einem bereits geprüften Schutzkontakt der Anlage verbunden (Messleitung 1' und Bild 9.1). Auf diese Art und Weise können auch größere Anlagen schnell und ungefährlich auf gute Verbindung des Schutzleiters hin kontrolliert werden. Grundsätzlich darf die Zusatzmessleitung auch länger als 10 m sein, nur wird sie dann unter Umständen unhandlich im Gebrauch.

Die Messung kann sehr früh, noch ehe elektrische Verbrauchsmittel angeschlossen sind, besonders aber ohne zwangsgeerdete Geräte, durchgeführt werden. Nur so kann der eigentliche Schutzleiter überprüft werden. Wird nämlich vor dieser Messung bei der Schutzmaßnahme mit Überstrom-Schutzeinrichtungen im TN-System die Brücke zwischen Neutralleiter- und Schutzleiterschiene im Stromkreisverteiler entfernt, so wird bei dieser Messung gleichzeitig der richtige Anschluss des Schutzkontaktes bei den Steckdosen geprüft. Eine Verwechslung mit dem Neutralleiter oder gar mit einem Außenleiter wird dabei sofort offenkundig. Mit der Messung werden also gleichzeitig zwei wichtige Punkte in der elektrischen Anlage geprüft.

Werden Werte bis etwa 2,5 Ω erreicht – unter Berücksichtigung der zusätzlichen Messleitung –, so sind die Verbindungen als ausreichend zu betrachten. Aus Erfahrung kann gesagt werden, dass Werte um 0,8 Ω bis 1,0 Ω üblich sind.

Da mitunter lange Messleitungen benötigt werden, ist zu beachten, dass der Widerstand der Messleitungen vom Messwert abzuziehen ist, sofern dies nicht durch eine entsprechende Schaltung des Messgeräts, z. B. durch Vierpolausführung der Messleitungen, schon Berücksichtigung findet. Wenn der Widerstand von nicht fest angeschlossenen Messleitungen als Vorwegabzug bereits einkalibriert wurde, so muss dies nach DIN EN 61557-4 erkennbar sein.

9.3.4 Anforderungen an Widerstands-Messgeräte

9.3.4.1 Allgemeines

Während der Prüfung müssen nach DIN VDE 0100-610, Abschnitt 61.1.3, Vorsichtsmaßnahmen ergriffen werden, um eine Gefährdung von Personen und eine Beschädigung von Eigentum sowie der installierten Betriebsmittel zu vermeiden. Selbstverständlich darf auch der Messende selbst nicht gefährdet werden. Am günstigsten erreicht man diese Ziele, wenn die Prüfung mit normgerechten Messgeräten nach DIN EN 61557 für die Messaufgaben erfolgt, wie es der neue Teil 610 verbindlich fordert.

Die Auswahl normgerechter Messgeräte für die jeweiligen Messaufgaben ermöglicht neben der Nichtgefährdung der Messenden auch das Erreichen von nachvollziehbaren Messergebnissen.

Für Messgeräte zum Messen des Widerstands von Erdungsleitern, Schutzleitern und Potentialausgleichsleitern gilt die Norm DIN EN 61557-4 (VDE 0413 Teil 4). Die aktuelle Fassung ist Ausgabe Mai 1998.

Die Funktion „niederohmige Widerstandsmessung“ wird meist nicht als separates Messgerät angeboten. Oft ist sie mit der Funktion „Isolationswiderstandsmessung“ gemeinsam in einem Messgerät vorzufinden.

9.3.4.2 Wesentliche Anforderungen

Nach DIN EN 61557-4 (VDE 0413 Teil 4) ist bei analoger Anzeige eine Skalenverteilung vorgeschrieben, bei der Widerstandswerte zwischen 0,2 Ω und 2 Ω 50 % der gesamten Skalenlänge einnehmen müssen. Außerdem muss in diesem Bereich bei analoger Anzeige die Skalenteilung für je 0,1 Ω mindestens 0,5 mm betragen. Hat das Messgerät größere Teilstrichabstände, so wird die Ablesung wesentlich erleichtert. Bei digitalen Geräten muss die Auflösung mindestens 0,01 Ω betragen.

Die Messspannung darf bei Messgeräten nach DIN EN 61557-4 (VDE 0413 Teil 4) eine Gleich- oder Wechselspannung sein. Die Leerlaufspannung darf 24 V nicht überschreiten und 4 V nicht unterschreiten.

Berücksichtigt man die Anforderungen an die Skala und die Spannungsgrenzen von mindestens 4 V und maximal 24 V, so ergibt sich, dass diese Prüfung nicht mit einem herkömmlichen Ohmmeter durchzuführen ist.

Für die Messung kann sowohl Wechsel- als auch Gleichspannung Anwendung finden. Der Messstrom darf auch im kleinsten Messbereich 0,2 A nicht unterschreiten. In der alten deutschen Norm DIN 57413-4 (VDE 0413 Teil 4):1977-7 musste bei Wechselspannung der vom Gerät aufgebrachte Kurzschlussstrom sogar 5 A betragen. Daher arbeiteten praktisch alle Geräte batteriebetrieben mit Gleichspannung. Für die damals geforderten 5 A Kurzschlussstrom bei der Messung mit Wechselstrom müsste das Netz als Stromquelle dienen (netzgespeister Transformator). Das Verwenden der Netzspannung ist häufig zum Zeitpunkt der Durchführung der Messung (bei Neubauten vor der Inbetriebnahme) umständlich und ggf. auch zeitraubend, wenn die Netzspannung erst herangeführt werden muss.

Der wesentlich höhere Kurzschlussstrom von 5 A bei der Messung mit Wechselstrom war begründet. Er sollte den Einfluss von vagabundierenden Gleichströmen weitgehend ausschalten. Dies ist heute jedoch nicht mehr explizit durch die Norm gefordert, hat aber Vorteile bei schlechten Kontakten zur Messstelle. Bei den batteriebetriebenen Geräten mit Gleichspannung erreicht man das weitgehende Ausschalten von vagabundierenden Gleichströmen durch Polumschalter, die heute nach DIN EN 61557-4 (VDE 0413 Teil 4) erforderlich sind. Die Messung kann dann mit beiden Polaritäten durchgeführt werden. Werden vagabundierende Gleichströme erkannt, können sie durch Bildung des arithmetischen Mittelwerts ausgeschaltet werden.

Widerstands-Messgeräte nach DIN EN 61557-4 (VDE 0413 Teil 4) sind so gebaut, dass sie beim versehentlichen Anlegen von Fremdspannungen bis zum 1,2fachen Wert der Nennspannung der Netze, in denen sie verwendet werden dürfen, weder beschädigt werden noch Bedienende gefährden.

9.3.4.3 Bemessungsbedingungen

Die Bemessungsbedingungen für Widerstands-Messgeräte nach DIN EN 61557-1 (VDE 0413 Teil 1) sind:

- beliebige Gebrauchslage
- Temperaturbereich zwischen 0 °C und +35 °C
- bei Speisung durch das Netz innerhalb eines Bereichs von 85 % bis 110 % der Nennversorgungsspannung
- bei Speisung durch Batterie muss die Batteriespannung innerhalb vorgegebener Grenzen liegen

9.3.4.4 Betriebsmessabweichungen

Die maximale Betriebsmessabweichung von Widerstands-Messgeräten darf nach DIN EN 61557-4 (VDE 0413 Teil 4) innerhalb des gekennzeichneten Messbereichs höchstens ±30 % betragen. Er bezieht sich dabei auf den abgelesenen Wert.

Die auf den ersten Blick große zugelassene Messabweichung stellt in der Praxis aber kein Problem dar. Insbesondere bei kleinen Werten spielt die große Messabweichung keine Rolle, da die Messfehler viel stärker bei der Messung eingehen. So führen z. B. eine dünne Oxydationsschicht an der Berührungsstelle oder eine mehr oder weniger starke Anpresskraft beim Anlegen der Prüfspitzen zu starken Schwankungen bei der Anzeige des Messwerts.

Bei einem Widerstand von 0,1 Ω beträgt die Messabweichung von ±30 % des angezeigten Werts nur ±30 mΩ. Der tatsächliche Widerstandswert kann somit zwischen 0,07 Ω und 0,13 Ω liegen. Für die Praxis hat diese Differenz keine Bedeutung. In den meisten Fällen ist die Kenntnis des exakten Widerstandswerts gar nicht erforderlich. Der geringe Wert signalisiert eindeutig, dass der Widerstand hinreichend niederohmig ist und weitere Überlegungen nicht erforderlich sind.

10 Messen von Erdungswiderständen (DIN VDE 0100-610, Abschnitt 612.6.2)

10.1 Allgemeines

Üblicherweise wird beim Messen von Erdungswiderständen ein Stromfluss über den zu messenden Erder eingeleitet und hierbei der Spannungsfall an dem Erder gegen einen neutralen Punkt gemessen. Aus den Werten für Strom und Spannung

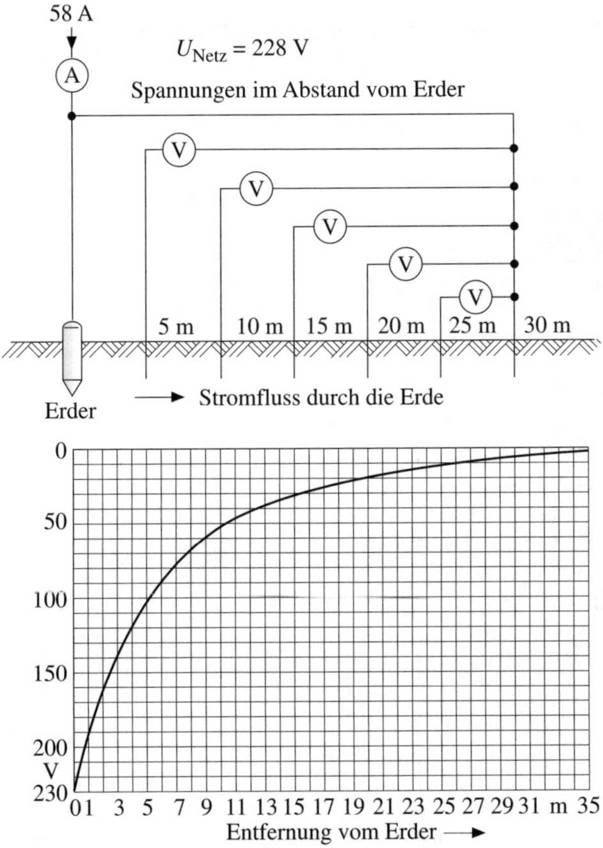

Bild 10.1 Beispiel für die Ermittlung eines Spannungstrichters

lässt sich der Widerstand des Erders nach dem Ohm'schen Gesetz errechnen. Um aber einen Stromfluss über den Erder einzuleiten, ist es erforderlich, einen Pol der Prüfspannungsquelle zu erden. Der Strom verteilt sich im Umfeld des Erders, wobei die Stromdichte in unmittelbarer Nähe des Erders am größten ist. Trägt man die in definierten Abständen um den stromdurchflossenen Erder gemessenen Spannungen grafisch auf, ergibt sich eine trichterförmige Kurve (**Bild 10.1**). Aus diesem Sachverhalt resultiert der Begriff „Spannungstrichter". Für eine derartige Messung sollte ein möglichst hochohmiger Spannungsmesser verwendet werden; hierdurch fallen die Übergangswiderstände der erforderlichen Messsonden kaum ins Gewicht. Werden die Messsonden ständig weiter entfernt vom stromdurchflossenen Erder eingeschlagen, erreicht man schließlich Messpunkte, an denen so gut wie keine Spannungsunterschiede mehr messbar sind: Es ist der in Bezug auf den stromdurchflossenen Erder neutrale Bereich gefunden.

Der Bereich dieser Messpunkte ist so weit vom betrachteten Erder entfernt, dass er vom Stromfluss durch den Erder unbeeinflusst bleibt. Ihm wird das Potential „Null"

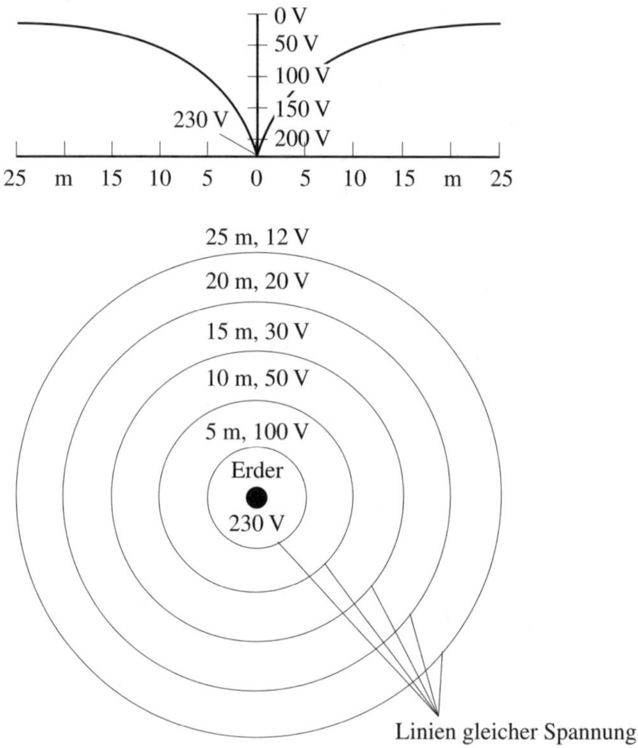

Bild 10.2 Potentialfeld eines Staberders im homogenen Erdreich

zugeordnet. In der Praxis beginnt dieser neutrale Bereich ab etwa 20 m Entfernung vom stromdurchflossenen Erder. Hier werden die Messsonden eingeschlagen. Das **Bild 10.2** veranschaulicht den Verlauf der Potentiallinien; die Linien gleichen Potentials oder gleicher Spannung verlaufen etwa kreisförmig um den Staberder. Bei Erdern mit geringer Ausdehnung wird dieses Nullpotential oft schon in einem Abstand von 20 m vom Erder zu suchen sein. Sind die Erdungsanlagen umfangreicher gestaltet, ist mit einer größeren Entfernung vom Erder zu rechnen (siehe Abschnitt 10.4).

Die Spannung zwischen der Bezugserde und dem stromdurchflossenen Erder wird als Erderspannung U_E bezeichnet. Der Teil der Spannung, der von einem Menschen von seinem Standort aus gegen den Erder oder sonstige mit diesem in Verbindung stehenden leitfähigen Teilen überbrückt werden kann, wird mit Berührungsspannung U_B bezeichnet. Der Teil der Spannung, die der Mensch mit einem Schritt überbrückt, ist die Schrittspannung U_S.

Der Widerstand, der zwischen einem neutralen Punkt und dem Erder gemessen wird, ist der Ausbreitungswiderstand. In dem Begriff Erdungswiderstand ist der Ausbreitungswiderstand und der Widerstand der Erdungsleitung zusammengefasst; Letzterer ist meist wesentlich geringer als der Ausbreitungswiderstand. Die Leitfähigkeit des Erdreichs ist von entscheidendem Einfluss auf den Ausbreitungswiderstand. Durch die unterschiedliche Bodenfeuchtigkeit, Temperatur und Zusammensetzung des Erdreichs weichen die regionalen und jahreszeitlichen Werte des spezifischen Erdwiderstands ρ_E mit der Dimension Ωm recht erheblich von einander ab. In der Literatur sind Werte zwischen 5 Ωm und 3000 Ωm zu finden (**Tabelle 10.1**).

	Art des Erdreichs			
	Moorboden	**Lehm, Ton, Humus**	**Sand, Kies**	**Gebirge**
spezifischer Erdwiderstand ρ_E in mΩ	5 ... 40	20 ... 200	200 ... 2500	500 ... 3000

Tabelle 10.1 Spezifische Erdwiderstände ρ_E in mΩ

Mit zunehmendem Feuchtigkeitsgehalt wird der spezifische Erdwiderstand ρ_E geringer, jedoch nur bis zu einem gewissen Grad. Die Widerstandswerte eines in einem Gewässer verlegten Erders sind in der Regel höher als die Werte eines am Rande des Gewässers im feuchten Erdreich eingebetteten Erders (**Bild 10.3**).

Für die überschlägige rechnerische Ermittlung des Ausbreitungswiderstands R eines Tiefenerders kann folgende Näherungsformel angewendet werden:

$$R = \frac{\rho_E}{t}$$

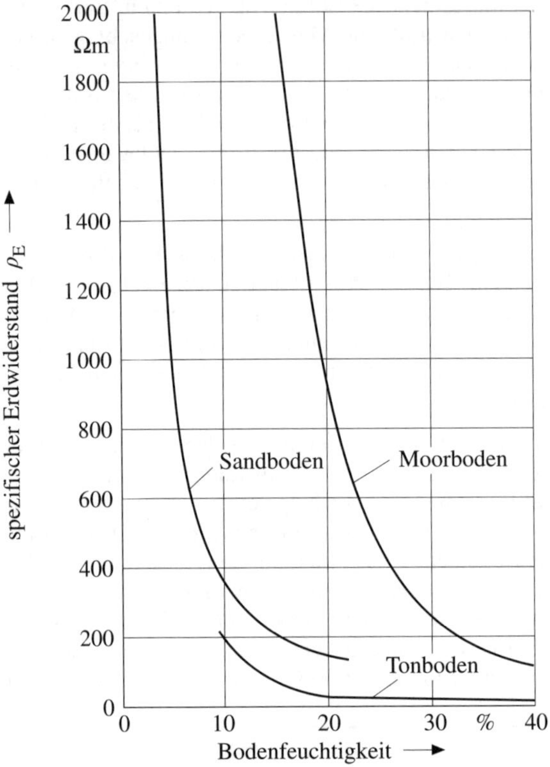

Bild 10.3 Einfluss der Bodenfeuchte auf den spezifischen Erdwiderstand

Als Näherungsformel für einen Oberflächen-Banderder gilt:

$$R = \frac{2 \cdot \rho_E}{l}$$

Darin bedeuten:

t Länge des Tiefenerders

l Länge des Erders

Die Formeln gelten allerdings nur dann, wenn davon ausgegangen werden darf, dass das Erdreich im Bereich des Erders von gleicher Konsistenz ist. Besonders bei Tiefenerdern wird diese Voraussetzung jedoch nicht immer erfüllt.

10.2 Messen mit einem Erdungs-Messgerät nach dem Kompensations-Messverfahren (Erdungsmessbrücke)

Bei diesem Messverfahren wird eine Fremdwechselspannung genutzt, nicht die Netzspannung. Mit dieser Fremdspannung wird wiederum ein Stromfluss über den zu messenden Erder eingeleitet. Um diesen Stromweg zu ermöglichen, muss auch hier ein Pol der Messspannungsquelle geerdet werden. Für eine Erdungswiderstandsmessung mit Hilfe einer Erdungsmessbrücke werden zwei Sonden benötigt (**Bild 10.4**). Entsprechend ihrer Aufgabe nennt man die Sonde, die der Erdung der Messspannungsquelle dient, Hilfserder. Die andere Sonde, mit der der Spannungsfall gemessen wird, wird nicht besonders benannt. Das Anzeigeinstrument ist in Ohm geeicht, d. h. der Wert des gesuchten Erders kann direkt abgelesen werden.

Mit Hilfe eines Kondensators in der Sondenleitung wird dem Einfluss von Streu-Gleichspannungen entgegengewirkt. Deshalb ist für diese Art der Messung nur eine Wechselspannung zu verwenden. Steuert man den Gleichrichter, der dem Anzeigeinstrument vorgeschaltet ist, derart mit der Messspannungsquelle, dass nur die von ihr erzeugte Wechselspannung gleichgerichtet wird, ist sichergestellt, dass keine Fremdwechselspannungen das Messergebnis verfälschen. Außerdem ist eine Frequenz zu verwenden, die weder mit den 50 Hz des Niederspannungsnetzes noch mit einem Vielfachen davon identisch ist. Hierdurch werden Messfehler – durch eventuelle Streu-Wechselströme des Versorgungsnetzes bedingt – ausgeschlossen.

Die verwendeten Spannungen liegen je nach Fabrikat des Messgeräts zwischen etwa 100 V und 500 V. Auch die Frequenzen differieren; es gibt Geräte, die mit 93 Hz arbeiten, andere mit einer Frequenz von 111 Hz. Nach der alten DIN VDE 0413-5 musste die verwendete Frequenz im Bereich von 70 Hz bis 140 Hz liegen. Wird bei

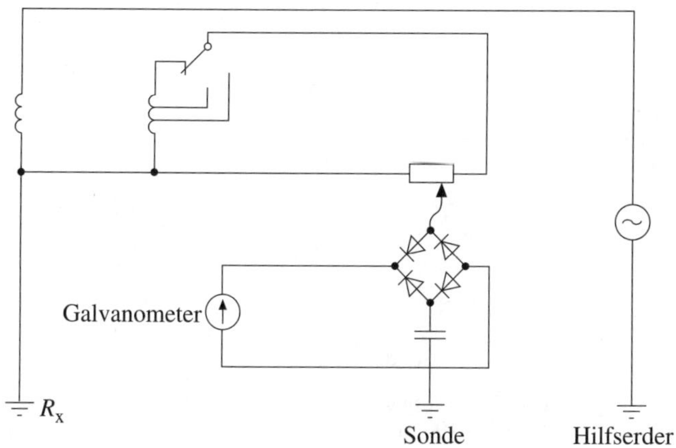

Bild 10.4 Messen des Erdungswiderstands (Kompensations-Messverfahren)

der verwendeten Wechselspannung der Wert von 50 V überschritten, darf der Effektivwert des Kurzschlussstroms nicht größer als 3,5 mA sein oder ein selbsttätiges Abschalten des Messvorgangs muss innerhalb der zulässigen Zeiten nach Bild 1 aus DIN EN 61010-1 (VDE 0411 Teil 1) erfolgen. Erdungs-Messgeräte mit größerer Leistung für Sonderaufgaben müssen besonders gekennzeichnet sein.

10.3 Messen mit einem Erdungs-Messgerät nach dem Strom-Spannungs-Messverfahren

Schon in dem bis Juli 1976 gültigen § 22 der DIN VDE 0100:1973-05 ist als Messverfahren für Erder auch das Strom-Spannungs-Messverfahren aufgeführt. Bei diesem Verfahren wird die Spannung eines Netzes mit einem geerdeten Sternpunkt genutzt. Über einen einstellbaren Prüfwiderstand wird auch hier ein Stromfluss über den Erder eingeleitet, der mit einem Strommesser überwacht wird. Parallel dazu wird mit einem möglichst hochohmigen Spannungsmesser der Spannungsfall am Erder gegen eine Sonde im neutralen Bereich gemessen (**Bild 10.5**). Nach dem Ohm'schen Gesetz lässt sich aus den Messwerten der Erdungswiderstand errechnen:

$$R_x = \frac{U}{I}$$

Bei diesem Messverfahren muss die Größe des Prüfwiderstands nicht bekannt sein. In der Fachliteratur sind Werte zwischen 1000 Ω und 20 Ω zu finden. Kleiner als 10 Ω sollte der unterste Widerstandswert jedoch nicht sein.

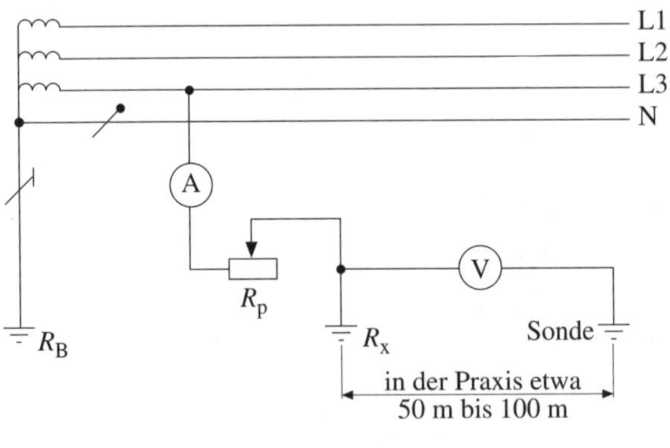

Bild 10.5 Messen des Erdungswiderstands mit Netzspannung (Strom-Spannungs-Messverfahren)

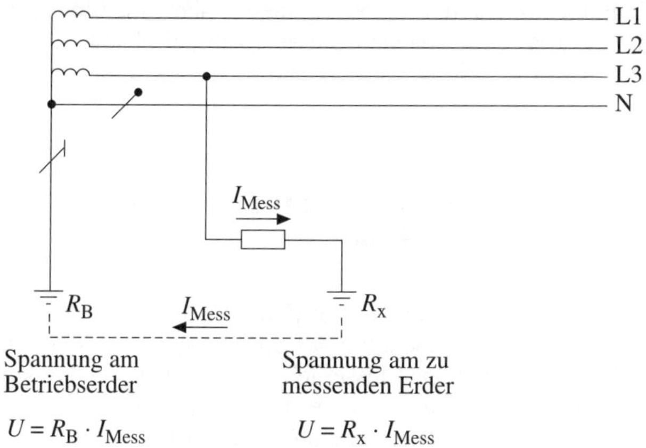

Bild 10.6 Mögliche Gefahren durch Messverfahren mit Netzspannung

Oftmals unbeachtet bleibt die Tatsache, dass nicht nur am zu prüfenden Erder ein Spannungsfall auftritt. Der über das Erdreich zum Sternpunkt des Speisetransformators fließende Strom verursacht auch am Sternpunkt einen Spannungsfall, der das Neutralleiterpotential in dem speisenden Netz anhebt (**Bild 10.6**). Bei einem Prüfstrom von 10 A würde dies bei einem Betriebserder von $R_B = 2\ \Omega$ eine Anhebung des Potentials des Betriebserders bzw. des Neutralleiters auf 20 V bedeuten. Aus diesem Grunde ist bei der Messung darauf zu achten, dass weder der Betriebserder noch der Anlagenerder, dessen Widerstandswert gemessen werden soll, eine Spannung > 50 V annehmen.

Bei dieser Art der Messung ist nicht auszuschließen, dass der Spannungsmesser schon eine Spannung anzeigt, obwohl kein Prüfstrom fließt. Diese Anzeige resultiert aus Streuströmen im Erdreich und geht als Fehler in die Messung ein. Da die vektorielle Lage dieser Störspannung unbekannt ist, kann nicht beurteilt werden, ob dieser Betrag addiert oder subtrahiert werden muss. Der Messfehler ist vertretbar, wenn die Spannung bei eingeschaltetem Prüfstrom wesentlich größer ist als die zuvor gemessene Streuspannung.

Es wurde bereits empfohlen, einen möglichst hochohmigen Spannungsmesser für die Messung zu verwenden. Hierdurch soll der Einfluss des Erdungswiderstands der Sonde weitgehend kompensiert werden. Der Widerstandswert einer etwa 0,5 m in das Erdreich eingetriebenen Messsonde liegt je nach Bodenbeschaffenheit erfahrungsgemäß zwischen etwa 500 Ω und 1000 Ω. Der am häufigsten benutzte Messbereich ist der 30-V-Bereich. Ein üblicher Spannungsmesser mit $R_i = 300\ \Omega/V$ hätte bei Vollausschlag dann etwa 9000 Ω. Diese Bürde läge mit dem Sondenwiderstand von angenommen 800 Ω in Reihe. Das heißt, der Sondenwiderstand macht etwa

10 % in dieser Reihenschaltung aus. Hat der Spannungsmesser aber einen Innenwiderstand von 20 kΩ/V, ist die Bürde im gleichen Messbereich bei gleichem Ausschlag 600 kΩ groß. Dadurch wird der Sondenwiderstand so gut wie unbedeutend; er bleibt praktisch ohne Einfluss auf die Messung.

10.4 Allgemeine Hinweise für die Durchführung von Erdungswiderstandsmessungen

Bei Erdungswiderstandsmessungen nach dem Strom-(Netz-)Spannungs-Messverfahren wird durch den Einsatz möglichst hochohmiger Spannungsmesser der Einfluss des Widerstands der Messsonde auf das Messergebnis weitgehend verhindert. Sinngemäß das Gleiche ist auch durch eine Kompensationsschaltung (Behrend-Methode) zu erreichen. Bei dieser Schaltung sind im abgeglichenen Zustand Sonde und Anzeigeinstrument stromlos. Fließt aber kein Strom, so ist auch der Widerstand ohne Bedeutung. Auf diese Weise wird die Einwirkung des Messsondenwiderstands unterdrückt. Dennoch sollte der Widerstand auch hier nicht zu hochohmig sein, da bis zum Erreichen des abgeglichenen Zustands ein Strom fließt. Üblicherweise sollten Werte < 800 Ω eingehalten werden. In der Bedienungsanleitung des jeweiligen Messgeräts sind die Widerstandswerte für Sonde und Hilfserder zu finden; sie dürfen nicht überschritten werden.

Ist sichergestellt, dass die Widerstandswerte von Sonde und Hilfserder innerhalb der geforderten Grenzen liegen, wird in der nachfolgenden Messung der Widerstandswert des eigentlichen Erders gemessen. Wie unter Abschnitt 10.1 ausgeführt, müssen Erder, Hilfserder und Sonde jeweils im neutralen Bereich zueinander angeordnet sein. Da der neutrale Bereich in der Regel erst nach etwa 20 m beginnt, ergibt sich eine Mindestlänge für die Messsondenleitung von 2 × 20 m = 40 m. Berücksichtigt man Unsicherheiten, wird die von der VDEW empfohlene Mindestleitungslänge von 60 m erreicht (**Bild 10.7**). Die kürzesten Leitungslängen werden beim Kompensations-Messverfahren erreicht, wenn die Anordnung des zu messenden Erders, des Hilfserders und der Sonde ein gleichseitiges Dreieck bilden (**Bild 10.8**).

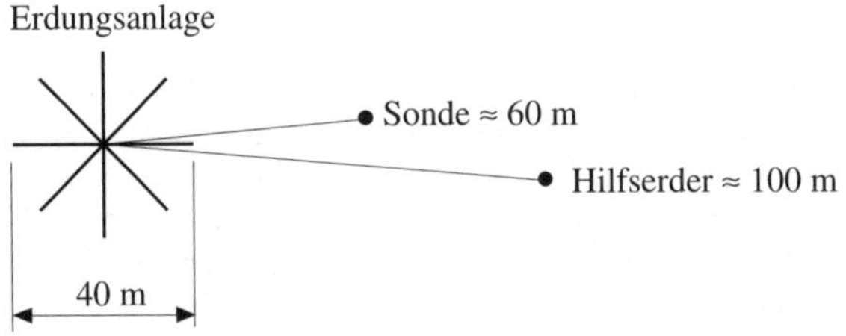

Bild 10.7 Anordnung der Sonden beim Kompensations-Messverfahren

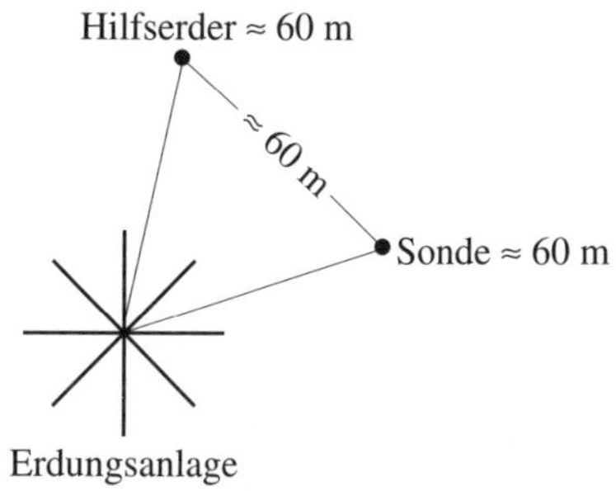

Bild 10.8 Anordnung der Sonden beim Kompensations-Messverfahren

Da die Spannungstrichter von Erder, Hilfserder und Messsonde sich nicht überschneiden dürfen, sollte vor der Messung des Erdungswiderstands Form und Lage des Erders bekannt sein. Der Raum zwischen den Erdern und der Sonde muss frei sein von metallenen Rohrleitungen und anderen im Erdreich eingelagerten leitenden Einrichtungen, oder der Abstand zum Hilfserder ist ab diesen Metallteilen zu messen. Auch wenn recht lange Sondenleitungen verwendet werden, ist nicht in jedem Fall sichergestellt, dass sich der Erder, der Hilfserder und die Sonde jeweils im neutralen Bereich zueinander befinden. Soll ein sehr genauer Erderwert ermittelt werden, sind in aller Regel mehrere Messungen erforderlich. Dabei sollten die Sonden – wenn eben möglich – nach allen vier Himmelsrichtungen ausgelegt werden.

Bei unterschiedlichen Messergebnissen erscheint es sinnvoll, den höchsten der gemessenen Werte als richtig anzunehmen. Fehlereinflüsse bei Erdungsmessungen wirken sich dadurch aus, dass ein zu kleiner Erdungswiderstand angezeigt wird. In bebauten Gebieten verursachen insbesondere im Erdreich verborgene elektrisch leitfähige Teile Messfehler. Diese leitfähigen Teile sind vor allem Versorgungsleitungen mit elektrisch leitendem Außenmantel (**Bild 10.9**). Aber auch in nicht bebautem Gelände kann die Messung durch Wurzelwerk von Bäumen und Hecken oder durch Wasseradern beeinflusst, d. h. verfälscht werden. In diesem Zusammenhang sei an den bereits beschriebenen Spannungstrichter erinnert (siehe Abschnitt 10.1). Bei den Spannungsmessungen um den stromdurchflossenen Erder wird schließlich eine Zone erreicht, in der zwischen den beiden Sonden so gut wie kein erkennbarer Spannungsunterschied mehr registriert wird: der neutrale Bereich.

Dieser Bereich kann durch Versorgungsleitungen mit einem leitfähigen Außenmantel verzerrt werden. Unter Umständen können sogar Erder und Sonden elektrisch leitend miteinander „verbunden“ werden. Die in solchen Fällen zu ermittelnden Messwerte sind zu niedrig und unbrauchbar. Oft ist das Verlassen des Spannungstrichters nicht möglich.

Es sei noch der Hinweis gegeben, dass Erdungswiderstandsmessungen nicht nur dort durchgeführt werden können, wo es möglich ist, Erdspieße einzutreiben. Auch

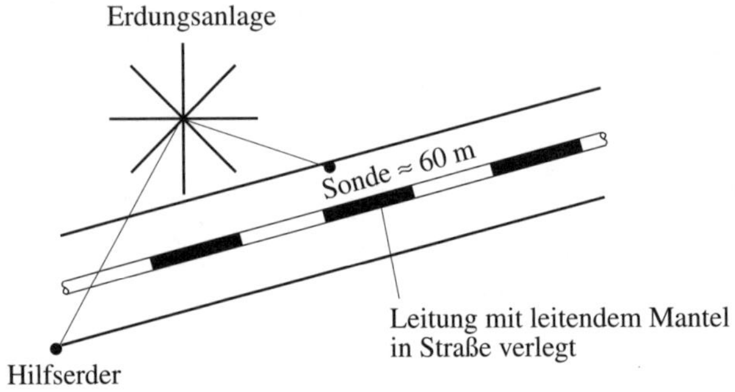

Bild 10.9 Mögliche Verbindung der Spannungstrichter durch Fremderder

bei felsigem Untergrund sind Messungen mit „Sonden“ möglich. Statt der ins Erdreich einzutreibenden „Spieße“ übernehmen in derartigen Gebieten elektrisch gut leitende Metallnetze (z. B. verzinkter, engmaschiger Maschendraht) von mindestens 1 m^2 Größe die Aufgabe der „Spieße“. Die Oberflächensonden sollten, um den erforderlichen Kontakt mit dem Erdreich sicherzustellen, mit Sandsäcken beschwert werden. Bedingt durch den erschwerenden Transport der Hilfsmittel und die praktisch recht aufwändige Ausführung der Messung kommt dieses Verfahren nur in Ausnahmefällen zur Anwendung.

Die bisher beschriebenen Messverfahren zur Ermittlung von Erdungswiderständen stellen den Messenden oft – besonders in dicht bebauten Gebieten – vor unüber-

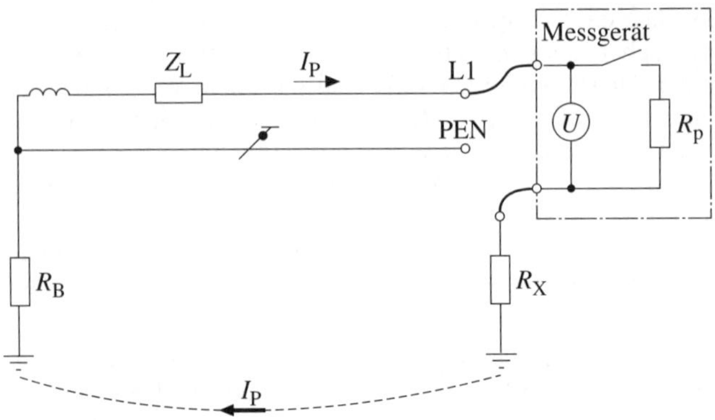

$Z_S = Z_L + R_B + R_X$ $\qquad$ $I_p = 0 : U = U_0$

Achtung! $\quad I_p > 0 : U = U_M > 180$ V

Bild 10.10 Messen der Schleifenimpedanz zwischen Außenleiter und Erde (Erdschleife)

windbare Probleme: Es sind drei Erder erforderlich, die sich gegenseitig nicht beeinflussen dürfen. In dicht bebauten Gebieten ist diese Bedingung oft gar nicht zu erfüllen. Für solche Situationen bietet sich ein Näherungsverfahren an: Die Messung der Schleifenimpedanz über einen Außenleiter, Netzerder (Gesamtheit aller einzelnen Erder längs des Neutral- oder PEN-Leiters) und den zu messenden Erdungswiderstand R_x (**Bild 10.10**). Dabei ist der Messwert um den Erdungswiderstand der Netzerder und die Leiterimpedanz eines Außenleiters zu groß. Da der Erdungswiderstand aller Netzerder üblicherweise den Wert 2 Ω nicht überschreitet und die Außenleiterimpedanz höchstens einige Zehntel Ohm beträgt, ist die Vergrößerung des Messwerts gegenüber dem tatsächlichen Wert in aller Regel akzeptabel, wenn es einmal erforderlich werden sollte, den Erdungswiderstand in einer Niederspannungsverbraucheranlage zu messen. Der Messfehler liegt in jedem Fall auf der sicheren Seite. Bei Messung der Erdschleifenimpedanz ist wie bei Anwendung der Strom-Spannungs-Methode die mögliche Anhebung des Neutralleiterpotentials auf zu hohe Werte zu beachten. Deshalb sollte der gemessene Spannungsfall am Prüfwiderstand R_P etwa 180 V nicht unterschreiten, wenn keine automatische Impulsmessung angewendet wird.

11 Messen von Schleifenimpedanzen (Schleifenwiderständen) (DIN VDE 0100-610, Abschnitt 612.6.3)

11.1 Allgemeines

Mit „Schleifenimpedanzmessung“ – im Folgenden kurz Schleifenmessung genannt – wird das Messen aller elektrischen Widerstände in einer Netzschleife beschrieben. Im Falle eines Kurzschlusses begrenzt die Schleifenimpedanz den Kurzschlussstrom. Die Schleifenimpedanz Z_S ergibt sich aus der Summe der Impedanzen innerhalb der Netzzu- und Netzrückleitung, des Transformators und der Hausinstallationsleitungen. Angewendet wird die Schleifenmessung insbesondere bei der Prüfung der Schutzmaßnahme „Schutz durch automatische Abschaltung mit Überstrom-Schutzeinrichtungen im TN-System“. Der Kurzschlussstrom I_k am entferntesten Punkt des Netzes muss dabei mindestens den erforderlichen Abschaltstrom I_a der vorgeschalteten Überstrom-Schutzeinrichtung erreichen.

$I_k \geq I_a$

Rechnerisch kann der Kurzschlussstrom I_k nach folgender Formel ermittelt werden:

$$I_k = \frac{U_n}{Z_S}$$

Darin bedeuten:

I_k Kurzschlussstrom

Z_S Schleifenimpedanz

U_n Netzspannung (Nennspannung)

Da der Kurzschlussstrom, die Netzspannung und die Schleifenimpedanz nach dem Ohm’schen Gesetz miteinander verknüpft sind, kann statt der Schleifenimpedanz auch der Kurzschlussstrom (und umgekehrt) ermittelt oder angegeben werden. Einer der beiden Werte reicht aus, um die Funktion der Schutzmaßnahme „Schutz durch automatische Abschaltung im TN-System“ sicher beurteilen zu können.

Schon zu Beginn dieses Abschnitts sei der Hinweis gegeben, dass mit den handelsüblichen Schleifenwiderstands-Messgeräten in aller Regel nicht die Impedanz – d. h. auch der komplexe Widerstand der Netzschleife – erfasst wird, sondern lediglich der Ohm’sche Anteil in der Schleife, also der Schleifenwiderstand. Das heißt, der Phasenwinkel zwischen U_0 und U_M bleibt unberücksichtigt. Auf die Bedeutung dieser Ungenauigkeit des Messergebnisses wird im Folgenden noch eingegangen.

Da in DIN VDE 0100-610 die Prüfung der Schleifenimpedanz gefordert wird – nicht die des Schleifenwiderstands – wird im folgenden einheitlich und vereinfachend der Begriff „Schleifenimpedanz“ verwendet.

11.2 Prinzip der Schleifenmessung

Widerstände werden üblicherweise mit einem Ohmmeter gemessen; insofern ist die Schleifenmessung eine indirekte Methode. Ohmmeter eignen sich deshalb nicht für die Messung der Schleifenimpedanz, weil sie ein „spannungsfreies“ Netz erfordern. Es genügt aber nicht, nur einen einzelnen Netzabschnitt freizuschalten, da die Impedanz der gesamten Netzschleife gemessen werden muss, d. h. die Impedanz des Außen-, PEN- und PE-Leiters einschließlich des Transformators (**Bild 11.1 a)** bis **d)**).

Die Schleifenimpedanz Z_S oder damit gleichbedeutend der Kurzschlussstrom I_k wird bei manchen Messgeräten nicht unmittelbar angezeigt, sondern auf die Messung des Spannungsfalls ΔU an der Schleifenimpedanz Z_S zurückgeführt. Dieser Spannungsfall ergibt sich aus der Leerlaufspannung U_0 des Netzes am Messort und der Spannung U_M bei Belastung mit dem Prüfwiderstand R_P.

Der Schleifenwiderstand Z_S ergibt sich zu:

$$\Delta U = U_0 - U_M$$

$$\Delta U = Z_S \cdot I_P$$

$$I_P = \frac{U_0}{R_P + Z_S}$$

$$I_P \approx \frac{U_0}{R_P} \text{ für } Z_S \ll R_P$$

$$\Delta U \approx Z_S \cdot \frac{U_0}{R_P}$$

$$Z_S \approx R_P \cdot \frac{\Delta U}{U_0}$$

Darin bedeuten:

Z_S Schleifenimpedanz
U Spannungsfall an der Schleifenimpedanz
I_P Prüfstrom
U_M Spannungsfall am Prüfwiderstand R_P
U_0 Leerlaufspannung am Messort
R_P Prüfwiderstand

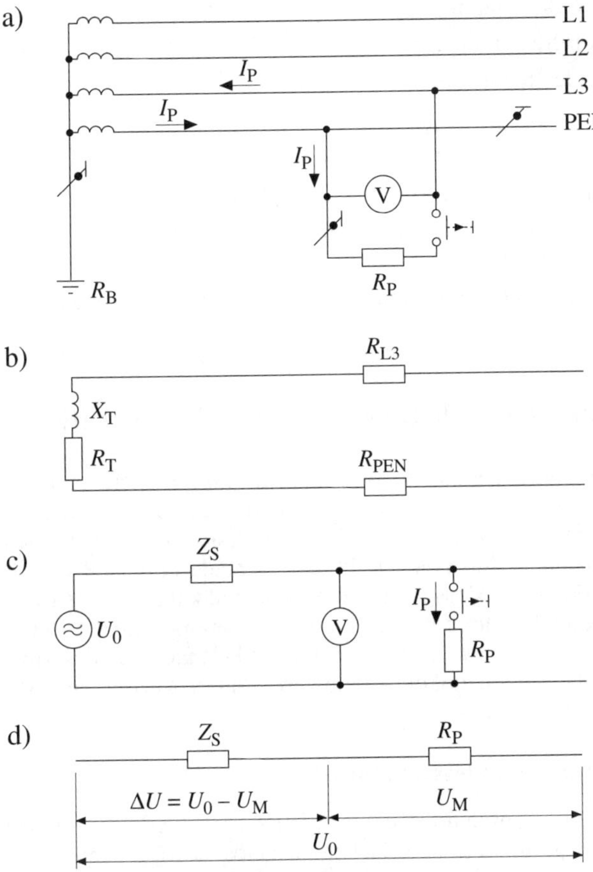

a) Prinzipschaltung zur Bestimmung des Schleifenwiderstands Z_S

b) Zusammensetzung des Schleifenwiderstands Z_S

c) Ersatzbild

d) Spannungsaufteilung bei Schleifenimpedanzmessung

U_0 Spannung ohne Belastung
ΔU Spannungsrückgang durch Belastung mit R_P
U_M Spannung bei eingeschaltetem Belastungswiderstand R_P

Bild 11.1 Messen der Schleifenimpedanz

Sinngemäß gleichwertig mit der Anzeige von Z_S ist der Wert I_a

$$I_a = \frac{U_0}{Z_S}$$

Vom Grundsatz her kann eine Schleifenimpedanzmessung mit einem Spannungsmesser und einem bekannten Prüfwiderstand R_P durchgeführt werden. Das erfordert jedoch

- eine relativ komplizierte Berechnung
- das Beachten besonderer Sicherheitsaspekte
- geeignete Belastungswiderstände und Spannungsmesser

Aus diesen Gründen werden in der Praxis spezielle Schleifenwiderstands-Messgeräte eingesetzt. Diese Messgeräte erfüllen ihre Messaufgabe umso besser,

- je einfacher die Bedienung und je weniger Rechenaufwand erforderlich ist
- je weniger Gefahren während der Messung – auch bei fehlerhafter Anlage – in das Netz übertragen werden können
- je genauer die Schleifenimpedanz und/oder der Kurzschlussstrom gemessen werden.

11.3 Anforderungen an Schleifenwiderstands-Messgeräte

Die Anforderungen an Schleifenimpedanz-Messgeräte, die vom Messgeräthersteller zu erfüllen sind, enthält DIN EN 61557-3 (VDE 0413 Teil 3) „Schleifenwiderstand". Der Käufer eines Messgeräts sollte darauf achten, dass das Messgerät den Anforderungen der vorgenannten Norm entspricht, wie es heute in der DIN VDE 0100-610 gefordert ist, da derartige Messgeräte akzeptable und kalkulierbare Messergebnisse liefern. Der Prüfende sollte folgende Normanforderungen an das Messgerät – bezogen auf die Sicherheit während der Messung und Genauigkeit des Messergebnisses – kennen, um beurteilen zu können, inwieweit ältere Messgeräte auch heute noch eingesetzt werden dürfen.

11.3.1 Sicherheit während des Messvorgangs

Es muss sichergestellt sein, dass durch die Messung – auch bei fehlerhafter Anlage – keine Gefahr für Personen, Nutztiere und Sachen ausgelöst wird. So muss beispielsweise sichergestellt sein, dass der PEN- oder PE-Leiter keine gefährliche Spannung annimmt. Durch das Messgerät muss sichergestellt werden, dass der Schutzleiter keine Spannung ≥ 50 V annimmt. Dies kann nach DIN EN 61557-3 durch eine Abschaltautomatik erreicht werden.

Nach der alten deutschen Norm DIN VDE 0413-3:1977 bestand auch die Möglichkeit, den Prüfstrom auf maximal 10 mA zu begrenzen. Dies wurde vielfach bei Geräten mit mehreren Prüfwiderständen angewendet. Die einzelnen Widerstandswerte unterschieden sich in der Regel um jeweils eine Zehnerpotenz. Bei 220 V Nennspannung war ein Prüfvorwiderstand von 22 000 Ω erforderlich, bei der heute üblichen Nennspannung von 230 V ein entsprechender Wert von 23 000 Ω.

Eine aus sicherheitstechnischer Sicht kritische Situation tritt bei einer Unterbrechung des Schutzleiters auf, wenn der Schutzleiter PE vor der Unterbrechung mit dem Körper von Betriebsmitteln der Schutzklasse I verbunden ist. Wird dieser Körper von einem Menschen berührt, so kann unter entsprechenden Umständen der Strom über den Körper des Menschen abgeleitet werden. Das gilt als ungefährlich, wenn der Strom einen Wert von 10 mA nicht übersteigt. Aus Sicherheitsgründen sollte die ohnehin erforderliche Prüfung der durchgehenden Verbindung des Schutzleiters vor der Schleifenimpedanzmessung durchgeführt werden.

Ältere Messgeräte, bei denen keine selbsttätige Abschaltung oder Begrenzung auf ungefährliche Werte erfolgt und der Bedienende auf die Einhaltung der zulässigen Berührungsströme achten muss, erfüllen die Anforderungen der DIN EN 61557-3 (VDE 0413 Teil 3) nicht.

11.3.2 Genauigkeit der Messung

Elektrotechnische Messungen sind üblicherweise nur mit kleinen Messfehlern behaftet. Die Messwerte für die Schleifenimpedanz oder den Kurzschlussstrom dürfen nach DIN EN 61557-3 (VDE 0413 Teil 3) jedoch eine maximale Betriebsmessabweichung von ±30 % aufweisen. Speziell bei der Schleifenmessung kann der Messfehler diese Größenordnung annehmen, da die Differenz ΔU des belasteten und unbelasteten Netzes aus der Differenz von zwei größeren Spannungswerten ermittelt wird. Beispielhafte Fehlerbetrachtungen sollen den Sachverhalt verdeutlichen.

Den Einfluss der Genauigkeit der Spannungsmessung auf die Exaktheit der Messwertanzeige für die Schleifenimpedanz oder des Kurzschlussstroms lassen die folgenden Beispiele A und B unter Verwendung eines Messgeräts mit einem Prüfstrom von $I_P = 10$ A deutlich erkennen.

Beispiel A:

Tatsächliche Schleifenimpedanz	$Z_S = 1\ \Omega$
Tatsächliche Spannung des unbelasteten Netzes	$U_0 = 230$ V
Tatsächliche Spannung des Netzes bei Belastung mit $I_P = 10$ A	$U_M = 220$ V
Gemessene Spannung	$U_0 = 231$ V (entspricht Messfehler von 1 V)
Gemessene Spannung	$U_M = 219$ V (entspricht Messfehler von 1 V)

Daraus folgt:

Tatsächlicher Spannungsrückgang	$\Delta U = 10$ V
Gemessener Spannungsrückgang	$\Delta U = 12$ V

Fehler für ΔU:

$$\frac{(12-10)\ \text{V}}{10\ \text{V}} = 0{,}2;$$ das entspricht einem Fehler von 20 %.

Nach der Beziehung $Z_S = \Delta U / I_P$ beträgt der Fehler des Werts für die Schleifenimpedanz aufgrund der Messfehler bei der Spannungsmessung ebenfalls 20 %. Dieser Messfehler von 20 % erfordert bei der Spannungsmessung aber schon eine maximale Fehlerdifferenz von ±1 V oder ±0,5 % bei getrennter Erfassung der Spannungswerte.

Beispiel B:

Tatsächliche Schleifenimpedanz	$Z_S = 0{,}5\ \Omega$
Tatsächliche Spannung des unbelasteten Netzes	$U_0 = 225$ V
Tatsächliche Spannung des Netzes bei Belastung mit $I_P = 10$ A	$U_M = 220$ V
Gemessene Spannung	$U_0 = 226$ V (entspricht Messfehler von 1 V)
Gemessene Spannung	$U_M = 219$ V (entspricht Messfehler von 1 V)

Daraus folgt:

Tatsächlicher Spannungsrückgang	$\Delta U = 5$ V
Gemessener Spannungsrückgang	$\Delta U = 7$ V

Fehler für ΔU:

$$\frac{(7-5)\ \text{V}}{5\ \text{V}} = 0{,}4;$$ das entspricht einem Fehler von 40 %.

Obwohl in dem vorausgegangenen Beispiel ausschließlich der Fehlereinfluss durch die Spannungsmessung berücksichtigt wurde, liegt der Messfehler schon bei 40 %. Ein Fehler dieser Größenordnung ist nach DIN EN 61557-3 (VDE 0413 Teil 3) nicht zulässig.

Die beispielhaft aufgeführten Fehler bei der Spannungsmessung treten in der Praxis in dieser Form nicht auf; sie sollen lediglich die Tendenz der Messfehler-Problematik veranschaulichen. Bei analog anzeigenden Messgeräten können derartige Fehler nur bei einer fehlerhaften Ablesung und bei digitalen Messgeräten eventuell bei einer zu groben Auflösung auftreten.

Die vorausgegangenen Beispiele A und B führen zu folgendem Schluss:

Sie unterscheiden sich im Wesentlichen nur durch die angenommenen (tatsächlichen) Schleifenimpedanzen Z_S und den sich ergebenden Fehlern für ΔU, Z_S oder I_k. Je kleiner Z_S, umso größer ist der Messfehler.

Die Beziehung $I_k = U_0 / Z_S$ führt im Beispiel A zu einem Kurzschlussstrom von 230 A und im Beispiel B zu einem Kurzschlussstrom von 460 A. Das heißt, die Fehler bei der Spannungsmessung verhalten sich proportional zur Höhe des tatsächlichen Kurzschlussstroms. Weitere Fehler können aus Netzspannungsschwankungen sowie

Induktivitäten und Kapazitäten des Netzes resultieren; hierauf wird in den noch folgenden Abschnitten eingegangen.

Die zulässige Grenze des Messwerts von ± 30 % nach DIN EN 61557-3 (VDE 0413 Teil 3) gilt nur für ein unbelastetes Netz und einem cos-φ-Wert der Schleifenimpedanz von ≤ 0,95, (d. h. des Ohm'schen Anteils im Verhältnis zum Scheinwiderstand). Da diese Voraussetzungen nicht immer gegeben sind, z. B. bei größeren induktiven oder kapazitiven Belastungen, kann die Fehlertoleranz den nach DIN EN 61557-3 vorgegebenen Wert von ±30 % auch überschreiten. Dies kann insbesondere bei niederohmigen Freileitungsnetzen mit hoher Transformatorleistung der Fall sein, wo die induktive Blindkomponente von Leitung und Transformator sehr hoch sein kann. In diesem Fall wird eine zu kleine Schleifenimpedanz bzw. ein zu hoher Kurzschlussstrom vorgetäuscht.

Bei sehr kleinen Schleifenwiderständen (unter 0,5 Ω) können deutlich größere Messfehler als 30 % auftreten. Bei Netzen mit sehr niedrigen Innenwiderständen ist die Spannungsdifferenz vor und während der Belastung sehr klein. Werden Schleifenimpedanzwerte von 0,1 Ω oder 0,2 Ω gemessen, liegt dieser Wert innerhalb der Messtoleranz im unteren Messbereich der normalen Geräte, so dass man allenfalls noch sagen kann, dass der Messfehler sehr niedrig ist. Ein genauer Wert lässt sich dann nicht mehr angeben. Werden dennoch genaue Werte benötigt, z. B. bei Messungen in Versorgungsnetzen mit entsprechend hohen Kurzschlussströmen, so müssen hierfür aufwändigere Messgeräte verwendet werden oder die Schleifenimpedanz muss berechnet werden.

Da die Spannungsmessung mit und ohne Belastung nacheinander erfolgt, dürfen während dieser Zeit keine Schwankungen der Netzspannung durch Ausgleichsvorgänge oder transiente Vorgänge im Netz auftreten, da dies in der Spannungsdifferenz mit eingehen würde, wenn die Messung über eine oder einige wenige Halbwellen erfolgt. Durch elektrische Betriebsmittel mit Bausteinen der Leistungselektronik können Oberwellen und momentane Spannungseinbrüche oder -erhöhungen solche kurzzeitigen Messungen ebenfalls beeinflussen. Wenn solche Beeinflussungen zu erwarten sind, sollten zur Sicherheit mehrere Messungen in kurzem Zeitabstand durchgeführt werden. Durch Mehrfachmessung mit Integration der Spannungsdifferenzen sind die heutigen Messgeräte vielfach in der Lage, die netzseitigen Einflüsse weitgehend automatisch zu kompensieren.

Wie die vorausgegangenen Ausführungen zeigen, kann der Fehler bei der Spannungserfassung einen sehr wesentlichen Messfehler verursachen. Aus dem linearen Zusammenhang zwischen diesem Messfehler und der Höhe des tatsächlichen Kurzschlussstroms folgt, dass jedes Messgerät einen bestimmten Messbereich hat, in dem die zulässige Fehlergrenze eingehalten wird, wobei die Qualität des Messgeräts natürlich eine sehr wesentliche Rolle spielt. Anders ausgedrückt: Die Qualität eines Schleifenimpedanz-Messgeräts ist umso besser, je höher der erfassbare Kurzschlussstrom unter Einhaltung der zulässigen Fehlergrenze von ±30 % ist. Die Forderung nach einer maximalen Messfehlertoleranz von ±30 % verpflichtet den

Gerätehersteller zu entsprechenden Angaben, entweder in der Bedienungsanleitung oder auf dem Gerät. Aus den vorausgegangenen Beispielen ist abzuleiten, dass sich der tatsächliche Messfehler näherungsweise proportional zur Höhe des tatsächlichen Kurzschlussstroms verhält, wobei die obere Grenze durch den „±30-%-Wert“ bestimmt wird.

Beispiel:

Zulässiger Messbereich nach Angaben des Messgeräteherstellers $I_k \leq 1000$ A. Wie hoch ist der Messfehler bei $I_k = 500$ A?

$$1000\,\text{A} \mathrel{\hat{=}} \pm 30\,\%$$

$$\frac{500\,\text{A}}{1000\,\text{A}} \times (\pm 30\,\%) = \pm 15\,\%$$

Das Abschätzen des tatsächlichen Messfehlers bei bestimmten Messwerten ermöglicht relativ genaue Aussagen über den realen Kurzschlussstrom, d. h. es muss nicht pauschal mit der ±30-%-Fehlergrenze gerechnet werden. In der Praxis ist der gemessene Kurzschlussstrom I_k häufig wesentlich größer als der nach DIN VDE 0100-610 geforderte Abschaltstrom I_a der vorgeschalteten Überstrom-Schutzeinrichtung. In diesen Fällen sind die Messfehler unbedeutend. Liegt jedoch der gemessene Kurzschlussstrom I_k in der Nähe des erforderlichen Abschaltstroms, ist der Messwert unter Berücksichtigung des Messfehlers kritisch zu beurteilen.

11.4 Ausführung von Schleifenwiderstands-Messgeräten

Die am Markt angebotenen Schleifenwiderstands-Messgeräte lassen sich bezogen auf den Einsatz in drei Gruppen unterteilen:

a) Messgeräte für Steckdosenstromkreise,

b) Messgeräte für die übliche Elektro-Installation in Haushalt, Gewerbe und kleinen Industriebetrieben,

c) Messgeräte für das EVU-Netz, Kraftwerke sowie große Industriebetriebe.

Diese Einteilung resultiert aus der Höhe der erfassbaren Kurzschlussströme. Bei Messgeräten für Steckdosenstromkreise (meist Leitungsschutzschalter der Charakteristik B oder C mit einem Nennstrom von 16 A) genügt ein Messbereich bis etwa 100 A.

Die am häufigsten angebotenen Schleifenwiderstands-Messgeräte erlauben Messungen zwischen 500 A und 1000 A, d. h., sie reichen für die übliche Elektro-Installation in Haushalt, Gewerbe und auch kleinen Industriebetrieben aus.

Schleifenwiderstands-Messgeräte, die Kurzschlussströme von wesentlich mehr als 1000 A erfassen, sind bezogen auf die Technik, aber auch auf den Preis relativ aufwändig. In aller Regel werden sie nur in EVU-Netzen, Kraftwerken und Industriebetrieben mit hohen elektrischen Anschlussleistungen eingesetzt. Im Zusammenhang mit dem erhöhten Aufwand sei der Hinweis gegeben, dass es nach DIN VDE 0100-610 auch zulässig ist, statt zu messen die Schleifenimpedanz und damit den Kurzschlussstrom rechnerisch zu ermitteln.

11.4.1 Schleifenwiderstands-Messgeräte für die übliche Elektro-Installation

Schleifenwiderstands-Messgeräte bestehen oft aus einem oder mehreren Belastungswiderständen, einer Spannungserfassung und gegebenenfalls einer elektronischen Schaltung. Solche Messgeräte können die Netzspannung, den Spannungsrückgang ΔU, den Kurzschlussstrom I_k und/oder die Schleifenimpedanz Z_S anzeigen.

Eine der ältesten Prinzipschaltungen besteht aus der Kombination von mehreren Prüfwiderständen R_P mit einem Spannungsmesser. Die Prüfwiderstände R_P haben Werte von 22 Ω, 220 Ω, 2200 Ω und 22 000 Ω, so dass die Netzschleife bei einer Spannung von 220 V (inzwischen 230 V) mit einem Prüfstrom I_P von 10 A, 1 A, 100 mA und 10 mA belastet wird (**Bild 11.2**). Der Spannungsmesser ist, um auch kleine Spannungsrückgänge gut erkennbar zu machen, als „Voltlupe“ umschaltbar, das heißt, die Messskala zeigt nach Umschaltung z. B. den Spannungsbereich 200 V bis 240 V gespreizt an.

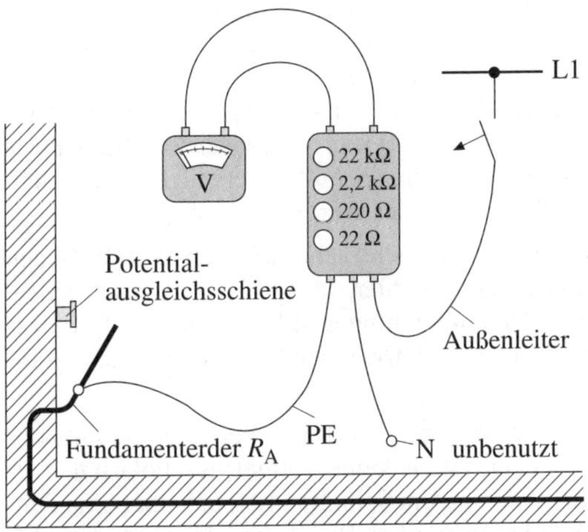

Ausreichend genau ergibt sich die Beziehung:

$R_P = 22000\ \Omega \quad R_A \approx 100\ \Delta U$

$R_P = 2200\ \Omega \quad R_A \approx 10\ \Delta U$

$R_P = 220\ \Omega \quad R_A \approx \Delta U$

$R_P = 22\ \Omega \quad R_A \approx 0{,}1\ \Delta U$

Bild 11.2 Messen der Erdschleife

Näherungsweise werden in der Gleichung

$$Z_S = \frac{\Delta U}{I_P}$$

die Werte für I_P mit 0,01 A, 0,1 A, 1 A oder 10 A angesetzt.

Die exakte Gleichung

$$Z_S = \frac{\Delta U \cdot R_P}{U_0 - \Delta U} = \frac{\Delta U \cdot R_P}{U_M}$$

führt jedoch zu geringfügig anderen Werten.

Um vergleichen zu können, sind im **Bild 11.3** die Gleichungen und die daraus resultierenden Werte für die 22-Ω-Prüftaste gegenübergestellt. Es wird deutlich, dass erst ab einem Spannungsrückgang $\Delta U > 20$ V die Überschlagsgleichung zu praktisch erkennbaren Fehlern führt.

Bei weiter entwickelten Geräten wurde die „Voltlupenskala“ direkt in Werte für die Schleifenimpedanz und/oder den Kurzschlussstrom geeicht. Hierdurch entfiel die zunächst erforderliche Rechnung. Bei Geräten dieser Art musste zu Beginn des Messvorgangs der Zeiger des Spannungsmessers bei unbelastetem Netz auf „Endausschlag“ bzw. Spannungsrückgang $\Delta U = 0$ V geeicht werden. Der „Einsteller“ wurde als „Eichregler“ bezeichnet.

Moderne Digitalmessgeräte zeigen je nach Knopfdruck den Kurzschlussstrom oder die Schleifenimpedanz an. Diese Messgeräte verfügen über einen Prüfwiderstand, der die Netzschleife nur kurzzeitig belastet. Die Spannungserfassung ermittelt die Spannungsdifferenz bei ein- und ausgeschaltetem Prüfwiderstand. Über eine Elektronik zeigt das Gerät direkt den Kurzschlussstrom oder die Schleifenimpedanz an, wobei der Messwert für eine gewisse Zeit gespeichert werden kann. In der Regel verfügen derartige Messgeräte über eine Abschaltautomatik. Das heißt, der Prüfwiderstand muss nach DIN EN 61010-1 (VDE 0411 Teil 1) nach spätestens 0,2 s abgeschaltet werden, wenn die Spannung am Schutzleiter 50 V übersteigt. In der alten DIN VDE 0413-3 aus dem Jahre 1977 war noch der Wert 65 V zu finden.

Moderne Digital-Schleifenimpedanz-Messgeräte sind sehr viel leichter zu bedienen als wesentlich ältere Geräte. Ablesefehler sind hier weitgehend auszuschließen. Messgeräte mit verschiedenen Prüfwiderständen hingegen bieten den Vorteil, dass sie auch zur Messung von „Erdschleifen“ mit relativ hohen Widerstandswerten eingesetzt werden können.

Der Anschluss vieler Schleifenimpedanz-Messgeräte erfolgt über einen Schutzkontaktstecker. Da das Schutzkontaktsteckersystem keine festgelegte Polarität zwischen Außenleiter L und Neutralleiter N kennt, die Schleifenmessung aber eine definierte Polarität erfordert, bieten die Geräte in aller Regel die drei im Folgenden aufgeführten Möglichkeiten, um die notwendige Polarität sicherzustellen:

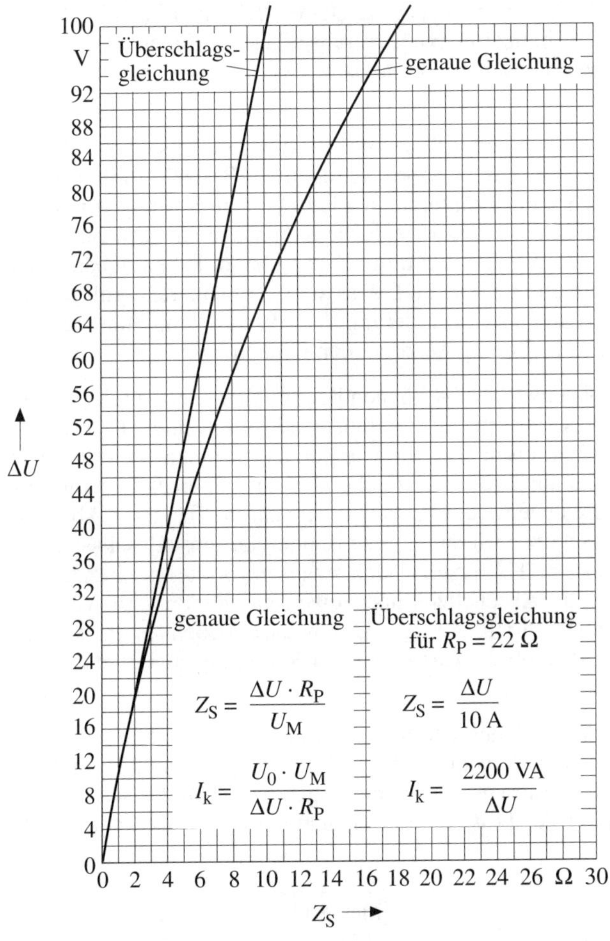

Bild 11.3 Vergleich: Näherungsformel mit der genauen Formel für $R_P = 22\ \Omega$

- Eine optische Anzeige lässt erkennen, ob der Stecker richtig eingesteckt ist.
- Eine optische Anzeige lässt erkennen, ob ein im Messgerät integrierter Schalter umgeschaltet werden muss.
- Das Messgerät verfügt über eine automatische Umschaltung bei nicht richtiger Polarität.

Die nach DIN VDE 0100-610 erforderlichen Schleifenmessungen zum Nachweis der Funktion des „Schutzes durch automatische Abschaltung im TN-System“ beziehen sich auf die Schleife: Außenleiter L und Schutzleiter PE/PEN. Einige Schleifenimpedanz-Messgeräte mit Schutzkontaktsteckeranschluss verfügen über einen Umschalter, der das Messen der Schleifenimpedanz zwischen Neutralleiter N und Schutzleiter PE ermöglicht.

Derartige Messungen werden z. B. im Rahmen der Prüfung von Anschlussmöglichkeiten im Sinne der Technischen Anschlussbedingungen (TAB) der Verteilungsnetzbetreiber (VNB) durchgeführt. Für Prüfgeräte, die lediglich zur Prüfung von Steckdosenstromkreisen dienen sollen, reicht eine Ja/Nein-Aussage aus. Solche Geräte eignen sich insbesondere für angelernte Kräfte. Diese Geräte haben neben ihrem sehr begrenzten Einsatzbereich den Nachteil, dass sie bei geänderten Anforderungen in den DIN-VDE-Normen – z. B. Änderung der Abschaltkennlinien bei Leitungsschutzschaltern – nicht mehr eingesetzt werden können.

Mit einem Messbereich bis etwa 1000 A können bei üblichen Netz- und Anlagenverhältnissen nur die Kurzschlussströme in Endstromkreisen eines TN-Systems gemessen werden, den Stromkreisen also, die vom letzten Stromkreisverteiler ausgehen. Das ist in aller Regel auch völlig ausreichend, denn mit einer solchen Messung wird üblicherweise gleichzeitig das Einhalten der sehr viel längeren Abschaltzeiten für die Überstrom-Schutzeinrichtungen zwischen Hausanschlusskasten und letztem Stromkreisverteiler im TN-System nachgewiesen. Sollte es einmal nicht möglich sein, auf diese Art die Abschaltzeit nachzuweisen, bleibt als Ausweg, statt der Messung eine Rechnung durchzuführen. Durch anschließendes Besichtigen sollte dann festgestellt werden, ob die Annahmen der Rechnung auch in der Praxis realisiert sind.

Die Schleifenimpedanz Z_S oder der damit im Zusammenhang stehende Kurzschlussstrom I_k wird – wie schon erwähnt – bei vielen Messgeräten nicht unmittelbar angezeigt, sondern auf die Messung des Spannungsfalls ΔU an der Schleifenimpedanz Z_S zurückgeführt (**Bild 11.4**). Dieser Spannungsfall ergibt sich aus der

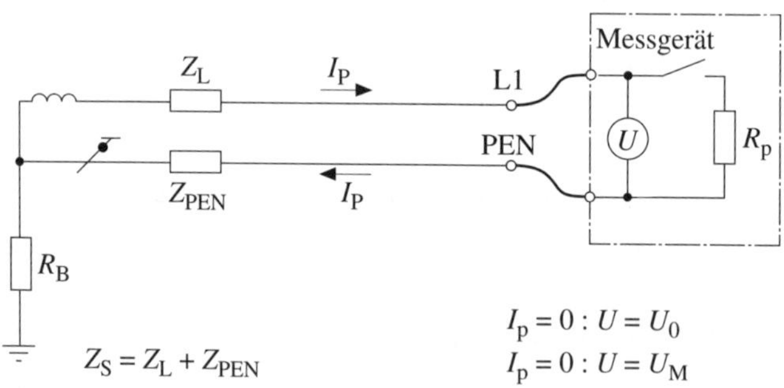

Bild 11.4 Messen der Schleifenimpedanz zwischen Außen- und PEN- bzw. Schutzleiter im TN-System

Leerlaufspannung U_0 des Netzes am Messort und der Spannung U_M bei Belastung mit dem Prüfwiderstand R_P. Es gelten folgende Beziehungen:

$$\Delta U = U_0 - U_M$$

$$\Delta U = Z_S \cdot I_P$$

$$I_P = \frac{U_0}{R_P + Z_S}$$

$$I_P \approx \frac{U_0}{R_P} \text{ für } Z_S \ll R_P$$

$$\Delta U \approx Z_S \cdot \frac{U_0}{R_P}$$

$$Z_S \approx R_P \cdot \frac{\Delta U}{U_0}$$

Darin bedeuten:

ΔU gemessener Spannungsfall an der Schleifenimpedanz
U_0 gemessene Leerlaufspannung des Netzes am Messort
U_M gemessener Spannungsfall am Prüfwiderstand R_P
Z_S Schleifenimpedanz
I_P Prüfstrom
R_P Prüfwiderstand

Mit den gemessenen Werten von U_M und U_0 sowie mit der bekannten Größe von R_P lässt sich Z_S errechnen. Üblicherweise wird dem Prüfer jedoch die Rechnung von Tabellen abgenommen, die als Zubehör zu derartigen Messgeräten gehören. Gleichwertig mit der Angabe von Z_S ist die Benennung von I_a:

$$I_a = \frac{U_0}{Z_S}$$

Für den „Schutz durch automatische Abschaltung im TN-System" ist die Schleifenimpedanz zwischen Außenleiter sowie Schutz- oder PEN-Leiter zu ermitteln. Wegen des kaum nennenswerten Mehraufwands erscheint es sinnvoll, auch die Schleifenimpedanz zwischen Außen- und Neutralleiter zu messen, um eine durchgehende Verbindung des Neutralleiters nachzuweisen. Diese Messung ist im Hinblick auf den Fehlerschutz jedoch nicht erforderlich. Dies wird hin und wieder für solche Fälle behauptet, in denen Fehlerstrom-Schutzeinrichtungen (RCDs) den Fehlerschutz (Schutz bei indirektem Berühren) im TN-System gewährleisten, weil je nach Größe der Schleifenimpedanz bei einem Kurzschluss zwischen Außen- und Neutralleiter die Abschaltung über LS-Schalter bzw. Niederspannungssicherungen erst deutlich später als nach 5 s zustande kommen kann. Während solcher Kurzschlussfälle wird natürlich ein Teil des Spannungsfalls am Neutralleiter auf den Schutzleiter übertragen (infolge der gemeinsamen Verbindung durch den PEN-Leiter) und ist auch als Berührungsspannung messbar. Dieser Aspekt gilt aber durch die Wirkung des Hauptpotentialausgleichs als ausreichend berücksichtigt und muss nach DIN VDE 0100-410 deshalb nicht eigens berücksichtigt werden. Im TN-System mit Fehlerstrom-Schutzeinrichtungen als Abschalteinrichtungen für den Fehlerschutz (Schutz bei indirektem Berühren) brauchen Überstrom-Schutzeinrichtungen, die den Überlastschutz sicherstellen, keiner Abschaltbedingung nach DIN VDE 0100-410 zu genügen.

Die zulässigen Grenzwerte für I_a und Z_S bezogen auf Überstrom-Schutzeinrichtungen sind Tabelle 6.4 zu entnehmen (diese entspricht der Tabelle NA.1 des Nationalen Anhangs NA zur DIN VDE 0100-610).

Es ist dem einzelnen Fachmann freigestellt, ob er sich zwecks Prüfung für die Messung, Rechnung oder Nachbildung des Netzes am Netzmodell entscheidet. Die beiden letztgenannten Methoden setzen natürlich bei der Kontrolle von Annahmen ein sehr viel weitergehendes Besichtigen voraus als bei einer abschließenden Messung. Deshalb erscheint es zweckmäßig, im Bereich der Hausinstallation die Messung für die Stromkreise hinter dem letzten Stromkreisverteiler auszuführen. Im Bereich der kleinen Leiterquerschnitte wäre die Besichtigung wegen der Vielzahl der Abzweige zu umfangreich. Unabhängig davon, auf welchem Wege die zu beurteilenden Werte einer Anlage ermittelt wurden, sind die zulässigen Grenzwerte für die Abschaltströme I_a bzw. Schleifenimpedanzen Z_S der Tabelle 6.4 zu entnehmen.

11.4.2 Schleifenwiderstands-Messgeräte zur Messung in Netzen mit sehr hohen Kurzschlussströmen

Der Fachhandel bietet Schleifenimpedanz-Messgeräte an, die Kurzschlussströme bis 80 000 A innerhalb der zulässigen maximalen Fehlergrenze von ±30 % messen können. Diese Geräte entsprechen in ihrem Grundaufbau den üblichen Schleifenimpedanz-Messgeräten, wobei die höheren Kurzschlussströme entsprechend höhere Prüfströme erfordern, ebenso eine aufwändigere Anschlusstechnik – d. h. Vermeiden von Anschlusswiderständen – sowie die Berücksichtigung der induktiven und kapazitiven Anteile der Schleifenimpedanz im Netz. Da derartige Messgeräte den tatsächlich fließenden Kurzschlussstrom erfassen, müssen sie entsprechend hohe Ströme sicher schalten können; d. h. sie müssen dementsprechend ausgelegt sein. Bei derartigen Messungen werden die Anlagenteile, wie beispielsweise das Netz und die Sicherungen, erheblich belastet. Eine „künstliche“ Alterung der Betriebsmittel ist nicht auszuschließen. Obwohl die Dauer des Kurzschlusses während des Messvorgangs relativ kurz ist, kommt es vor, dass Sicherungen mit Nennströmen von z. B. < 80 A auslösen.

Die Messgeräte belasten das zu untersuchende Netz mit einem Prüfstrom in der Größenordnung von etwa 1 % des maximal zu messenden Kurzschlussstroms. Neben dem ΔU-Wert wird auch die Phasenlage der gemessenen Spannungen erfasst (siehe auch Abschnitt 11.5.1). Ein Mikroprozessor errechnet den Kurzschlussstrom und die Schleifenimpedanz; beide Werte werden angezeigt. Eine spezielle Anschlusstechnik berücksichtigt die im Abschnitt 11.6 beschriebene genaue Erfassung der Spannungswerte – ohne Einfluss der Anschlussleitungen. Meist sind die Daten der Netze, in denen sehr hohe Kurzschlussströme auftreten können, entsprechenden Kabelplänen zu entnehmen. Das heißt, bei zu erwartenden Kurzschlussströmen > 1000 A können die Schleifenimpedanzen oder Kurzschlussströme errechnet werden. Deshalb werden Messungen in derartigen Anlagen nur sehr selten erforderlich bzw. durchgeführt.

11.5 Einfluss des Netzes auf die Schleifenmessung – Bewerten möglicher Messfehler

Die Gerätenorm für die Messgeräte, DIN EN 61557-3 (VDE 0413 Teil 3), lässt unter den in der Norm aufgeführten Bemessungsbedingungen

- Netz ohne Belastung
- konstante Netzspannung beim Messvorgang
- Temperaturbereich 0 °C bis 35 °C
- Phasenwinkel des Netzes < 18°
- sinusförmiger Strom
- Schutzleiter fremdspannungs- und fehlerstromfrei

eine Betriebsmessabweichung von maximal ±30 % für die Messgeräte und das Messverfahren zu. Wenn die gemessene Schleifenimpedanz im Grenzbereich liegt oder die Bemessungsbedingungen nicht eingehalten werden, können genauere Bewertungen notwendig sein. Durch den Anstieg der Leitertemperatur im Kurzschlussfall auf 80 °C erhöht sich z. B. der Schleifenwiderstand gegenüber dem bei 20 °C gemessenen Wert um den Faktor 1,24.

Die Schleifenimpedanz des Netzes resultiert aus Ohm'schen, induktiven und kapazitiven Widerständen. Die komplexen Widerstände werden von Schleifenwiderstands-Messgeräten, die üblicherweise zur Messung in Installationsanlagen verwendet werden, nicht exakt erfasst. Darüber hinaus werden Schleifenmessungen in der Regel zu einem Zeitpunkt durchgeführt, in dem Teile der Netzschleife durch Verbraucher belastet werden. Hierdurch können die Messergebnisse verfälscht werden.

Folgende Einflüsse können während der Messung das Messergebnis verfälschen:

- Schwankung der Belastung und der Netzspannung
- Unsymmetrische Last und Verzerrungen der Kurvenform der Netzspannung
- Einschwingvorgänge und Frequenzschwankungen
- Blindstromverbraucher vor der Messstelle
- Übergangswiderstände bei der Messung
- Widerstand der Messleitungen

11.5.1 Induktivität des Netzes

Alle bisher aufgeführten Gleichungen berücksichtigen lediglich den Ohm'schen Widerstand der Leiterschleife. Diese Vereinfachung ist bei der Schleifenmessung im Bereich von Hausinstallationen von untergeordneter Bedeutung und daher zulässig. Je mehr aber die Schleifenimpedanz vom Transformator bestimmt wird, umso bedeutender wird der Einfluss insbesondere des induktiven Widerstands des Transformators.

Anhand eines Vektordiagramms soll der Prinzipfehler der üblichen Schleifenwiderstands-Messgeräte erläutert werden (**Bild 11.5**). Mit dem Spannungsmesser wird der Betrag bzw. Wert der Spannung gemessen, nicht jedoch die Phasenlage der Spannung. Die gemessene Spannungsdifferenz ΔU wird als Differenz der Beträge des unbelasteten und des belasteten Netzes ermittelt. Wie aus dem Vektordiagramm zu ersehen, ist der Spannungsfall der Netzschleife größer als die Differenz der Spannungsbeträge.

Das Vektordiagramm gilt für das im Abschnitt 11.9 „Berechnen der Schleifenimpedanz" aufgeführte Beispiel. In diesem Beispiel ist der tatsächliche Spannungsfall in der Netzschleife um 20 % größer als der „Spannungsrückgang" bei einem Prüfstrom von $I_P = 100$ A. Wird zusätzlich der Winkel zwischen den Spannungen U_0 und U_M bestimmt und berücksichtigt, lässt sich der tatsächliche Spannungsfall in der Netzschleife ermitteln. Bei einem 400-kVA-Transformator und einem Messort mit einem Kurzschlussstrom von 1000 A beträgt der Fehler durch die Induktivität des Netzes nur etwa 0,5 %. Eine so geringe Abweichung ist im Bereich der Hausinstallation vernachlässigbar.

11.5.2 Induktive oder kapazitive Ströme als Vorbelastung

Ein anderer Messfehler kann durch ein mit Blindlast vorbelastetes Netz auftreten. Der Spannungsfall der Netzschleife wird durch die Änderung des Prüfstroms bestimmt. Fließt während der Messung ein durch kapazitive oder induktive Verbraucher verursachter Strom, so erhöht sich der Gesamtstrom des Netzes nicht um den Betrag des Prüfstroms I_P; er ist geringer als dieser. Das heißt, es wird ein entsprechend geringerer Spannungsfall verursacht und gemessen.

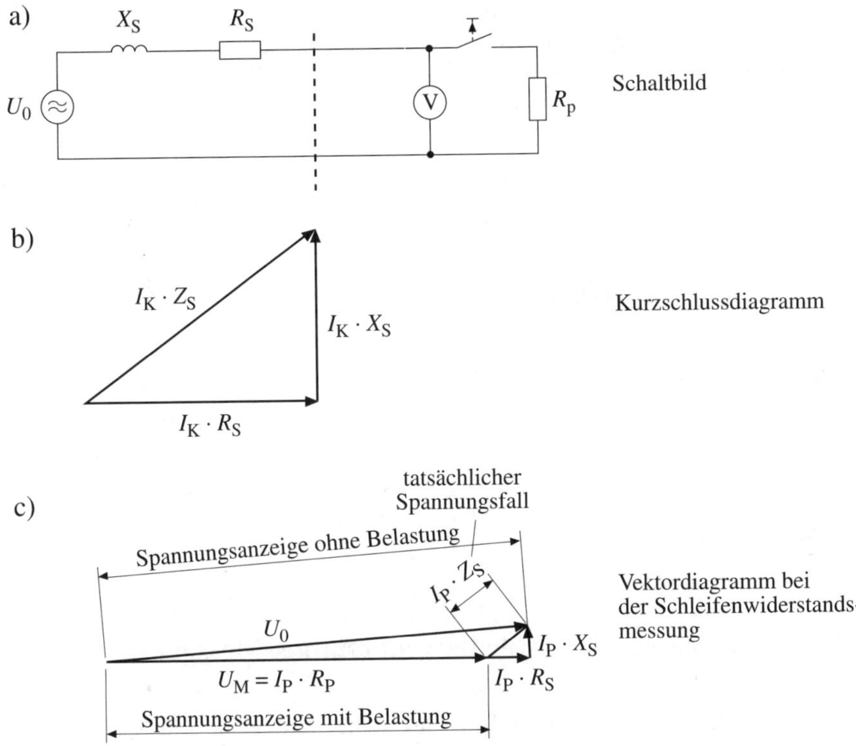

Bild 11.5 Einfluss des induktiven Anteils des Netzes auf die Schleifenimpedanz

Beispiel:

Am Messort (**Bild 11.6**) fließt durch Vorbelastung ein Strom von 5 A (hier kapazitiv, jedoch gleich bei induktiver Belastung). Bei Einschalten des Prüfwiderstands R_P wird der Prüfstrom der Leitung nicht entsprechend dem Strom, der durch den Prüfwiderstand R_P verursacht wird, vergrößert.

Zur Erläuterung des Sachverhalts wird auf das Bild 11.2 zurückgegriffen: Bei Einschalten der „Prüftaste 22 Ω“ wird die Netzschleife mit 10 A Wirkstrom belastet, die sich geometrisch zu dem bereits fließenden Strom von 5 A kapazitiver Last addiert, was zu einem Gesamtstrom von 11,1 A führt. Der Strom in der Netzschleife ändert sich also von 5 A auf 11,1 A, d. h. um 6,1 A.

Das bedeutet, der Spannungsfall über die Schleifenimpedanz Z_S entspricht nur einer Stromerhöhung von 6,1 A statt 10 A und damit nur dem 0,61fachen Spannungsfall gegenüber einer Stromerhöhung um 10 A. Diese Zusammenhänge machen deutlich,

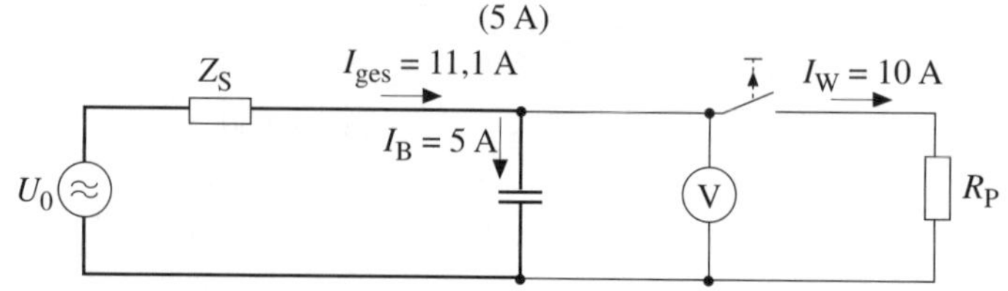

$$I_{ges} = \sqrt{I_B^2 + I_W^2}$$

$$I_{ges} = \sqrt{5^2 + 10^2}\,\text{A}$$

$$I_{ges} = \mathbf{11{,}1\ A}$$

Bild 11.6 Einfluss von kapazitiven (induktiven) Verbrauchern auf die Schleifenimpedanzmessung

dass zum Zeitpunkt der Messung keine größeren Blindleistungsverbraucher in Nähe der Messstelle eingeschaltet sein sollten bzw. welchen Einfluss die Blindleistung auf das Messergebnis hat.

11.6 Anschluss der Schleifenwiderstands-Messgeräte

Da die Anschlussleitungen zwischen Messstelle und -gerät den Messwert der Schleifenimpedanz erhöhen, ist auch dieser Sachverhalt bei der Bewertung der Messergebnisse angemessen zu berücksichtigen. So können beispielsweise die als Zubehör mitgelieferten Anschlussleitungen einen Widerstand bis zu 0,5 Ω haben. Die Bedienungsanleitung muss darüber informieren, wenn dieser Widerstand beim Kalibrieren bereits berücksichtigt wurde und der Prüfer das Messergebnis nicht mehr entsprechend zu bewerten hat. Während bei der Messung hoher Schleifenimpedanzen diese Verfälschung des Messwerts kaum von Bedeutung ist, kann sie sich in Anlagen mit geringen Schleifenimpedanzen und hohen Kurzschlussströmen sehr erheblich auswirken und zu einem sehr unrealistischen Messwert führen.

Eine – mehr theoretische – Möglichkeit, einen solchen Messfehler auszuschließen, kann dadurch sichergestellt werden, dass für die Anschlussleitungen entsprechend große Querschnitte gewählt werden. Vom Grundsatz her bleibt festzustellen: Durch den Einfluss der Anschlussleitungen wird eine zu große Schleifenimpedanz bzw. ein zu kleiner Kurzschlussstrom vorgetäuscht. Obwohl dieser Fehler aus sicherheitstechnischer Sicht auf der sicheren Seite liegt, kann er andererseits zu unwirtschaftlichen Dimensionierungen der Leitungen führen.

11.7 Messen von Erdungswiderständen mit Schleifenwiderstands-Messgeräten

Schleifenimpedanz-Messgeräte können – in gewissen Grenzen – auch zum Messen von Erdungswiderständen verwendet werden. Es wird die so genannte „Erdschleife" gemessen. Der Anteil der Netzimpedanz sollte in diesen Fällen wesentlich kleiner sein als der nachzuweisende Erdungswiderstand.

Beispiele für den Einsatz der Erdschleifenmessung sind Erdungswiderstandsmessungen an Fundamenterdern oder gelegentlich Erdern für Fehlerstrom-Schutzeinrichtungen (RCDs). Entsprechend den Bildern 10.10 und 11.2 erfasst der so gemessene Widerstand neben dem Erdungswiderstand auch den Widerstand des Außenleiters und des Betriebserders R_B. Der Gesamtwiderstand des Außenleiters und Betriebserders R_B kann beispielsweise etwa 1 Ω betragen. Dieser Wert müsste vom gemessenen Wert subtrahiert werden, um den exakten Widerstandswert des Erders zu erhalten. Da der tatsächliche Wert aber kaum exakt erfasst werden kann, geht diese Schätzung als Messfehler ein. Hinsichtlich der Messungen im Rahmen der Anforderungen nach DIN VDE 0100-610 liegt das Messergebnis aber immer auf der sicheren Seite.

Digitale Schleifenwiderstands-Messgeräte haben in aller Regel einen eingeschränkten Anzeigebereich, z. B. 19,99 Ω. Das bedeutet, dass mit diesen Messgeräten nur Erdungswiderstände innerhalb des angezeigten Bereichs gemessen werden können. Das ist besonders bei Messungen in Anlagen mit Fehlerstrom-Schutzeinrichtungen (RCDs) im TT-System zu berücksichtigen. Hier sind wesentlich größere Erdungswiderstände zulässig.

11.8 Schleifenmessungen im Rahmen der Technischen Anschlussbedingungen (TAB)

Messungen von Schleifenimpedanzen sind nicht nur zum Funktionsnachweis der Schutzmaßnahmen durch automatische Abschaltung mit Überstrom-Schutzeinrichtungen nach DIN VDE 0100-410 erforderlich, sondern unter Umständen auch zur Beurteilung der Anschlussmöglichkeiten leistungsstarker Verbraucher. So beispielsweise sind die Netzrückwirkungen bestimmter Geräte abhängig von der Schleifenimpedanz an der Netzanschlussstelle. Die Erlaubnis für den Anschluss z. B. von Durchlauferhitzern oder unterschiedliche Anlassbedingungen von Motoren werden sehr oft auf der Basis der Werte für die Schleifenimpedanz an der Netzanschlussstelle getroffen.

Hierdurch werden benachbarte Anlagen vor störenden Spannungsschwankungen im öffentlichen Versorgungsnetz geschützt. Die Netzanschlussstelle ist der Hausanschluss; hier werden üblicherweise Schleifenimpedanzen im Bereich von 0,04 Ω bis 0,4 Ω bzw. Kurzschlussströme bis etwa 6 kA gemessen. Liegt die Netzanschlussstelle in unmittelbarer Nähe des Transformators, sind die zu erwartenden Kurzschlussströme wesentlich höher. Auch diese Messaufgaben sollten unter Umständen beim Kauf von Schleifenimpedanz-Messgeräten berücksichtigt werden.

11.9 Berechnen der Schleifenimpedanz

Nach DIN VDE 0100-610 kann die erforderliche Schleifenimpedanz durch Messung oder auch Rechnung nachgewiesen werden. Das heißt, der Prüfende kann wählen, welche Methode er im Einzelfall bevorzugt. Im Bereich der Anlagen in Haushalt, Gewerbe und Industrie wird die Messung in aller Regel die schnellere und einfachere Prüfmethode sein. Anders ist das in öffentlichen Versorgungsnetzen oder auch bei besonders leistungsstarken Verbrauchern in der Industrie. Hier kann die Rechnung unter Umständen von Vorteil sein. Sind ausführliche Kabelpläne vorhanden, ist die Rechnung in aller Regel einfacher durchzuführen.

Voraussetzung für die Berechnung der Schleifenimpedanz ist die Kenntnis der Ohm'schen und induktiven Widerstände von Transformatoren (**Tabelle 11.1**), Leitungen und Kabeln. Die einschlägige Fachliteratur bietet hierzu entsprechende Tabellenwerke.

Transformator-Nennleistung in kVA	I_A **in A**	Z_S **in Ω**	R_T **in Ω**	X_T **in Ω**
100	3 400	0,064	0,028	0,0575
160	5 500	0,040	0,015	0,0371
250	8 600	0,0256	0,0083	0,0242
400	13 700	0,0160	0,0046	0,0153
630	21 600	0,0102	0,0026	0,00986

Tabelle 11.1 Daten der gebräuchlichen Transformatoren in öffentlichen Versorgungsnetzen (zwischen einer Außenleiterklemme und der PEN-Leiterklemme)

Der Kurzschlussstrom errechnet sich nach folgender Formel:

$$I_k = \frac{0{,}95 \cdot U_0}{Z_S}$$

Der Faktor 0,95 berücksichtigt die Übergangswiderstände an den Klemmen.

Im Folgenden sei der Rechengang beispielhaft erläutert.

Beispiel:

Es sind die Schleifenimpedanz und der Kurzschlussstrom an folgendem Netzanschlusspunkt zu berechnen:

Gegeben: Kabel Cu 4 × 70 mm², 50 m Kabellänge, Transformator 400 kVA

Rechengang:

$R_{\text{Trafo}} = 4{,}6\ \text{m}\Omega$; $X_{\text{Trafo}} = 15{,}3\ \text{m}\Omega$ (siehe Tabelle 11.1)

$$R_{\text{Kabel}} = (2 \times 50)\ \text{m} \times 0{,}271\ \frac{\text{m}\Omega}{\text{m}} = 27{,}1\ \text{m}\Omega$$

$$X_{\text{Kabel}} = (2 \times 50)\ \text{m} \times 0{,}082\ \frac{\text{m}\Omega}{\text{m}} = 8{,}2\ \text{m}\Omega$$

$$Z_{\text{S}} = \sqrt{\sum R_{\text{S}}^2 + \sum X_{\text{S}}^2}$$

$$Z_{\text{S}} = \sqrt{(4{,}6 + 27{,}1)^2 + (15{,}3 + 8{,}2)^2}\ \text{m}\Omega = \sqrt{31{,}7^2 + 23{,}5^2}\ \text{m}\Omega$$

$$Z_{\text{S}} = \sqrt{1557{,}14} = 39{,}46\ \text{m}\Omega$$

$$\boldsymbol{Z_{S} = 39{,}46\ \text{m}\Omega}$$

$$I_{\text{k}} = \frac{0{,}95 \cdot U_0}{Z_{\text{S}}} = \frac{0{,}95 \cdot 230}{39{,}46 \cdot 10^{-3}} = 5518\ \text{A}$$

$$\boldsymbol{I_{\text{k}} = 5518\ \text{A}}$$

12 Prüfungen bei Verwendung von Fehlerstrom-Schutzeinrichtungen (RCDs)

12.1 Bauarten von Fehlerstrom-Schutzeinrichtungen (RCDs)

Der Begriff „Fehlerstrom-Schutzeinrichtung“ wurde mit Erscheinen von DIN VDE 0100-410:1983-11 in die Errichtungsbestimmungen aufgenommen. Früher wurde auch der Begriff „Fehlerstrom-Schutzschalter (FI-Schalter)“ verwendet, der auch heute noch häufig anzutreffen ist. DIN VDE 0100-410:1997-01 verwendet das Kürzel „RCD“ für die englische Bezeichnung „**R**esidual **C**urrent protective **D**evice“. Dieses Kürzel wurde durch die internationalen Normen in die deutsche Normenwelt eingeführt. Mittlerweile wurde vom zuständigen DKE-Komitee K221 (Elektrische Anlagen und Schutz gegen elektrischen Schlag) im Jahr 2002 in einer Verlautbarung festgelegt, für die verschiedenen Arten von Fehlerstrom-Schutzschaltern, die in den Normen der Reihe DIN VDE 0100 allgemein mit „RCDs“ bezeichnet werden, in diesen Errichtungsbestimmungen künftig die einheitliche Benennung „Fehlerstrom-Schutzeinrichtung (RCD)“ bzw. „Fehlerstrom-Schutzeinrichtungen (RCDs)“ zu verwenden.

In DIN VDE 0100-610:2004 wird der kombinierte Begriff „Fehlerstrom-Schutzeinrichtung (RCD)“ konsequent benutzt, um zu demonstrieren, dass das neue in den Normen verwendete Kürzel RCD inhaltlich gleichbedeutend mit dem Begriff Fehlerstrom-Schutzeinrichtung ist. Er wird in diesem Buch ebenso in dieser Form verwendet oder mit gleicher Bedeutung ohne die Ergänzung „RCD“ nur als Fehlerstrom-Schutzeinrichtung.

Was versteckt sich nun hinter der „Fehlerstrom-Schutzeinrichtung“? Zu unterscheiden sind

- Netzspannungsunabhängige Fehlerstrom-Schutzschalter Typ A zur Auslösung bei Wechsel-Fehlerströmen und pulsierenden Gleich-Fehlerströmen
  - ohne eingebaute Überstrom-Schutzeinrichtung (RCCBs) nach DIN EN 61008-1 (VDE 0664 Teil 10):2000-09 und DIN EN 61008-2-2 (VDE 0664 Teil 11):1999-12,
  - mit eingebauter Überstrom-Schutzeinrichtung (RCBOs) nach DIN EN 61009-1 (VDE 0664 Teil 20):2000-09 und DIN EN 61009-2-1 (VDE 0664 Teil 21):1999-12.
- Netzspannungsunabhängige Fehlerstrom-Schutzschalter Typ AC zur Auslösung nur bei Wechsel-Fehlerströmen, Anwendung in Deutschland durch „Besondere Nationale Bedingungen“ in den oben stehenden Normen ausgeschlossen und nach den Errichtungsbestimmungen nicht zugelassen.

- Netzspannungsabhängige Fehlerstrom-Schutzschalter, in Deutschland früher auch „Differenzstrom-Schutzschalter (DI-Schutzschalter)“ genannt
  - ohne eingebaute Überstrom-Schutzeinrichtung (RCCBs),
  - mit eingebauter Überstrom-Schutzeinrichtung (RCBOs),

  für die es in Deutschland zurzeit keine Produktnormen und im CENELEC-Bereich auch keine Europäische Normen (EN, HD) gibt und die daher nach den Errichtungsbestimmungen nicht zugelassen sind
- Fehlerstrom-Schutzschalter Typ B zur Auslösung bei Wechselfehlerströmen, pulsierenden und glatten Gleich-Fehlerströmen ohne eingebaute Überstrom-Schutzeinrichtung (RCCBs)

  Diese arbeiten bei Wechsel- und pulsierenden Gleich-Fehlerströmen netzspannungsunabhängig, bei glatten Gleich-Fehlerströmen spannungsabhängig nach Entwurf DIN VDE 0664-100 (VDE 0664 Teil 100):2002-05 (eine entsprechende Europäische Norm gibt es zurzeit nicht)
- Fehlerstrom-Auslöser (RCUs oder RC Units) zum Anbau an Leitungsschutzschalter nach DIN EN 61009-1 (VDE 0664 Teil 20):2000-09, Anhang G
- Leistungsschalter mit Fehlerstrom-Auslösern (CBRs) nach DIN EN 60947-2 (VDE 0660 Teil 101):2002-09, Anhang B
- Ortsfeste Fehlerstrom-Schutzeinrichtungen in Steckdosenausführung zur Schutzpegelerhöhung (SRCDs) nach Entwurf DIN VDE 0662 (VDE 0662): 1993-08 (eine entsprechende Europäische Norm gibt es zur Zeit nicht)
- Ortsveränderliche Fehlerstrom-Schutzeinrichtungen (PRCDs) nach DIN VDE 0661-10 (VDE 0661 Teil 10):2002-12

Hinweis: Neben den Fehlerstrom-Schutzeinrichtungen (RCDs) können für Überwachungsaufgaben z. B. folgende Geräte eingesetzt werden:

- Differenzstrom-Überwachungsgeräte (RCMs) nach DIN EN 62020 (VDE 0663): 1999-07
- Isolations-Überwachungsgeräte (IMDs) nach DIN EN 61557-8 (VDE 0413 Teil 8):1998-05

Durch die DIN EN 61008-1 (VDE 0664 Teil 10) und DIN EN 61009-1 (VDE 0664 Teil 20) wurden die bisherigen Normen VDE 0664 Teil 1 und 2 sowie teilweise der Teil 3 in Aufbau und Bestimmungen vollständig geändert. Der Bereich für die Bemessungsströme ist in diesen Normen auf 125 A begrenzt. Daher fallen Geräte über 63 A bis zu 125 A Bemessungsstrom, die bisher in DIN VDE 0664-3 (VDE 0664 Teil 3) enthalten waren, nun ebenfalls unter diese Bestimmung. Eine Norm für Geräte mit einem Bemessungsstrom größer als 125 A und einer Bemessungsspannung größer als 400 V steht ebenfalls zur Veröffentlichung an.

Wie bereits beschrieben sind netzspannungsabhängige Fehlerstrom-Schutzschalter, die früher als Differenzstrom-Schutzeinrichtungen (DI-Schutzschalter) bezeichnet wurden, nicht als Fehlerstrom-Schutzeinrichtungen im Sinne der DIN VDE 0100 zugelassen. Sie benötigen für den Differenzstromauslöser eine Hilfsspannung, sind also abhängig von der Netzspannung. Dies hat entscheidende Nachteile: Wird der Neutralleiter unterbrochen, so ist der Verstärker funktionsunfähig und es kann ein Fehlerstrom fließen, ohne dass die erforderliche Abschaltung stattfindet. Außerdem kann durch die größere Anzahl elektronischer Bauelemente die Ausfallwahrscheinlichkeit erhöht sein.

Netzspannungsabhängige Fehlerstrom-Schutzeinrichtungen sind zurzeit europäisch nicht genormt und dürfen daher nicht eingebaut werden, wenn Fehlerstrom-Schutzeinrichtungen (RCDs) gefordert sind.

Nur die Fehlerstrom-Schutzeinrichtungen ohne Hilfsspannung – entsprechend also den alten Begriffen FI-Schalter und FI/LS-Schalter – sind als Abschalteinrichtungen beim „Schutz durch automatische Abschaltung“ (Schutz bei indirektem Berühren) und als Zusatzschutz einsetzbar.

In manchen Normen wird statt des Begriffs „Bemessungsdifferenzstrom $I_{\Delta N}$“ noch der Begriff „Nennfehlerstrom $I_{\Delta n}$“, in den neuen Gerätenormen der Begriff „Bemessungsfehlerstrom $I_{\Delta n}$“ verwendet. Die drei Begriffe sind inhaltlich gleichwertig. In diesem Buch wird konsequent der Begriff „Bemessungsdifferenzstrom $I_{\Delta N}$“ verwendet, wie er in den aktuellen Normen der DIN VDE 0100 verwendet wird.

Bei Fehlerstrom-Schutzeinrichtungen vom Typ AC ist die Auslösung nur bei sinusförmigen Wechselfehlerströmen sichergestellt, die plötzlich oder langsam ansteigend auftreten. Fehlerstrom-Schutzeinrichtungen vom Typ A beherrschen darüber hinaus pulsierende Gleichfehlerströme. In Deutschland sind Fehlerstrom-Schutzeinrichtungen vom Typ AC nicht zugelassen.

12.2 Wirkungsweise von Fehlerstrom-Schutzeinrichtungen (RCDs)

12.2.1 Funktionsprinzip

Fehlerstrom-Schutzeinrichtungen (RCDs) machen sich die 1. Kirchhoff’sche Regel (**Bild 12.1**) zu Nutze, die auch als Knotenpunktsatz bekannt ist:

$$\sum I_{\text{zufließend}} = \sum I_{\text{abfließend}}$$

Die Summe der Augenblickswerte der einem Knotenpunkt zufließenden Ströme ist gleich der Summe aller abfließenden Ströme. Diese Regel gilt unabhängig von der Frequenz und Kurvenform für Gleich- und Wechselstrom.

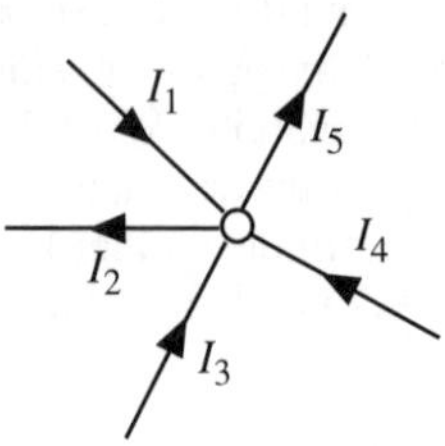

$$\Sigma I_{\text{zufließend}} = \Sigma I_{\text{abfließend}}$$

$$I_1 + I_3 + I_4 = I_2 + I_5$$

Bild 12.1 Summenstromprinzip (1. Kirchhoff'sche Regel) gilt unabhängig von Frequenz und Kurvenform für Gleich- und Wechselstrom

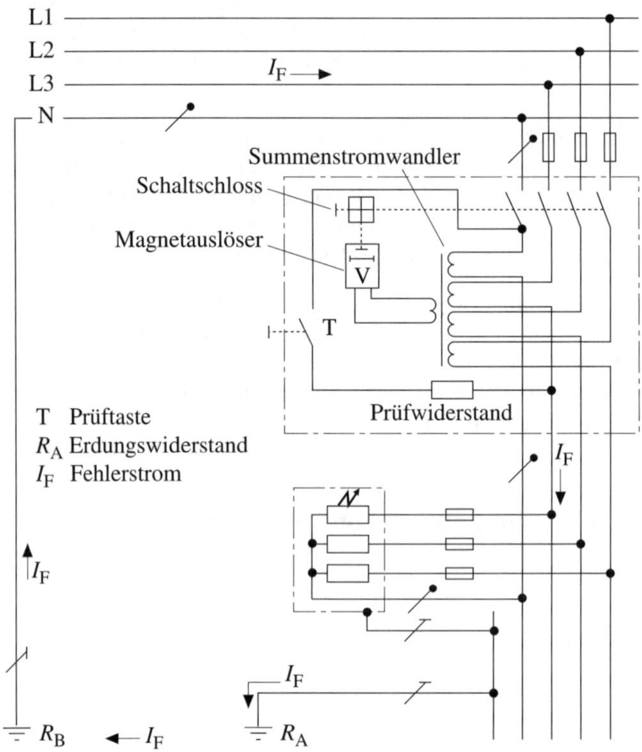

Bild 12.2 Prinzip der Schutzmaßnahme im TT-System mit Fehlerstrom-Schutzeinrichtung

Ein einfaches Beispiel für die 1. Kirchhoff'sche Regel ist das Vierleiter-Drehstromnetz. Bei unsymmetrischer Belastung ergänzt der Strom, der im Neutralleiter zurückfließt, die geometrische Summe der Ströme im Außenleiter auf null.

Ganz allgemein kann jede elektrische Anlage als Knotenpunkt angesehen werden. Die geometrische Summe der zu jedem Zeitpunkt über die Stromkreise ab- und zufließenden Ströme ist null, solange in der elektrischen Anlage kein Strom „verloren geht", also kein Fehler (z. B. Isolationsfehler) vorhanden ist.

Die Wirkungsweise von Fehlerstrom-Schutzeinrichtungen beruht nun exakt auf diesem Prinzip.

12.2.2 Aufbau und Funktion von Fehlerstrom-Schutzeinrichtungen (RCDs)

Die Fehlerstrom-Schutzeinrichtung hat als Messglied einen Summenstromwandler, durch den alle aktiven Leiter des zu schützenden Stromkreises hindurchgeführt werden. Bei der vierpoligen Fehlerstrom-Schutzeinrichtung sind auf einem Wandlerkern insgesamt fünf Wicklungen angebracht. Vier davon werden vom Betriebsstrom durchflossen (**Bild 12.2**). Im störungsfreien Betrieb ergänzen sich die zu- und abfließenden Betriebsströme zu null (Summenstromprinzip, siehe Bild 12.1). Die durch die Ströme entstehenden magnetischen Flüsse im Wandlerkern (Ringkern) der Fehlerstrom-Schutzeinrichtung sind gleich groß und heben sich gegeneinander auf (**Bild 12.3**). Der Wandlerkern befindet sich im magnetischen Gleichgewicht, er wird nicht magnetisiert.

Fließt aber z. B. infolge eines Isolationsfehlers ein Stromanteil (Fehlerstrom I_F) unter Umgehung des Wandlers über R_A zur Stromquelle zurück, so weicht die geometrische Summe der durch die Wandlerspulen fließenden Ströme von null ab (**Bild 12.4**). Die magnetischen Flüsse im Wandlerkern der Fehlerstrom-Schutzeinrichtung sind nun nicht mehr gleich groß. Sie heben sich nicht mehr auf. Der Wandlerkern befindet sich im magnetischen Ungleichgewicht, er wird magnetisiert. Der Diffe-

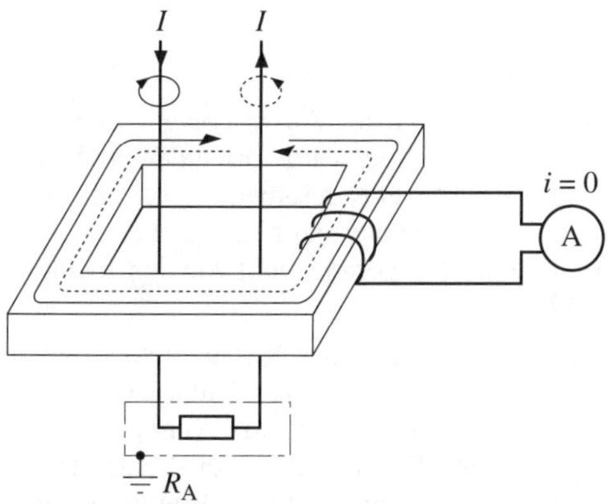

Bild 12.3 Aufhebung der magnetischen Flüsse – Wandler im magnetischen Gleichgewicht; Prinzipdarstellung zweipolig

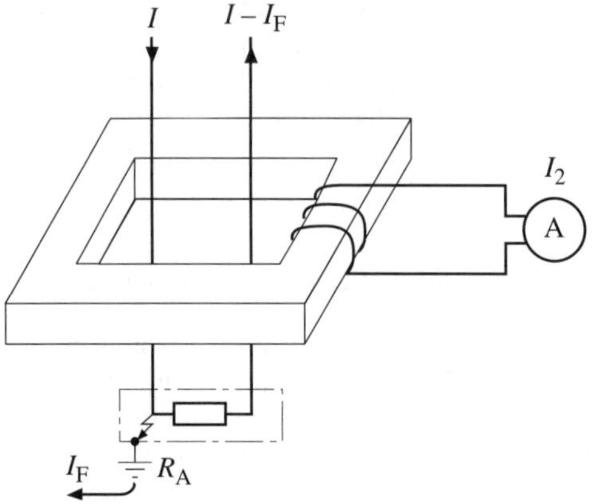

Bild 12.4 Fehlerstrom als Differenzstrom-Wandler im magnetischen Ungleichgewicht; Prinzipdarstellung zweipolig

renzmagnetfluss erzeugt jetzt in der Sekundärwicklung (2. Wicklung) nach dem Trafoprinzip eine Spannung. Die Höhe der induzierten Spannung hängt von der Flussänderung im Wandlerkern ab. Die höchste Spannung entsteht, wenn bei sinusförmigem Wechselstrom die Hystereseschleife des Wandlerkerns vom positiven bis zum negativen Sättigungspunkt durchlaufen wird (siehe Abschnitt 12.10). Die in der Sekundärwicklung des Summenstromwandlers erzeugte Spannung treibt einen Strom I_2. Dieser Strom fließt nun durch die Wicklung des Magnetauslösers und erzeugt dort ein Wechselfeld. In Abhängigkeit von der Art des Magnetauslösers – gepolt oder ungepolt – wird die Auslösung auf unterschiedliche Art und Weise bewirkt.

Gepoltes (polaritätsabhängiges) Auslöserelais

Gepolte Auslöserelais haben eine Vorzugsrichtung für die Auslösemagnetisierung. Durch das Wechselfeld wird im magnetischen Kreis der vom vorhandenen Dauermagnet erzeugte Dauerfluss in der negativen Halbwelle geschwächt. Im unbeeinflussten Zustand ist der magnetische Dauerfluss des Dauermagneten gerade so groß, dass eine am Anker angebrachte Auslösefeder diesen gerade nicht von den Jochblechen wegziehen kann (**Bilder 12.5** und **12.6**).

Die Schwächung des magnetischen Dauerflusses durch das Wechselfeld in einer Halbwelle bewirkt nun, dass die Federkraft den Anker wegreißen kann. Die mechanische Bewegung des abfallenden Ankers wiederum wird dazu verwendet, ein mechanisches Schaltschloss zu entriegeln und die Kontakte der Fehlerstrom-Schutzeinrichtung zu öffnen. Der Wandler braucht somit nicht die Energie für das Entklinken des Schaltschlosses aufzubringen, sondern nur die Energie für die Aufhebung des Halteflusses, die dadurch sehr gering sein kann. Die erforderliche Ener-

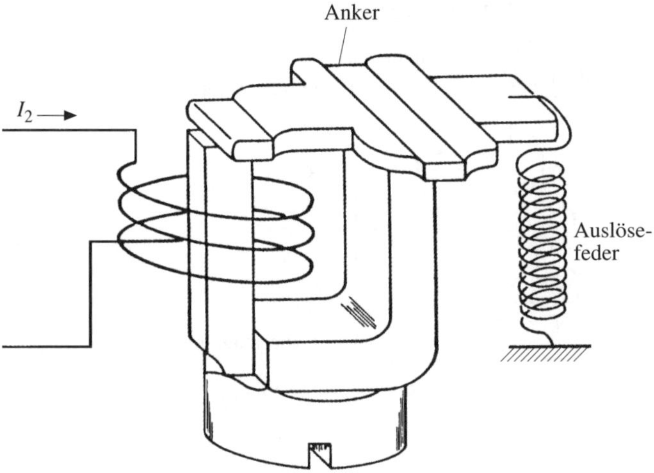

Bild 12.5 Prinzip eines Auslöserelais

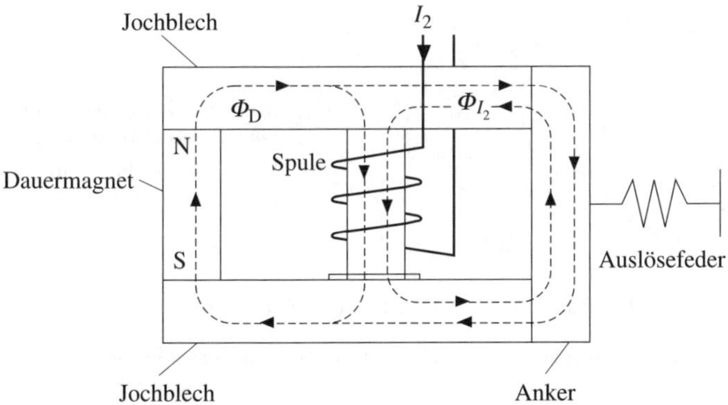

Φ_D Magnetischer Fluss durch Dauermagnet (Haltefluss)
Φ_{I_2} Magnetischer Fluss durch Sekundärstrom I_2

Bild 12.6 Prinzip eines gepolten Auslöserelais (Darstellung des magnetischen Flusses)

gie, die die Aus-Stellung der Fehlerstrom-Schutzeinrichtung bewirkt, wird dabei in der Auslösefeder im Schaltschloss durch den vorangegangenen Einschaltvorgang mechanisch gespeichert.

Wegen der Polaritätsabhängigkeit kann das gepolte Auslöserelais (in der Mehrzahl werden gepolte Relais verwendet) pulsierende Gleichfehlerströme im Sekundär-

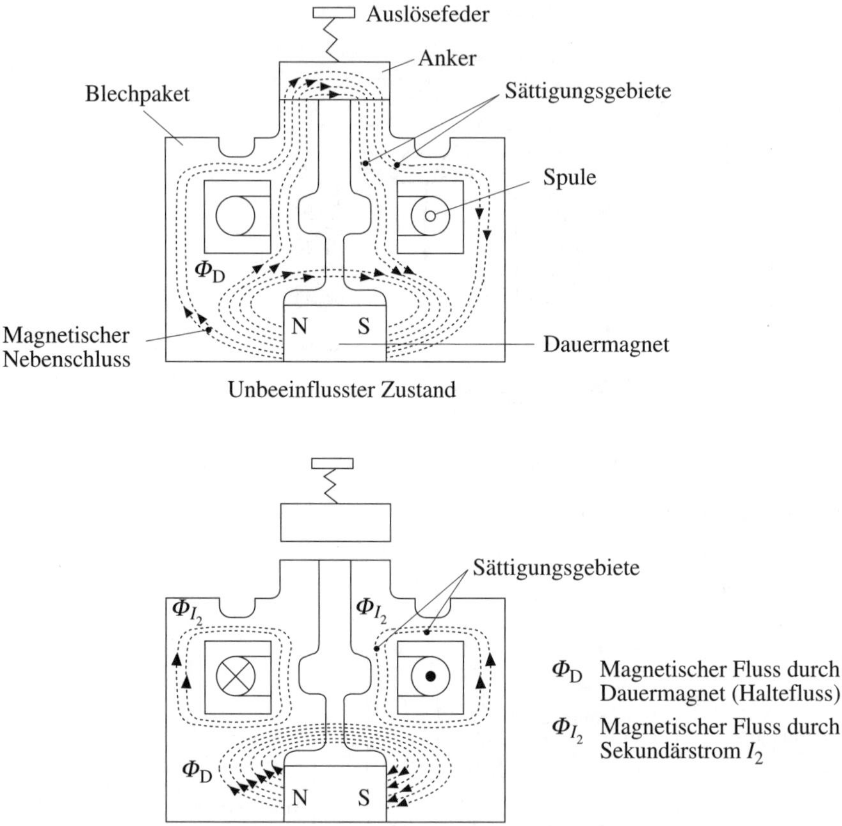

Unbeeinflusster Zustand

Zustand beeinflusst durch Sekundärstrom I_2 als Folge eines Fehlerstroms

Bild 12.7 Prinzip eines ungepolten Magnetauslösers (Darstellung des magnetischen Flusses)

kreis des Summenstromwandlers nur mit einem zusätzlichen Kondensator im Auslösekreis verarbeiten (siehe Abschnitt 12.10.2).

Ungepoltes (polaritätsunabhängiges) Auslöserelais

Ungepolte Auslöserelais arbeiten nach dem Prinzip der Flussverdrängung (**Bild 12.7**). Beim ungepolten Auslöserelais wird unabhängig von der Polarität des Fehlerstroms der Nebenfluss des Dauermagneten (Haltefluss) verdrängt. Dies funktioniert sowohl in der positiven wie in der negativen Halbwelle des Wechselstroms. Der magnetische Fluss des Dauermagneten (Haltefluss) kann den Anker magnetisch nicht mehr halten.

Die Federkraft der Auslösefeder kann nun den Anker von den Polflächen abziehen. Durch die mechanische Bewegung des abfallenden Ankers wird das mechanische Schaltschloss entriegelt und die Kontakte der Fehlerstrom-Schutzeinrichtung geöffnet.

Wegen ihrer Unabhängigkeit von der Polarität des Fehlerstroms sind ungepolte Auslöserelais für pulsierende Gleichfehlerströme besonders geeignet (siehe Abschnitt 12.10). Sie kommen aber in der Praxis relativ selten bei Fehlerstrom-Schutzeinrichtungen zur Anwendung.

12.2.3 Bemessungsdifferenzstrom und Auslösebereiche von Fehlerstrom-Schutzeinrichtungen (RCDs)

12.2.3.1 Bemessungsdifferenzstrom

Gängige Werte für den Bemessungsdifferenzstrom $I_{\Delta N}$, früher als Nennfehlerstrom $I_{\Delta n}$ bezeichnet, sind in der Praxis die Werte 10 mA, 30 mA, 100 mA, 300 mA und 500 mA. Für den Bemessungsstrom I_n sind die möglichen Werte 10 A, 13 A, 16 A, 20 A, 25 A, 32 A, 40 A, 63 A, 80 A, 100 A, 125 A vorgegeben. Bei Gebäudeinstallationen werden vorzugsweise Geräte mit einem Bemessungsstrom von 16 A, 25 A, 40 A und 63 A eingesetzt.

Nach Vorgabe der Errichtungsbestimmungen dürfen in bestimmten Anwendungsfällen nur Fehlerstrom-Schutzeinrichtungen (RCDs) mit einem in der Höhe begrenzten Bemessungsdifferenzstrom zum Einsatz gelangen. **Tabelle 12.1** führt die Errichtungsbestimmungen auf, die den Einbau von Fehlerstrom-Schutzeinrichtungen verlangen. Sie gibt auch den verlangten Bemessungsdifferenzstrom an.

VDE-Bestimmung DIN VDE ...	**Anwendungsbereich**	**Geforderte Empfindlichkeit $I_{\Delta N}$**
0100-470	Anwendung der Schutzmaßnahmen Steckdosen im Freien mit Bemessungsstrom bis 20 A Steckdosen zum gelegentlichen Anschluss von elektrischen Betriebsmitteln zum Gebrauch im Freien	≤ 30 mA
0100-482	Brandschutz bei besonderen Risiken und Gefahren	≤ 300 mA oder ≤ 30 mA
0100-559	Leuchten und Beleuchtungsanlagen Vorführstände für Leuchten	≤ 30 mA
0100-701	Räume mit Badewanne oder Dusche	≤ 30 mA
0100-702	Becken von Schwimmbädern und andere Becken	≤ 30 mA

Tabelle 12.1 Auswahl von Errichtungsbestimmungen für Installationen mit Fehlerstrom-Schutzeinrichtungen (RCDs) nach DIN VDE 0664

VDE-Bestimmung DIN VDE ...	**Anwendungsbereich**	**Geforderte Empfindlichkeit $I_{\Delta N}$**
0100-704	Baustellen Steckdosenstromkreise (Einphasenbetrieb) bis 32 A fest angeschlossene, in der Hand gehaltene Betriebsmittel	 ≤ 30 mA
0100-705	Landwirtschaftliche und gartenbauliche Anwesen allgemein, Brandschutz Steckdosenstromkreise	 ≤ 500 mA ≤ 30 mA
0100-706	Leitfähige Bereiche mit begrenzter Bewegungsfreiheit	≤ 30 mA
0100-708	Elektrische Anlagen auf Campingplätzen und in Caravans Steckdosen von Speisepunkten	 ≤ 30 mA
0100-710	Medizinisch genutzte Bereiche bestimmte Stromkreise der Gruppen 1 und 2 Brandschutz für bestimmte Stromkreise der Gruppe 2	 ≤ 30 mA ≤ 300 mA
0100-714	Beleuchtungsanlagen im Freien Betriebsmittel mit integrierter Beleuchtung (Empfehlung)	 ≤ 30 mA
0100-721	Boote und Jachten sowie ihre Stromversorgung an Liegeplätzen	≤ 30 mA
0100-722	Fliegende Bauten, Wagen und Wohnwagen nach Schaustellerart, Speisepunkte	≤ 500 mA
0100-723	Unterrichtsräume mit Experimentierständen	≤ 30 mA
0100-739	Zusätzlicher Schutz bei direktem Berühren in Wohnungen (Empfehlung)	≤ 30 mA
0118-1	Bergbauanlagen	≤ 500 mA
0544-100	Schweißeinrichtungen und Betriebsmittel für das Lichtbogenschweißen und verwandte Verfahren Bereiche erhöhter elektrischer Gefährdung	 ≤ 30 mA
0660-501	Baustromverteiler (siehe auch DIN VDE 0100-704) Steckdosenstromkreise bis 32 A	 ≤ 30 mA
0800-1	Fernmeldetechnik	frei wählbar
0832-100	Straßenverkehrs-Signalanlagen (SVA)	≤ 300 mA

Tabelle 12.1 (Fortsetzung) Auswahl von Errichtungsbestimmungen für Installationen mit Fehlerstrom-Schutzeinrichtungen (RCDs) nach DIN VDE 0664

Selbstverständlich wird man im Interesse der Sicherheit einen möglichst niedrigen Bemessungsdifferenzstrom auswählen. Fehlerstrom-Schutzeinrichtungen (RCDs) mit einem Bemessungsdifferenzstrom von 10 mA und 30 mA schalten innerhalb der vorgegebenen Auslösezeit von 300 ms ab, bevor es zum Herzkammerflimmern kommt (**Bild 12.8**).

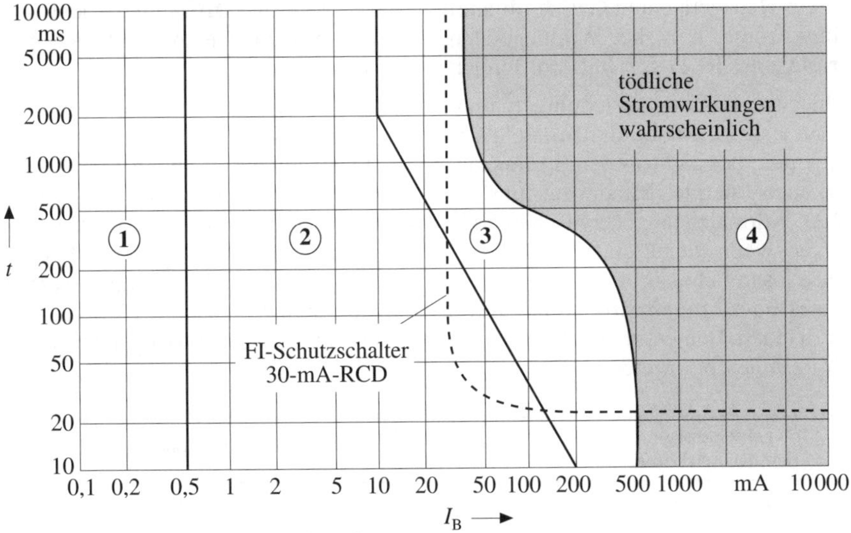

Stromweg: Linke Hand–Füße

Bereich ① Normalerweise keine Einwirkungen wahrnehmbar

Bereich ② Normalerweise keine schädigenden Einwirkungen

Bereich ③ Muskelverkrampfung; Unregelmäßigkeiten beim Herzschlag möglich

Bereich ④ Gefahr des Herzkammerflimmerns

Bild 12.8 Zeit-/Strom-Gefährdungsbereiche nach DIN V VDE V 0140-479 (IEC 479-1)

Die Bemessungsdifferenzströme 10 mA und 30 mA bieten somit einen optimalen Schutz bei Durchströmung des menschlichen Körpers im Falle einer direkten Berührung aktiver Teile.

Es darf jedoch nicht vernachlässigt werden, dass Fehlerstrom-Schutzeinrichtungen mit geringen Bemessungsdifferenzströmen auch zu Fehlauslösungen neigen können. Gegenüber älteren Generationen von Fehlerstrom-Schutzeinrichtungen hat die heutige Generation von Fehlerstrom-Schutzeinrichtungen zur Vermeidung von Fehlauslösungen, beispielsweise bei Gewitter, eine bessere Stoßstromfestigkeit (250 A). Außerdem ist bei Fehlerstrom-Schutzeinrichtungen mit geringen Bemessungsdifferenzströmen zu berücksichtigen, dass sie durch betriebsbedingte Ableitströme mitunter schon kurz vor der Auslösung stehen können. Solche Fehlauslösungen lassen sich bereits bei der Planung elektrischer Anlagen durch Aufteilung der Stromkreise und geeignete Zuordnung der Fehlerstrom-Schutzeinrichtungen (RCDs) vermeiden.

Die für Hausgeräte und Geräte für ähnliche Zwecke gültige DIN VDE 0700-1 lässt Ableitströme, z. B. bei Wärmegeräten, bis zu 5 mA zu. Die Ableitströme aller Geräte eines RCD-geschützten Bereichs addieren sich.

Fehlerstrom-Schutzeinrichtungen mit einem Bemessungsdifferenzstrom ≤ 300 mA haben auch eine hohe Bedeutung als Schutz gegen das Zünden von Bränden durch Einwirken des elektrischen Stroms, da sie vor Erreichen der für einen Brand erforderlichen Energie (Mindestleistung von $P \approx 60$ W bis 100 W) auslösen (**Tabelle 12.2**). Wärmeleistungen zwischen 60 W und 100 W können bereits brandgefährlich wirken, wenn sie auf einer Fläche von wenigen mm^2 freigesetzt werden. Üblicherweise lösen Fehlerstrom-Schutzeinrichtungen (RCDs) bereits bei $^2/_3$ oder $^3/_4$ ihres Bemessungsdifferenzstroms aus. Damit können Fehlerstrom-Schutzeinrichtungen bis zu einem Bemessungsdifferenzstrom von 300 mA auch als vorbeugender Brandschutz angesehen werden.

Fehlerstrom-Schutzeinrichtung	**maximal möglicher Dauerstrom**	**Wärmeleistung P bei U_n = 230 V**
$I_{\Delta N}$ = 0,5 A	0,5 A	115 W
$I_{\Delta N}$ = 0,3 A	0,3 A	69 W
$I_{\Delta N}$ = 100 mA	0,1 A	23 W
$I_{\Delta N}$ = 30 mA	0,03 A	6,9 W
$I_{\Delta N}$ = 10 mA	0,01 A	2,3 W
Erforderliche Mindestleistung für einen Brand $P \approx 60$ W bis 100 W		

Tabelle 12.2 Brandschutz mit Fehlerstrom-Schutzeinrichtungen

Selektive Fehlerstrom-Schutzeinrichtungen (Typ S, Zeichen [S]) bieten weitere Vorteile. Sie werden üblicherweise mit einem Bemessungsdifferenzstrom von 100 mA, 300 mA, 500 mA und 1 A gefertigt. Mit ihnen erreicht man eine optimale Verfügbarkeit, der Schutz gegen ungewolltes Auslösen ist deutlich minimiert. Sie wird erreicht durch eine zeitlich verzögerte Auslösung, um Selektivität zu nachgeschal-

Fehlerstrom-Schutzeinrichtung	
selektiv, zeitverzögert [S]	**herkömmlich, nicht zeitverzögert**
$I_{\Delta N}$ = 0,1 A; I_N = 63 A	$I_{\Delta N}$ = 10 mA; I_n = 16 A
	$I_{\Delta N}$ = 30 mA; i_n = 25 A, 40 A und 63 A
$I_{\Delta N}$ = 0,3 A; I_N = 63 A	$I_{\Delta N}$ = 10 mA; I_n = 16 A
	$I_{\Delta N}$ = 30 mA; I_n = 25 A, 40 A und 63 A

Tabelle 12.3 Mögliche Staffelung von Fehlerstrom-Schutzeinrichtungen für selektives Verhalten

teten herkömmlichen Fehlerstrom-Schutzeinrichtungen höherer Empfindlichkeit zu erreichen. Die mögliche Staffelung von selektiven Fehlerstrom-Schutzeinrichtungen mit herkömmlichen Fehlerstrom-Schutzeinrichtungen zeigt **Tabelle 12.3**.

Darüber hinaus haben sie eine erhöhte Stoßstromfestigkeit von mindestens 3000 A. Herkömmliche Fehlerstrom-Schutzeinrichtungen besitzen nur eine Stoßstromfestigkeit von 250 A. Am Markt werden selektive Fehlerstrom-Schutzeinrichtungen mit einer Stoßstromfestigkeit von 5000 A angeboten (siehe auch Abschnitt 12.5.7).

12.2.3.2 Auslösebereiche

Wird bei Wechselfehlerströmen die Höhe des Bemessungsdifferenzstroms $I_{\Delta N}$ überschritten, so muss die Fehlerstrom-Schutzeinrichtung innerhalb einer in den Baubestimmungen für die Fehlerstrom-Schutzeinrichtungen festgelegten Zeit (siehe Abschnitt 12.5.4.4) auslösen.

Allerdings haben die Fehlerstrom-Schutzeinrichtungen hinsichtlich ihrer Auslösung einen Toleranzbereich zwischen 50 % und 100 % des Bemessungsdifferenzstroms. Eine Fehlerstrom-Schutzeinrichtung darf also bei Wechselfehlerströmen bis zum 0,5fachen ihres Bemessungsdifferenzstroms nicht auslösen.

Üblicherweise legen sich die Hersteller von Fehlerstrom-Schutzeinrichtungen bei der Fertigung etwa in die Mitte der zulässigen Bandbreite des Auslösestroms (etwa

Typ	I_n	$I_{\Delta N}$	**Normwerte der Abschaltzeit (s) und der Nichtauslösezeit (s) bei einem Fehlerstrom (I_Δ):**				
	A	**A**	$I_{\Delta N}$	$2\,I_{\Delta N}$	$5\,I_{\Delta N}$	**500 A**	
allgemein	jeder Wert	jeder Wert	0,3	0,15	0,04	0,04	höchstzulässige Abschaltzeit
S	≥ 25	> 0,030	0,5	0,2	0,15	0,15	höchstzulässige Abschaltzeit
			0,13	0,06	0,05	0,04	kürzeste Nichtauslösezeit

Auslösebereiche bei pulsierendem Gleichfehlerstrom:		
Winkel α	**Auslösestrom A**	
	untere Grenze	**obere Grenze**
0° 90° 135°	$0{,}35\,I_{\Delta N}$ $0{,}25\,I_{\Delta N}$ $0{,}11\,I_{\Delta N}$	$1{,}4\,I_{\Delta N}$ (bzw. $2\,I_{\Delta N}$)

Tabelle 12.4 Normwerte der Abschaltzeit und der Nichtauslösezeit bei Fehlerstrom-Schutzeinrichtungen (RCDs) des Typs A

0,75 · $I_{\Delta N}$). Der einmal vom Hersteller vorgegebene Auslösestrom I_{Δ} einer Fehlerstrom-Schutzeinrichtung verändert sich erfahrungsgemäß in der Praxis im Normalfall nicht mehr bzw. nur unwesentlich.

Nach den Baubestimmungen VDE 0664 für Fehlerstrom-Schutzeinrichtungen (RCDs) müssen diese bei Erreichen des Bemessungsdifferenzstroms innerhalb von 0,3 s (bzw. 0,5 s bei selektiven Fehlerstrom-Schutzeinrichtungen) abschalten (**Tabelle 12.4**), bei einem Wechselfehlerstrom von 5 · $I_{\Delta N}$ sogar schon innerhalb von 40 ms (bzw. 0,15 s bei selektiven Fehlerstrom-Schutzeinrichtungen). Bei pulsierenden Gleichfehlerströmen hängt die Nichtauslösung vom Phasenanschnittswinkel ab. Nach DIN VDE 0664 dürfen Fehlerstrom-Schutzeinrichtungen in Abhängigkeit vom Phasenanschnittswinkel α bis 0,11 (0,25; 0,35) $I_{\Delta N}$ nicht auslösen. Für die Abschaltung gelten die gleichen Abschaltzeiten wie in Tabelle 12.4, beim Bemessungsdifferenzstrom $I_{\Delta N}$ (2 $I_{\Delta N}$, 5 $I_{\Delta N}$) für die Auslösung ist jedoch der 1,4fache Wert (bzw. 2fache Wert bei $I_{\Delta N} \leq 10$ mA) einzusetzen.

12.2.4 Begrenzung des Fehlerstroms

Eine Begrenzung des Fehlerstroms im Fehlerfall erfolgt nur zeitlich, nicht aber in der Höhe des Fehlerstroms. Irrtümlich wird in der Praxis immer wieder angenommen, die Begrenzung des Fehlerstroms würde in seiner Höhe vorgenommen. **Dies ist falsch!**

Die Höhe des Fehlerstroms richtet sich ausschließlich nach dem Schleifenwiderstand. Er kann sich u. a. aus dem Widerstand des Menschen und dem Standortwiderstand zusammensetzen.

Fehlerstrom-Schutzeinrichtungen arbeiten also nicht fehlerstrombegrenzend, sondern zeitbegrenzend. Die Empfindlichkeit, also der Bemessungsdifferenzstrom $I_{\Delta N}$ der Fehlerstrom-Schutzeinrichtung, hat keinen Einfluss auf die Begrenzung des Fehlerstroms. Bis zur Auslösung fließt der volle Fehlerstrom.

Beispiel:

Ein Mensch berührt einen Außenleiter im 230/400-V-Netz und steht dabei barfuß auf einem gut leitenden Fußboden. Es muss demnach mit einem Strom I_F von

$$\frac{230\ \text{V}}{1\ \text{k}\Omega} = 230\ \text{mA}$$

gerechnet werden.

Nach den Baubestimmungen DIN VDE 0664 für Fehlerstrom-Schutzeinrichtungen (RCDs) müssen diese bei Erreichen des Bemessungsdifferenzstroms innerhalb von 0,3 s abschalten. Eine Fehlerstrom-Schutzeinrichtung mit einem Bemessungsdifferenzstrom $I_{\Delta N} \leq 300$ mA würde somit wahrscheinlich noch, eine Fehlerstrom-Schutzeinrichtung mit einem Bemessungsdifferenzstrom $I_{\Delta N} \leq 30$ mA aber wird sicher innerhalb der nach DIN VDE 0100-410 zulässigen Abschaltzeit auslösen. Bis zur Auslösung der Fehlerstrom-Schutzeinrichtung fließt jedoch der Fehlerstrom von 230 mA über den Menschen. Nach den Baubestimmungen DIN VDE 0664 muss bei einem Wechselfehlerstrom von $5 \cdot I_{\Delta N}$ die Fehlerstrom-Schutzeinrichtung sogar schon innerhalb von 40 ms (bzw. 0,15 s bei selektiven Fehlerstrom-Schutzeinrichtungen) auslösen (s. Tabelle 12.4). Die Fehlerstrom-Schutzeinrichtung mit einem Bemessungsdifferenzstrom $I_{\Delta N}$ = 30 mA wird somit innerhalb von 40 ms auslösen, da der Fehlerstrom I_F = 230 mA größer ist als $5 \cdot I_{\Delta N} = 5 \cdot 30$ mA = 150 mA. Bis zur Auslösung nach maximal 40 ms bleibt der Fehlerstrom I_F in Höhe von 230 mA bestehen. Die Fehlerstrom-Schutzeinrichtung mit einem Bemessungsdifferenzstrom $I_{\Delta N}$ = 300 mA dagegen kann nicht so schnell auslösen, da der Fehlerstrom I_F = 230 mA das Kriterium $5 \cdot I_{\Delta N} = 5 \cdot 300$ mA = 1,5 A nicht erreicht. Bis zur wahrscheinlichen Auslösung innerhalb von 0,3 s bleibt der Fehlerstrom I_F in Höhe von 230 mA bestehen.

Aussagen zu Auslösezeiten siehe Abschnitt 12.5.4.4.

12.3 Einsatz von Fehlerstrom-Schutzeinrichtungen (RCDs) in TN-, TT- und IT-Systemen

Fehlerstrom-Schutzeinrichtungen können als Schutzeinrichtung für die automatische Abschaltung sowohl im TN-System (**Bild 12.9**) als auch im TT-System (**Bild 12.10**) und IT-System eingesetzt werden.

Bei Anwendung der Fehlerstrom-Schutzeinrichtung für die automatische Abschaltung im TT-System spricht man heute nach DIN VDE 0100-410 von einer „Schutzmaßnahme im TT-System mit Fehlerstrom-Schutzeinrichtung“. Früher nannte man

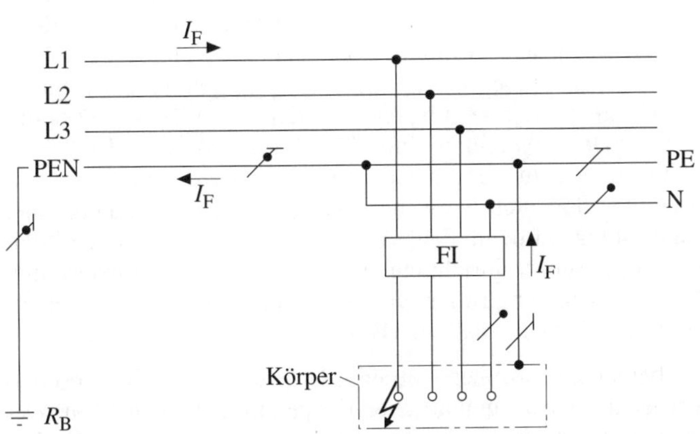

Bild 12.9 Schutzmaßnahme in einem TN-C-S-System mit Fehlerstrom-Schutzeinrichtung (RCD)

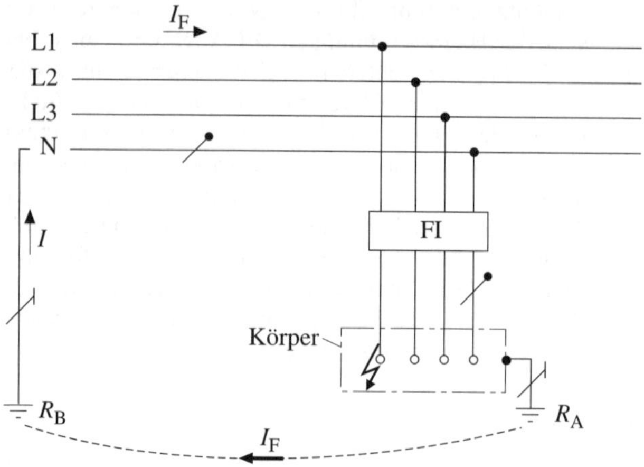

Bild 12.10 Schutzmaßnahme in einem TT-System mit Fehlerstrom-Schutzeinrichtung (RCD)

diese Schutzmaßnahme zum Schutz bei indirektem Berühren „Fehlerstrom(FI)-Schutzschaltung“.

Beim Einsatz der Fehlerstrom-Schutzeinrichtung für die automatische Abschaltung im TN-System spricht man heute nach DIN VDE 0100-410 von einer „Schutzmaßnahme im TN-System mit Fehlerstrom-Schutzeinrichtung“. Früher gab es diese Schutzmaßnahme zum Schutz bei indirektem Berühren offiziell nicht.

Der Anschluss der Körper an den Schutzleiter des TN-Systems ist vor der Fehlerstrom-Schutzeinrichtung vorzunehmen (siehe Bild 12.9). Beim Einsatz von Fehlerstrom-Schutzeinrichtungen im TN-System darf der im Verteilungsnetz mitgeführte Schutz- bzw. PEN-Leiter als Erder verwendet werden. Früher nannte man diese Schutzmaßnahme inoffiziell „Schnelle Nullung“ oder auch „FI-Nullung“. Die Fehlerstrom-Schutzeinrichtung darf jedoch nur in Bereichen mit getrenntem Neutral- und Schutzleiter (TN-S-System) eingesetzt werden. In dem Teil eines TN-Systems, in dem Neutral- und Schutzleiter vereinigt sind (TN-C-System) muss der Schutz durch **Überstrom**-Schutzeinrichtungen sichergestellt werden; **Fehlerstrom**-Schutzeinrichtungen können dort nicht verwendet werden. Bei Verwendung einer Fehlerstrom-Schutzeinrichtung würde im Fehlerfall der Fehlerstrom über den PEN-Leiter hinter der Fehlerstrom-Schutzeinrichtung und über den Summenstromwandler zurückfließen. Das Summenstromprinzip wäre somit nicht gestört. Die Fehlerstrom-Schutzeinrichtung würde nicht auslösen (**Bild 12.11**).

Bei IT-Systemen muss bei einem einzelnen Körper- oder Erdschluss keine Abschaltung erfolgen, da hierbei noch kein gefährlicher Körperstrom fließen kann. Der Betrieb muss daher nicht unterbrochen werden und es können aufgrund der Fehlermeldung über die Isolationsüberwachungseinrichtung Maßnahmen ergriffen wer-

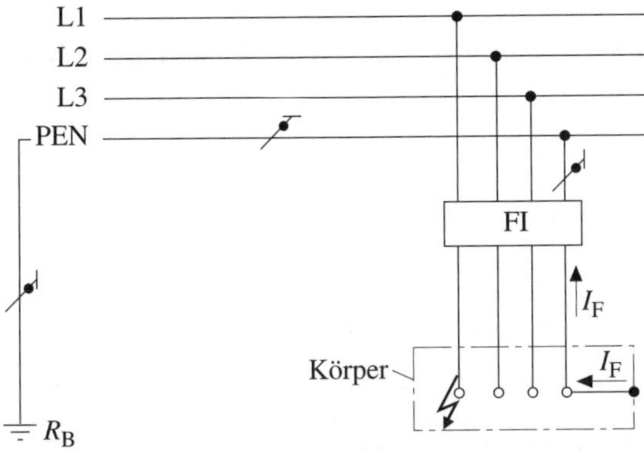

Bild 12.11 Unzulässige Schutzmaßnahme in einem TN-C-System mit Fehlerstrom-Schutzeinrichtung (RCD); Fehlerstrom-Schutzeinrichtung löst nicht aus

den, bevor ein zweiter Fehler auftritt. Im Doppelfehlerfall muss jedoch eine Abschaltung erfolgen. Wenn die Körper im IT-System untereinander über einen Schutzleiter verbunden und gemeinsam geerdet sind, sind dabei die Bedingungen des TN-Systems zu erfüllen und die Abschaltung kann über Überstrom-Schutzeinrichtungen oder Fehlerstrom-Schutzeinrichtungen (RCDs) erfolgen. Dies ist der in Deutschland übliche Aufbau. Wenn die Körper innerhalb des IT-Systems einzeln oder in Gruppen geerdet sind, müssen die Abschaltbedingungen des TT-Systems erfüllt werden (siehe auch DIN VDE 0100-410:1997-01, Abschnitt 413.1.1.5, und VDE-Schriftenreihe Band 9 hierzu).

12.4 Bedingungen für den Einsatz von Fehlerstrom-Schutzeinrichtungen (RCDs)

12.4.1 Fehlerstrom-Schutzeinrichtungen (RCDs) im TT- System

12.4.1.1 Zu erfüllende Bedingung

Im TT-System muss folgende Bedingung erfüllt sein:

$$R_A \cdot I_a \leq U_L$$

Bei Verwenden einer Fehlerstrom-Schutzeinrichtung ist I_a der Bemessungsdifferenzstrom $I_{\Delta N}$. Die einzuhaltende Bedingung lautet dann:

$$R_A \cdot I_{\Delta N} \leq U_L$$

Darin bedeuten:

I_a Strom, der das automatische Abschalten der Schutzeinrichtung innerhalb 5 s bewirkt

$I_{\Delta N}$ Bemessungsdifferenzstrom der Fehlerstrom-Schutzeinrichtung

R_A Erdungswiderstand der Erder am Körper

U_L vereinbarte Grenze der dauernd zulässigen Berührungsspannung

Für das TT-System ergeben sich zur Erfüllung der Abschaltbedingung $R_A \cdot I_{\Delta N} \leq U_L$ in Abhängigkeit vom Bemessungsdifferenzstrom $I_{\Delta N}$ der Fehlerstrom-Schutzeinrichtung die maximal zulässigen Erdungswiderstände R_A nach **Tabelle 12.5**.

Die Widerstandswerte von R_A beinhalten auch die Widerstände von Schutzleitern und Klemmstellen, es sind also die an Körpern von Betriebsmitteln zulässigen Werte. Solange der Fehlerstrom I_F kleiner als der Nennfehlerstrom $I_{\Delta N}$ ist und der maximal zulässige Erdungswiderstand R_A eingehalten ist, kann am Erder keine gefährliche Berührungsspannung U_B entstehen.

Das Erfüllen der Bedingung $R_A \cdot I_{\Delta N} \leq U_L$ ist durch Prüfungen nachzuweisen (siehe Abschnitt 12.5.4). Hierbei sollte berücksichtigt werden, dass die gemessenen Werte Augenblickswerte sind, die sich mit der Bodenbeschaffenheit (z. B. trocken statt feucht) stark ändern können. Gegenüber den theoretischen Werten der Tabelle 12.5 ist also ein entsprechender Sicherheitszuschlag erforderlich.

		Bemessungsdifferenzstrom $I_{\Delta N}$ in mA				
		10	**30**	**100**	**300**	**500**
Maximal zulässiger Erdungswiderstand, gemessen an Körpern von Betriebsmitteln	R_A bei U_L = 50 V in Ω U_L = 25 V in Ω	5000 2500	1666 833	500 250	166 83	100 50
Diese Tabelle enthält theoretische Werte. Aufgrund der möglichen Schwankungen beim Erdungswiderstand sollten deutlich niedrigere Widerstandswerte gemessen werden als in dieser Tabelle angegeben. Die Schwankungen zwischen trockenem und feuchtem Erdreich können den fünffachen Wert ausmachen.						

Tabelle 12.5 Bemessungsdifferenzstrom $I_{\Delta N}$ von Fehlerstrom-Schutzeinrichtungen (RCDs) nach DIN EN 61008 und DIN EN 61009 (VDE 0664 Teil 10 und Teil 20) und maximal zulässiger Erdungswiderstand R_A gemessen an den Körpern von Betriebsmitteln (entspricht Tabelle NA.3 aus DIN VDE 0100-610)

12.4.1.2 Mehrere Fehlerstrom-Schutzeinrichtungen (RCDs) an einem Erder

Theoretisch addieren sich bei einem Fehler, der gleichzeitig auf mehrere durch Fehlerstrom-Schutzeinrichtungen geschützte Anlagenteile einwirkt, die Fehlerströme und rufen somit dann eine unzulässig hohe Berührungsspannung U_B über einem gemeinsamen Erder hervor.

Nach DIN VDE 0100-722:1984-05 gibt es für fliegende Bauten, Wagen und Wohnwagen nach Schaustellerart die Vorgabe, dass – sofern mehrere Fehlerstrom-Schutzeinrichtungen den gleichen Erder benutzen – der zulässige Erdungswiderstand dieses Erders maximal 30 Ω betragen darf. Der Wert gilt unabhängig von den jeweiligen Bemessungsdifferenzströmen $I_{\Delta N}$ der einzelnen Fehlerstrom-Schutzeinrichtungen. Diese Vorgabe ist in DIN VDE 0100-722 wegen des größeren Gefährdungspotentials bei fliegenden Bauten, Wagen und Wohnwagen nach Schaustellerart gemacht worden. Sie hat allgemein aber keine Gültigkeit.

Die Gleichzeitigkeit mehrerer Körperschlüsse braucht bei Anlagen, deren Fehlerstrom-Schutzeinrichtungen alle an einem Erder angeschlossen sind, genauso wenig angenommen zu werden wie bei der Bemessung von Schutzleitern nach DIN VDE 0100-540. Im Falle des Anschlusses mehrerer Fehlerstrom-Schutzeinrichtungen an einen Erder ist der Erdungswiderstand allein nach dem größten Bemessungsdifferenzstrom $I_{\Delta N}$ der angeschlossenen Fehlerstrom-Schutzeinrichtungen zu bemessen.

12.4.2 Fehlerstrom-Schutzeinrichtungen (RCDs) im TN- System

Im TN-System muss folgende Bedingung erfüllt sein:

$$Z_S \cdot I_a \leq U_0$$

Beim Einsatz einer Fehlerstrom-Schutzeinrichtung ist I_a der Bemessungsdifferenzstrom $I_{\Delta N}$. Die einzuhaltende Bedingung lautet dann:

$$Z_S \cdot I_{\Delta N} \leq U_0$$

Darin bedeuten:

- I_a Strom, der das automatische Abschalten der Schutzeinrichtung innerhalb von 0,4 s bzw. 5 s bewirkt
- $I_{\Delta N}$ Bemessungsdifferenzstrom der Fehlerstrom-Schutzeinrichtung
- U_0 Nennspannung gegen geerdeten Leiter
- Z_S Impedanz der Fehlerschleife

Die Abschaltbedingung $Z_S \cdot I_{\Delta N} \leq U_0$ im TN-System mit einer Fehlerstrom-Schutzeinrichtung zu erfüllen ist problemlos möglich. Selbst bei dem größten im Normalfall üblichen Bemessungsdifferenzstrom $I_{\Delta N}$ = 0,5 A wird die Bedingung immer erfüllt sein. Theoretisch dürfte die Impedanz der Fehlerschleife Werte bis zu 460 Ω annehmen. Auch der maximal zulässige Wert von Z_S = 230 Ω für die in Sonderfällen zur Anwendung kommende Fehlerstrom-Schutzeinrichtung mit einem Bemessungsdifferenzstrom von $I_{\Delta N}$ = 1 A zeigt, dass die Einhaltung dieser Bedingung absolut kein Problem darstellt.

Deshalb ist auch das Messen der Schleifenimpedanz bei Anwendung einer Fehlerstrom-Schutzeinrichtung für den Schutz bei indirektem Berühren im TN-System nicht erforderlich. Bei dem Versuch, die Schleifenimpedanz zu messen, wird meist die Fehlerstrom-Schutzeinrichtung auslösen. Durch Erzeugen eines Fehlerstroms hinter der Fehlerstrom-Schutzeinrichtung ist nachzuweisen, dass die Fehlerstrom-Schutzeinrichtung mindestens bei Erreichen ihres Bemessungsdifferenzstroms $I_{\Delta N}$ auslöst ($I_{\Delta} \leq I_{\Delta N}$).

Siehe hierzu Abschnitt 12.5.4.

Achtung:

Die Berührungsspannung U_B ist bei Fehlerstrom-Schutzeinrichtungen im TN-System wegen der Niederohmigkeit der Fehlerschleife sehr niedrig. Eine Anzeige am Messgerät ist daher im Allgemeinen nicht möglich und die Bedingung $U_B \leq U_L$ immer erfüllt (siehe Abschnitt 12.5.4.2).

12.5 Durchführung der Prüfung im TN-, TT- und IT-System

12.5.1 Allgemeines

Eine von einem großen EVU vor mehreren Jahren durchgeführte Untersuchung der Betriebssicherheit von Fehlerstrom-Schutzeinrichtungen bei Schutzmaßnahmen im TT-System hat gezeigt, wie wichtig eine genaue Prüfung der Schutzmaßnahmen mit Fehlerstrom-Schutzeinrichtungen ist. Von insgesamt 7292 geprüften elektrischen Anlagen (100 %) war nämlich in 6685 Anlagen (91,68 %) die Schutzmaßnahme im TT-System mit Fehlerstrom-Schutzeinrichtung in Ordnung und in 607 Anlagen (8,32 %) nicht einwandfrei. Die aufschlussreiche Aufteilung der nicht wirksamen Schutzmaßnahmen im TT-System mit Fehlerstrom-Schutzeinrichtungen zeigt **Tabelle 12.6**.

	Anzahl	%
insgesamt geprüfte elektrische Anlagen mit Schutzmaßnahme im TT-System mit Fehlerstrom-Schutzeinrichtung	7292	100
Schutzmaßnahme im TT-System mit Fehlerstrom-Schutzeinrichtung in Ordnung	6685	91,68
Schutzmaßnahme im TT-System mit Fehlerstrom-Schutzeinrichtung nicht in Ordnung	607	8,32
Fehlerstrom-Schutzeinrichtung defekt	246	3,37
Anlage defekt	418	5,73

Tabelle 12.6 Wirksamkeit der Schutzmaßnahme im TT-System mit Fehlerstrom-Schutzeinrichtung und Aufteilung der nicht wirksamen Schutzmaßnahmen im TT-System mit Fehlerstrom-Schutzeinrichtungen

Interessant ist auch die Aufteilung der Defekte an Fehlerstrom-Schutzeinrichtungen (**Tabelle 12.7**). Sie zeigt, dass es von großem Vorteil ist, wenn das zur Prüfung her-

	Anzahl	%[1]	%[2]
Fehlerstrom-Schutzeinrichtung defekt	246	3,37	100
Fehlerstrom I_F zu hoch	91	1,25	37,0
Keine Auslösung bei Betätigung der Prüftaste „T“	155	2,13	63,0

[1]) Bezogen auf Gesamtzahl aller geprüften Anlagen im TT-System mit Fehlerstrom-Schutzeinrichtungen
[2]) Bezogen auf Gesamtzahl der defekten Fehlerstrom-Schutzeinrichtungen

Tabelle 12.7 Aufteilung der Defekte an Fehlerstrom-Schutzeinrichtungen

angezogene Messgerät auch den Fehlerstrom messen kann (siehe Abschnitte 12.5.4 und 12.7). In **Tabelle 12.8** ist die Aufteilung der Fehler in der elektrischen Anlage dargestellt, wie sie in der Untersuchung vorgefunden wurden.

	Anzahl	%[1]	%[2]
Anlage defekt (Nichtwirksamkeit der Schutzmaßnahme im TT-System mit Fehlerstrom-Schutzeinrichtung in der elektrischen Anlage)	418	5,73	100
zu hoher Erdungswiderstand R_A	219	3,0	52,39
Verbindung zwischen Schutzleiter PE und Neutralleiter N	169	2,32	40,43
Ursache der Nichtwirksamkeit der Schutzmaßnahme im TT-System mit Fehlerstrom-Schutzeinrichtung durch Fehler in der Anlage ohne größeren Aufwand nicht feststellbar	30	0,41	7,18

[1]) Bezogen auf Gesamtzahl aller geprüften Anlagen im TT-System mit Fehlerstrom-Schutzeinrichtungen
[2]) Bezogen auf Gesamtzahl der defekten elektrischen Anlagen

Tabelle 12.8 Aufteilung der Fehler in der elektrischen Anlage

Die große Zahl von 418 Anlagen (5,73 %), in denen die Nichtwirksamkeit der Schutzmaßnahme im TT-System mit Fehlerstrom-Schutzeinrichtung durch Fehler in der Anlage bedingt war, beweist, dass in starkem Maße bei der Überprüfung der Wirksamkeit der Schutzmaßnahme im TT-System mit Fehlerstrom-Schutzeinrichtung zu hohe Erdungswiderstände R_A (3 %) und Verbindungen zwischen Schutzleiter PE und Neutralleiter N (2,32 %) vorkommen (siehe Abschnitte 12.5.4 und 12.7). Anzumerken ist, dass durch die Einbringung von Fundamenterdern, die einen sehr günstigen Erdungswiderstand erreichen, heute in Neubauten ein zu hoher Erdungswiderstand nicht als Mangel auftreten wird.

Auch später von anderen Institutionen durchgeführte Untersuchungen zeigten, dass ein Teil der installierten Fehlerstrom-Schutzeinrichtungen ihre Schutzfunktion nicht mehr erfüllten. Insgesamt zeigten die Untersuchungen deutlich, dass eine gewissenhafte Prüfung der Schutzmaßnahme im TT-System mit Fehlerstrom-Schutzeinrichtung unerlässlich ist.

12.5.2 Besichtigen

Das vor dem Erproben und Messen bei üblicherweise vollständig spannungsloser Anlage durchzuführende Besichtigen erstreckt sich hinsichtlich der verwendeten Fehlerstrom-Schutzeinrichtungen darauf, dass eine leichte Zugänglichkeit zur Bedienung und Wartung gemäß DIN VDE 0100-510, DIN VDE 0100-729 und DIN VDE 0660-514 gegeben sein muss. Außerdem ist zu prüfen, ob die Fehlerstrom-Schutzeinrichtungen in der nach den Errichtungsbestimmungen getroffenen Auswahl vorhanden sind, z. B. der Bemessungsdifferenzstrom und das Zeitverhalten richtig ausgewählt wurden. Bei der Anwendung von Fehlerstrom-Schutzeinrichtungen in IT-Systemen ist darüber hinaus zu prüfen, ob die Körper der Verbrauchsmittel einzeln oder gemeinsam geerdet sind und damit im Fehlerfall die Bedingungen des TN- oder des TT- Systems einzuhalten sind.

12.5.3 Erproben

Das Erproben der Abschaltung durch Fehlerstrom-Schutzeinrichtungen (RCDs) erfolgt durch Betätigen der Prüftaste der Fehlerstrom-Schutzeinrichtung.

Alle Fehlerstrom- Schutzeinrichtungen verfügen über eine solche Prüfeinrichtung. Beim Drücken der Prüftaste T wird über einen Prüfwiderstand ein Strom am Summenstromwandler vorbeigeführt und somit ein Fehlerstrom I_F simuliert. Das dadurch erzielte magnetische Wandlerungleichgewicht führt zur gewollten Auslösung.

Hierdurch wird geprüft, ob die Fehlerstrom-Schutzeinrichtung elektromechanisch arbeitet. Eine Kontrolle der richtigen Funktion der gesamten angewendeten Schutzmaßnahmen (TT- oder TN-System) ist damit nicht möglich. Das so herbeigeführte Abschalten beweist lediglich, dass die Fehlerstrom-Schutzeinrichtung elektromechanisch funktioniert. Die Prüftastenbetätigung gibt keinen Aufschluss über die Beschaffenheit des Erders und des Erdungsleiters.

Das Betätigen der Prüftaste gibt auch keinen Aufschluss darüber, ob die Fehlerstrom-Schutzeinrichtung spätestens bei Erreichen ihres Bemessungsdifferenzstroms $I_{\Delta N}$ abschaltet, da beim Drücken der Prüftaste simulierte Ströme bis zu $2{,}5 \cdot I_{\Delta N}$ fließen. Der Prüfwiderstand ist nur für kurzzeitige Belastung ausgelegt.

Eine besondere Bedeutung kommt dem Betätigen der Prüftaste im laufenden Betrieb der Anlage zu. So fordert die BGV A2 (früher VBG 4) ein Auslösen der Fehlerstrom-Schutzeinrichtungen durch Betätigen der Prüftaste mindestens alle 6 Monate, manche Hersteller geben sogar einen monatlichen Prüfzyklus vor. Hauptgrund für diese regelmäßige Auslösung ist neben dem Nachweis der sicheren Funktion, dass durch das Betätigen einem Verkleben der Kontakte und damit einem Versagen der Auslösung im Anforderungsfall vorgebeugt wird.

Die Prüftaste ist bei der heutigen Generation der Fehlerstrom-Schutzeinrichtungen so konzipiert, dass auch bei längerem Drücken die Belastung nur kurzzeitig erfolgt. Bei älteren Fehlerstrom-Schutzeinrichtungen gab es diese Art der technischen Lösung nicht, der Prüfwiderstand konnte bei Geräten älterer Generationen bei längerem Drücken der Prüftaste „durchbrennen".

Nach den Baubestimmungen VDE 0664 Teile 10 und 20 für Fehlerstrom-Schutzeinrichtungen (RCDs) muss die Prüfeinrichtung bei 0,85facher und 1,1facher Bemessungsspannung noch wirksam sein.

12.5.4 Messen

12.5.4.1 Allgemeines

Für das Messen bei TN-Systemen mit Fehlerstrom-Schutzeinrichtungen gilt der Abschnitt 612.6.1a von DIN VDE 0100-610. Hiernach ist die Wirksamkeit der Schutzmaßnahme durch Erzeugen eines Differenzstroms von maximal $I_{\Delta N}$ mit geeigneten Messgeräten (d. h. solchen nach DIN EN 61557-6 bzw. VDE 0413 Teil 6) zu prüfen. Bei Abschaltung durch Fehlerstrom-Schutzeinrichtung im TN-System ist die Feststellung, ob der für die jeweilige Abschaltzeit erforderliche Abschaltstrom fließen kann (durch Messen der Schleifenimpedanz oder Rechnung oder Nachbildung des Netzes am Netzmodell), nicht erforderlich.

Für das Messen bei TT-Systemen mit Fehlerstrom-Schutzeinrichtungen gilt der Abschnitt 612.6.1b von DIN VDE 0100-610. Von besonderer Bedeutung ist hier die Messung des Widerstands R_A des Erders für die Körper der elektrischen Betriebsmittel in der Anlage bzw. die damit zusammenhängende Höhe der Berührungsspannung.

Für das Messen bei IT-Systemen mit Fehlerstrom-Schutzeinrichtungen erfolgt in 612.6.1c ein Verweis auf die Messungen im TN- bzw. TT-System, je nachdem, ob im Fehlerfall ähnliche Bedingungen wie im TN- bzw. TT-System auftreten. Dies ist nach DIN VDE 0100-410, Abschnitt 413.1.5.5, davon abhängig, ob die Körper der angeschlossenen Verbrauchsmittel einzeln oder gemeinsam (bzw. in Gruppen gemeinsam) geerdet sind.

12.5.4.2 Auslösung und Berührungsspannung

Hinter der Fehlerstrom-Schutzeinrichtung ist ein Fehlerstrom I_F zu erzeugen. Mit dem simulierten Fehlerstrom I_F sind folgende **zwei** Nachweise zu erbringen:

1. Nachweis:

Die Fehlerstrom-Schutzeinrichtung muss mindestens bei Erreichen ihres Bemessungsdifferenzstroms $I_{\Delta N}$ auslösen ($I_\Delta \leq I_{\Delta N}$).

2. Nachweis:

Die für die Anlage vereinbarte Grenze der dauernd zulässigen Berührungsspannung U_L (50 V bzw. 25 V) darf beim Bemessungsdifferenzstrom $I_{\Delta N}$ nicht überschritten werden ($U_B \leq U_L$).

Wurde die Wirksamkeit der Schutzmaßnahme hinter der Fehlerstrom-Schutzeinrichtung an einer Stelle nachgewiesen, so genügt es den Nachweis zu erbringen, dass alle anderen durch diese Fehlerstrom-Schutzeinrichtung zu schützenden Anlageteile über den Schutzleiter mit dieser Messstelle zuverlässig verbunden sind. Dieser Nachweis kann z. B. durch Messen der Berührungsspannung U_B an allen anderen Anlageteilen erbracht werden, die durch die Fehlerstrom-Schutzeinrichtung geschützt sind. Hierzu eignen sich besonders die Messgeräte, die die auf den Bemessungsdifferenzstrom $I_{\Delta N}$ bezogene Berührungsspannung U_B anzeigen, ohne dass die Fehlerstrom-Schutzeinrichtung auslöst (fester Prüfstrom $< 0{,}5 \cdot I_{\Delta N}$). Eine andere Möglichkeit des Nachweises ist die Durchführung der Prüfung der Durchgängigkeit der Schutzleiter (siehe Abschnitt 9).

Über die Durchführung der für die zwei Nachweise

$I_\Delta \leq I_{\Delta N}$ und $U_B \leq U_L$

erforderlichen Prüfungen bestehen mitunter kontroverse Meinungen in der Öffentlichkeit, wenngleich die Fakten eigentlich unmissverständlich sind.

1. Nachweis $I_\Delta \leq I_{\Delta N}$

Der Nachweis, dass die Fehlerstrom-Schutzeinrichtung mindestens bei Erreichen ihres Bemessungsdifferenzstroms $I_{\Delta N}$ auslöst, kann auf zweierlei Art und Weise erbracht werden:

Methode 1 mit ansteigendem Prüfstrom:

Der Auslösestrom I_Δ der Fehlerstrom-Schutzeinrichtung wird durch Erzeugen eines simulierten Fehlerstroms I_F (ansteigender Prüfstrom) hinter der Fehlerstrom-Schutzeinrichtung durch Messen ermittelt. Er muss beim Abschalten der Fehlerstrom-Schutzeinrichtung $\leq I_{\Delta N}$ sein. Dies setzt voraus, dass das zur Prüfung herangezogene Messgerät auch den Auslösestrom I_Δ messen kann. Bei den älteren Generationen der Messgeräte zum Prüfen der Wirksamkeit von Fehlerstrom-Schutzeinrichtungen wurde dieses Prinzip fast ausschließlich angewendet. Heute werden nur noch wenige Messgeräte am Markt angeboten, die diese Methode ausschließlich nutzen.

Anmerkung:

Fehlerstrom-Schutzeinrichtungen nach VDE 0664 müssen bei Wechsel-Fehlerströmen spätestens beim Bemessungsdifferenzstroms $I_{\Delta N}$ ausgelöst haben. Üblicherweise legen sich die Hersteller von Fehlerstrom-Schutzeinrichtungen bei der Fertigung etwa in die Mitte der zulässigen Bandbreite des Auslösestroms (etwa $0{,}75\ I_{\Delta N}$). Bei pulsierenden Gleichfehlerströmen müssen Fehlerstrom-Schutzeinrichtungen nach DIN VDE 0664 beim 1,4fachen des Bemessungsdifferenzstroms $I_{\Delta N}$ ausgelöst haben (bei $I_{\Delta N} \leq 10$ mA beim zweifachen Wert) .

Methode 2 mit Impulsmessung:

Am Messgerät wird der Bemessungsdifferenzstrom $I_{\Delta N}$ der zu prüfenden Fehlerstrom-Schutzeinrichtung fest eingestellt und mit einem Fehlerstrom I_F in Höhe des Bemessungsdifferenzstroms $I_{\Delta N}$ die Auslösung erreicht. Anstelle des bis zur Auslösung ansteigenden simulierten Fehlerstroms wird hier ein Impuls von maximal 200 ms erzeugt. Die heutige Generation der Messgeräte zum Prüfen der Wirksamkeit von Fehlerstrom-Schutzeinrichtungen nach DIN EN 61557-6 (VDE 0413 Teil 6) verwendet dieses Prinzip fast ausschließlich oder in Kombination mit Methode 1.

2. Nachweis $U_B \leq U_L$

Der Nachweis, dass die für die Anlage vereinbarte Grenze der dauernd zulässigen Berührungsspannung U_L (50 V bzw. 25 V) nicht überschritten wird ($U_B \leq U_L$), kann ebenfalls auf zweierlei Art und Weise erbracht werden.

Methode 1 mit ansteigendem Prüfstrom:

Die auftretende Berührungsspannung U_B wird beim Auslösestrom I_Δ (ansteigender Prüfstrom) gemessen. Bei den älteren Generationen der Messgeräte zum Prüfen der Wirksamkeit von Fehlerstrom-Schutzeinrichtungen wurde dieses Prinzip fast ausschließlich angewendet.

Methode 2 mit Impulsmessung:

Die auftretende Berührungsspannung U_B wird mit einem fest eingestellten Prüfstrom während des Impulses gemessen. Ist dieser fest eingestellte Prüfstrom nicht der Bemessungsdifferenzstrom $I_{\Delta N}$, so wird die Anzeige von U_B durch eine Rechenoperation im Messgerät auf den Bemessungsdifferenzstrom $I_{\Delta N}$ bezogen. Liegt die Höhe des Stromimpulses unterhalb der Auslöseschwelle der Fehlerstrom-Schutzeinrichtung (siehe Tabelle 12.4), so führt diese Methode nicht zur Auslösung der Fehlerstrom-Schutzeinrichtung. Die Berührungsspannung U_B wird also diskret gemessen. Übliche Werte für solche Prüfströme sind 0,3 $I_{\Delta N}$ bis 0,5 $I_{\Delta N}$, wobei es an der oberen Grenze bei vorhandenen Ableitströmen bereits zu einer Auslösung kommen kann. Die Prüfung wird so ausgeführt, dass an den verschiedenen Punkten eines Stromkreises der Berührungsstrom gemessen wird und anschließend eine Prüfung mit Auslösung durchgeführt wird.

Die Höhe der gemessenen Berührungsspannungen U_B ist bei den beiden Messmethoden unterschiedlich. Ein Beispiel soll dies verdeutlichen:

Beispiel:

Vorhanden:

Fehlerstrom-Schutzeinrichtung mit Bemessungsdifferenzstrom $I_{\Delta N} = 0{,}5$ A

Erdungswiderstand $R_A = 80\ \Omega$

dauernd zulässige Berührungsspannung $U_L \leq 50$ V

Gemessen:

Auslösestrom $I_\Delta = 0{,}32$ A
Berührungsspannung $U_B = 25{,}6$ V bei Auslösestrom I_Δ

Methode 1 mit Messen des Auslösestroms I_Δ und der dabei auftretenden Berührungsspannung U_B

Berührungsspannung $U_B = 40$ V bezogen auf Bemessungsdifferenzstrom $I_{\Delta N}$

Methode 2 mit Anzeige der auf den Bemessungsdifferenzstrom $I_{\Delta N}$ bezogenen Berührungsspannung U_B

Ohne weitere Überlegung würde man bei Methode 1 mit ansteigendem Prüfstrom und Anzeige der Berührungsspannung U_B bei Auslösestrom I_Δ zu der Feststellung kommen, dass alles in Ordnung ist. Von der dauernd zulässigen Berührungsspannung $U_L = 50$ V ist man mit der gemessenen Berührungsspannung $U_F = 25{,}6$ V weit entfernt. Die Methode 2 mit der Impulsmessung mit einer auf dem Bemessungsdifferenzstrom $I_{\Delta N}$ bezogenen Berührungsspannung U_B liegt mit der gemessenen Berührungsspannung von $U_B = 40$ V deutlich näher an der Grenze der dauernd zulässigen Berührungsspannung von $U_L = 50$ V.

Wie sind diese unterschiedlichen Messergebnisse der beiden Methoden zu bewerten? Handelt es sich doch um ein und dieselbe Anlage mit demselben Erdungswiderstand R_A!

Bei Methode 1 mit ansteigendem Prüfstrom und Anzeige der Berührungsspannung U_B bei Auslösestrom I_Δ ergibt sich die auftretende Berührungsspannung U_B zu:

$$U_B = R_A \cdot I_\Delta$$

$$U_B = 80\ \Omega \cdot 0{,}32\ \text{A}$$

$$\boldsymbol{U_B = 25{,}6\ \text{V}}$$

Bei Methode 2 mit der Impulsmessung mit einer auf den Bemessungsdifferenzstrom $I_{\Delta N}$ bezogenen Berührungsspannung U_B ergibt sich die auftretende Berührungsspannung U_B zu:

$$U_B = R_A \cdot I_{\Delta N}$$

$$U_B = 80\ \Omega \cdot 0{,}5\ \text{A}$$

$$\boldsymbol{U_B = 40\ \text{V}}$$

Es lässt sich erkennen, dass die voneinander abweichenden Berührungsspannungen U_B durch den Unterschied zwischen Auslösestrom I_Δ und Bemessungsdifferenzstrom $I_{\Delta N}$ vorgegeben sind (der Widerstand R_A ist ja konstant). Die gemessenen Berührungsspannungen U_B verhalten sich wie die zugehörigen Ströme:

$$\frac{I_\Delta}{I_{\Delta N}} = \frac{U_{B_{Methode1}}}{U_{B_{Methode2}}}$$

$$\frac{0{,}32\ \text{A}}{0{,}5\ \text{A}} = \frac{25{,}6\ \text{V}}{40\ \text{V}}$$

Darin bedeuten:

I_Δ Auslösestrom I_Δ der Fehlerstrom-Schutzeinrichtung

$I_{\Delta N}$ Bemessungsdifferenzstrom $I_{\Delta N}$ der Fehlerstrom-Schutzeinrichtung

$U_{B_{Methode1}}$ Berührungsspannung gemessen bei Auslösestrom I_Δ

$U_{B_{Methode2}}$ Berührungsspannung gemessen bei Bemessungsdifferenzstrom $I_{\Delta N}$

Die Messung mit Methode 2 (Anzeige der Berührungsspannung U_B bezogen auf den Bemessungsdifferenzstrom $I_{\Delta N}$) liegt auf der sicheren Seite. Wird die für die Anlage vereinbarte Grenze der dauernd zulässigen Berührungsspannung U_L bei dieser Messung nicht überschritten, so ist auch der maximal zulässige Erdungswiderstand R_A in Abhängigkeit vom Bemessungsdifferenzstrom $I_{\Delta N}$ der geprüften Fehlerstrom-Schutzeinrichtung (siehe Tabelle 12.5) eingehalten. Er braucht nicht zusätzlich noch einmal durch Rechnung kontrolliert zu werden.

Die Messung mit Methode 1 mit ansteigendem Prüfstrom und Anzeige der Berührungsspannung U_B bei Auslösestrom I_Δ bedarf jedoch einer zusätzlichen Rechnung. Mit der so gemessenen Berührungsspannung U_B muss nun zusätzlich die Berührungsspannung beim Bemessungsdifferenzstrom $I_{\Delta N}$ berechnet werden. **Diese** darf dann die für die Anlage vereinbarte Grenze der dauernd zulässigen Berührungsspannung U_L nicht überschreiten.

Aus den nach Methode 1 gemessenen Werten kann aber auch der Erdungswiderstand (zwangsläufig einschließlich Widerstand von Schutzleiter, Außenleiter und Klemmstellen) berechnet werden. Dabei dürfen die maximal zulässigen Werte der Tabelle NA.3 von DIN VDE 0100-610 (siehe Tabelle 12.5) nicht überschritten werden.

Beispiel:

Vorhanden:

Fehlerstrom-Schutzeinrichtung mit Bemessungsdifferenzstrom $I_{\Delta N} = 0{,}5$ A

Erdungswiderstand $R_A = 120\ \Omega$ (unzulässig hoch!)

dauernd zulässige Berührungsspannung $U_L = 50$ V

Gemessen:

Auslösestrom $I_\Delta = 0{,}32$ A
Berührungsspannung $U_B = 38{,}4$ V bei Auslösestrom I_Δ

Methode 1 mit Messen des Auslösestroms I_Δ und der dabei auftretenden Berührungsspannung U_B

Die erste Bedingung „Fehlerstrom-Schutzeinrichtung muss mindestens bei Erreichen ihres Bemessungsdifferenzstroms $I_{\Delta N}$ auslösen“ ist erfüllt. Die zweite Bedingung „Nichtüberschreiten der für die Anlage vereinbarten Grenze der dauernd zulässigen Berührungsspannung U_L von 50 V“ muss überprüft werden.

Hierzu wird zusätzlich die bei Auslösestrom I_Δ gemessene Berührungsspannung U_B auf den für den Bemessungsdifferenzstrom $I_{\Delta N}$ gültigen Wert hochgerechnet. Für die auf den Bemessungsdifferenzstrom $I_{\Delta N}$ hochgerechnete Berührungsspannung U_{Bn} ergibt sich die Beziehung:

$$U_{Bn} = U_B \cdot \frac{I_{\Delta N}}{I_\Delta} \leq U_L$$

$$U_{Bn} = 38{,}4\ \text{V} \cdot \frac{0{,}5\ \text{A}}{0{,}32\ \text{A}} = 60\ \text{V}$$

$$\boldsymbol{U_{Bn} = 60\ \text{V}}$$

Darin bedeuten:

I_Δ Auslösestrom der Fehlerstrom-Schutzeinrichtung

$I_{\Delta N}$ Bemessungsdifferenzstrom der Fehlerstrom-Schutzeinrichtung

U_B Berührungsspannung gemessen bei Auslösestrom I_Δ

U_{Bn} Berührungsspannung bei Messung mit Auslösestrom I_Δ, hochgerechnet auf Bemessungsdifferenzstrom $I_{\Delta N}$

U_L Vereinbarte Grenze der dauernd zulässigen Berührungsspannung (50 V oder 25 V)

Da $U_{Bn} > U_L$, ist die zweite Bedingung „Nichtüberschreiten der für die Anlage vereinbarten Grenze der dauernd zulässigen Berührungsspannung U_L von 50 V“ nicht erfüllt. Der nach DIN VDE 0100-610 zu erbringende Nachweis $U_B \leq U_L$ ist nicht erbracht.

Der Nachweis $U_B \leq U_L$, also die Einhaltung der Bedingung 2, kann auch über die Kontrolle der Einhaltung der maximal zulässigen Erdungswiderstände R_A erfolgen.

Es gilt für den Erdungswiderstand R_A bei Messung des Auslösestroms I_Δ (Methode 1 mit ansteigendem Prüfstrom):

$$R_A = \frac{U_B}{I_\Delta}$$

$$R_A = \frac{38{,}4\ \text{V}}{0{,}32\ \text{A}}$$

$$\boldsymbol{R_A = 120\ \Omega}$$

Der für die Fehlerstrom-Schutzeinrichtung mit Bemessungsdifferenzstrom $I_{\Delta N}$ = 0,5 A nach Tabelle NA.3 von DIN VDE 0100-610 (siehe Tabelle 12.5) maximal zulässige Erdungswiderstand R_A von 100 Ω ist nicht eingehalten. Der vorhandene Erdungswiderstand R_A = 120 Ω erfüllt die Anforderungen nicht.

Wie unschwer an dem Beispiel zu erkennen ist, ist der Nachweis der Bedingung 2 „Nichtüberschreiten der für die Anlage vereinbarten Grenze der dauernd zulässigen Berührungsspannung U_L" durch die Methode 1 (Messen des Auslösestroms I_Δ und der dabei auftretenden Berührungsspannung U_B) relativ umständlich, da immer zusätzlich gerechnet werden muss. Entweder ist die beim Auslösestrom I_Δ gemessene Berührungsspannung U_B auf den Wert beim Bemessungsdifferenzstrom $I_{\Delta N}$ umzurechnen, oder es muss der Erdungswiderstand R_A berechnet werden.

Einfacher ist der Nachweis der Bedingung 2 „Nichtüberschreiten der für die Anlage vereinbarten Grenze der dauernd zulässigen Berührungsspannung U_L" mit der Methode 2 (Auslösung durch fest eingestellten Prüfstrom und Messen (Ablesen) der auf $I_{\Delta N}$ bezogenen Berührungsspannung U_B). Ein Beispiel soll dies verdeutlichen:

Beispiel:

Vorhanden:

Fehlerstrom-Schutzeinrichtung mit Bemessungsdifferenzstrom $I_{\Delta N}$ = 0,5 A

Erdungswiderstand R_A = 120 Ω (unzulässig hoch)

dauernd zulässige Berührungsspannung U_L = 50 V

Gemessen (angezeigt):

Berührungsspannung U_B = 60 V	Methode 2 mit Anzeige der auf den Bemessungsdifferenzstrom $I_{\Delta N}$ bezogenen Berührungsspannung U_B

Auf den ersten Blick ist ohne zusätzliche Rechnung zu erkennen, dass die Bedingung 2

$U_B \leq U_L$

nicht erfüllt ist.

Es ist klar, dass in diesem Fall der Erdungswiderstand R_A unzulässig hoch ist (120 Ω). Er braucht aber nicht zusätzlich noch einmal durch eine Rechnung kontrolliert zu werden. Bei einigen modernen Messgeräten wird dies bereits neben der Berührungsspannung mit angezeigt.

Hinweis:

Bei der Messung der Berührungsspannung U_B zur Kontrolle von $U_B \leq U_L$ ist im TN-System wegen der Niederohmigkeit der Fehlerschleife eine Anzeige am Messgerät nicht oder nur selten möglich. Selbst bei extrem ungünstigen Umständen, z. B. Z_S = 1 Ω und $I_{\Delta N}$ = 1 A, ergibt sich ein U_B von 1 V. Bei einer Fehlerstrom-Schutzeinrichtung mit einem Bemessungsdifferenzstrom von $I_{\Delta N}$ = 0,5 A beträgt die Berührungsspannung gar nur U_B = 0,5 V. Solch niedrige Werte können von den Messgeräten nur selten angezeigt werden. Das Messergebnis wird meist „null Volt" sein, da die Berührungsspannung oft unterhalb der Anzeigegrenze des Messgeräts liegt. Dies ist jedoch ein Zeichen für eine ordnungsgemäße Installation.

Auf die Messung der Berührungsspannung U_B kann daher verzichtet werden. Trotzdem ist sie zum Nachweis der ordnungsgemäßen Installation von Nutzen!

12.5.4.3 Diskussion der jeweiligen Vorteile der Methoden 1 und 2

Beide Methoden zur Messung der Berührungsspannung

- Methode 1 mit ansteigendem Prüfstrom

  und

- Methode 2 mit Impulsmessung

sind nach DIN VDE 0100-610 zulässig. Auch die Baubestimmung für Messgeräte DIN EN 61557-6 (VDE 0413 Teil 6) beschreibt beide Methoden (siehe Abschnitt 12.6).

Gemeinsam gilt für beide Methoden, dass sie über den Erdungswiderstand R_A die Berührungsspannung anzeigen, wenn ein durch das jeweilige Messgerät künstlich erzeugter (simulierter) Fehlerstrom fließt. Große Unterschiede bestehen im Messablauf.

Vorteile der Methode 1 mit ansteigendem Prüfstrom

Bei dieser Methode wird der zum Zeitpunkt der Auslösung fließende Fehlerstrom gemessen. Die Kenntnis des bei Auslösung fließenden Fehlerstroms (Auslösestrom I_Δ) kann für die Beurteilung der Wirksamkeit der Schutzmaßnahme sowie vorhandener Fehler, die zur Nichtauslösung führen, sehr wichtig sein:

- Sofern der zur Auslösung führende Auslösestrom I_Δ den Bemessungsdifferenzstrom $I_{\Delta N}$ übersteigt, kann beurteilt werden, ob das Übersteigen des Bemessungsdifferenzstroms $I_{\Delta N}$ geringfügig oder erheblich erfolgt. Auf diese Art und Weise kann erkannt werden, ob der Fehler in der Mechanik der Fehlerstrom-Schutzeinrichtung oder in der elektrischen Anlage (Verbindung zwischen N und PE oder Vorbelastung durch vorhandene Ableitströme) liegt.

- Im Falle von Fehlauslösungen oder eines Verdachts auf Fehlauslösungen kann festgestellt werden, bei welchem Auslösestrom I_{Δ} innerhalb des zulässigen Auslösebereichs von 0,5- bis einfachem Bemessungsdifferenzstrom $I_{\Delta N}$ die Auslösung wirklich erfolgt.
- Falls bei der Messung der Bemessungsdifferenzstrom $I_{\Delta N}$ nicht erreicht wird, kann der Erdungswiderstand R_{A} zu hoch sein.
- Bei Wiederholungsprüfungen, z. B. gemäß der Unfallverhütungsvorschrift BGV A2 (früher VBG 4), werden die Auslösewerte in Prüfprotokollen festgehalten. Somit können gegebenenfalls auftretende zeitbedingte Veränderungen erkannt werden.

Vorteile der Methode 2 mit Impulsmessung

Bei dieser Methode ist die Möglichkeit gegeben, dass es nicht zwangsläufig auch zur Auslösung der Fehlerstrom-Schutzeinrichtung kommt (Höhe des Stromimpulses liegt unterhalb der Auslöseschwelle der Fehlerstrom-Schutzeinrichtung). Diese Möglichkeit führt zu einigen bedeutenden Vorteilen:

- Das in vielen Fällen lästige Wiedereinschalten der Fehlerstrom-Schutzeinrichtung nach jeder erfolgten Messung entfällt.
- Zwangsläufig können somit Betriebsunterbrechungen bei wiederkehrenden Prüfungen während der Messung vermieden werden.
- Im Vergleich zur auch zugelassenen niederohmigen Messung nach erfolgtem Nachweis der Wirksamkeit der Schutzmaßnahme hinter der Fehlerstrom-Schutzeinrichtung an einer Stelle ist die Messzeit bei Verwendung von Messgeräten mit Impulsmessung deutlich kürzer.
- Die kurzen Messzeiten und der damit verbundene schnelle Messvorgang führen zu einer besseren Akzeptanz der Messungen.
- Der Messvorgang erfolgt mit einer deutlich niedrigeren Berührungsspannung als zulässig, sofern der fest eingestellte Prüfstrom nicht der Bemessungsdifferenzstrom $I_{\Delta N}$ ist.

Fazit

Sowohl die Methode 1 mit ansteigendem Prüfstrom als auch die Methode 2 mit Impulsmessung bieten Vorteile.

Wird eine schnelle Prüfung von elektrischen Anlagen mit vielen Verbrauchsmitteln verlangt, so bietet sich die Methode 2 mit der Impulsmessung ohne Auslösung der Fehlerstrom-Schutzeinrichtung an. Soll dagegen das Messgerät auch zur Beurteilung oder Fehlersuche eingesetzt werden, so hat Methode 1 mit ansteigendem Prüfstrom Vorteile.

Es gibt auch Messgeräte am Markt, die wahlweise nach beiden Methoden arbeiten. Ein solches Messgerät ist zu empfehlen, wo alle vorgenannten Vorzüge benötigt werden. Es ermöglicht die Ermittlung sowohl

- der Berührungsspannung U_B bezogen auf den Bemessungsdifferenzstrom $I_{\Delta N}$ ohne zusätzlichen Rechengang als auch
- des zur Auslösung der Fehlerstrom-Schutzeinrichtung führenden Auslösestroms I_Δ.

12.5.4.4 Auslösezeit

Das Feststellen der Auslösezeit von Fehlerstrom-Schutzeinrichtungen ist im Rahmen der Erstprüfungen vor Inbetriebnahme nicht gefordert. Gemäß DIN EN 61557-6 (VDE 0413 Teil 6) ist es ausreichend, wenn die Einhaltung der maximal zulässigen Auslösezeit angezeigt wird. Mitunter wird bei einigen der auf dem Markt befindlichen Messgeräte jedoch die Möglichkeit geboten, auch die Auslösezeit der Fehlerstrom-Schutzeinrichtung festzustellen. Eine solche Messung kann insbesondere wichtig sein, um während des Betriebs der Anlage den Zustand der Fehlerstrom-Schutzeinrichtung zu beurteilen.

Erfahrungsgemäß lösen Fehlerstrom-Schutzeinrichtungen mit mechanischem Kraftspeicher nach DIN EN 61008-1 (VDE 0664 Teil 10), DIN EN 61009-1 (VDE 0664-20) und VDE 0664 Teil 3 mit Sicherheit innerhalb der nach DIN VDE 0100-410 geforderten Abschaltzeit aus, wenn ihr Auslösestrom I_Δ überschritten wird. Nach den Baubestimmungen VDE 0664 muss die Fehlerstrom-Schutzeinrichtung bei Erreichen des Bemessungsdifferenzstroms $I_{\Delta N}$ für Wechselstrom bzw. des 1,4fachen Bemessungsdifferenzstroms $I_{\Delta N}$ für pulsierenden Gleichstrom innerhalb von 0,3 s auslösen. Bei einem Wechselfehlerstrom von $5 \cdot I_{\Delta N}$ bzw. bei einem pulsierenden Gleichfehlerstrom von $5 \cdot 1{,}4\, I_{\Delta N}$ muss die Auslösung der Fehlerstrom-Schutzeinrichtung innerhalb von 40 ms stattfinden (**Tabelle 12.9**).

Wechselfehlerstrom I_Δ	**pulsierender Gleichfehlerstrom I_Δ**	**Auslösezeit t_A nach VDE 0664**
$I_{\Delta N}$	$1{,}4 \cdot I_{\Delta N}$	$\leq$ 300 ms
$5 \cdot I_{\Delta N}$	$5 \cdot 1{,}4\, I_{\Delta N}$	$\leq$ 40 ms

Tabelle 12.9 Auslösezeiten (Abschaltzeiten) herkömmlicher Fehlerstrom-Schutzeinrichtungen

Selektive Fehlerstrom-Schutzeinrichtungen (Typ S) müssen eine Mindestverzögerung bei der Auslösung aufweisen und beim Bemessungsdifferenzstrom $I_{\Delta N}$ innerhalb 0,5 s abgeschaltet haben (**Tabelle 12.10**). Die früher einzuhaltende Auslösezeit

Wechselfehlerstrom I_Δ	pulsierender Gleichfehlerstrom I_Δ	Auslösezeit t_A
$I_{\Delta N}$	$1{,}4 \cdot I_{\Delta N}$	130 bis 500 ms
$2 \cdot I_{\Delta N}$	$2 \cdot 1{,}4\, I_{\Delta N}$	60 bis 200 ms
$5 \cdot I_{\Delta N}$	$5 \cdot 1{,}4\, I_{\Delta N}$	50 bis 150 ms
500 A	$\frac{1}{\sqrt{2}} \cdot 500$ A	40 bis 150 ms

Tabelle 12.10 Auslösezeiten selektiver Fehlerstrom-Schutzeinrichtungen

von $\leq 0{,}2$ s wird bei selektiven Fehlerstrom-Schutzeinrichtungen nach DIN EN 61008-1 (VDE 0664 Teil 10) erst bei einem Fehlerstrom von $2 \cdot I_{\Delta N}$ garantiert (vgl. Abschnitt 12.5.7).

12.5.5 Messen der Berührungsspannung mit und ohne Sonde

12.5.5.1 Gegenüberstellung der Messmethoden

Die Berührungsspannung U_B kann bei Fehlerstrom-Schutzeinrichtungen sowohl mit als auch ohne Sonde gemessen werden. Eine konkrete Messung der Berührungsspannung U_B, die im Fehlerfall durch den Fehlerstrom I_F über den Erdungswiderstand R_A erzeugt wird, erfordert das Setzen einer Sonde im neutralen Bereich. Es soll ja der Spannungsfall über dem Erdungswiderstand R_A gemessen werden.

Die Sonde muss in jedem Fall im neutralen Bereich gesetzt sein, also außerhalb der Spannungstrichter des Betriebserders R_B und der Anlagenerder R_A.

Da dies heutzutage kaum noch möglich ist, wird in der Praxis fast ausschließlich ohne Sonde gemessen. Außerdem ist die Messung ohne Sonde deutlich schneller durchführbar, also weniger zeitaufwändig.

Aus vorgenannten Gründen wird die Messschaltung mit Sonde in der Praxis kaum angewendet werden, obwohl nur dieses Verfahren eine genaue Anzeige der auftretenden Berührungsspannung U_B ermöglicht und die Messung frei von netzseitigen Einflüssen ist. Meist ist es einfacher – und auch hinreichend genau – , die Messung ohne Sonde anzuwenden.

Ohne das Setzen der Sonden kann dennoch eine „Sondenmessung“ durchgeführt werden, die Messung mit Benutzung des Neutralleiters als Sonde. Wenngleich die heutige Generation von Messgeräten mit elektronischen Bauelementen arbeitet, werden zum besseren Verständnis die Grundprinzipien der Messschaltung nachfolgend auf einfache Art und Weise dargestellt.

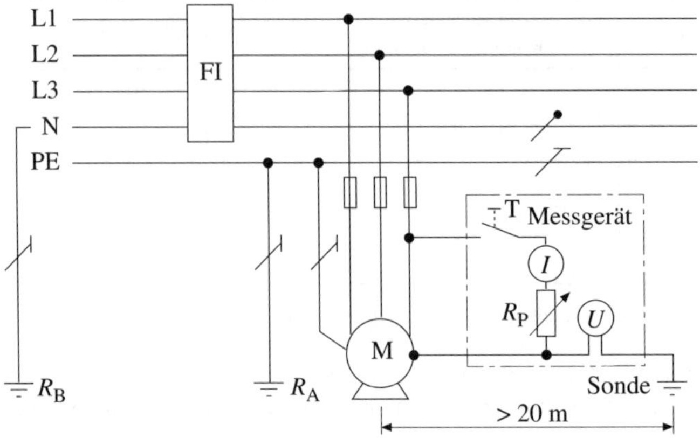

Bild 12.12 Messschaltung mit Sonde

12.5.5.2 Messung mit Sonde

Bei der Messung mit Sonde wird der Schutzleiter bzw. der Körper des zu schützenden Betriebsmittels über einen geeigneten stellbaren Prüfwiderstand R_P, einen Einschalttaster T und einen Strommesser mit einem nicht geerdeten Außenleiter verbunden (**Bild 12.12**). Mit dem Strommesser ist dann zu prüfen, bei welchem Auslösestrom I_Δ die Fehlerstrom-Schutzeinrichtung abschaltet. Ferner ist mit einem Spannungsmesser mit einem inneren Widerstand R_i von mindestens 40 kΩ die Spannung zwischen Schutzleiter bzw. Körper des zu schützenden Betriebsmittels und einer Sonde zu messen. Gemessen wird somit eigentlich die Fehlerspannung, also die Spannung gegen einen theoretischen Erdpunkt. Der Innenwiderstand $R_i \geq$ 40 kΩ des Spannungsmessers gilt auch für die Messung ohne Sonde. Mit dem hohen Innenwiderstand liegt man messtechnisch auf der sicheren Seite. Messwerte, die mit Sonde und Messwerte, die ohne Sonde ermittelt wurden, sind somit miteinander vergleichbar. Die Sonde muss außerhalb des Spannungstrichters des Erders R_A der zu prüfenden Anlage angeordnet werden. Ist die Sonde etwa 20 m weit entfernt, so ist diese Anforderung meist erfüllt.

Die Sonde für den Spannungsmesser ist in der Praxis außerhalb des Spannungstrichters anderer Erder oft schwer erstellbar, da sie völlig unabhängig von allen Erdern des Netzes sein muss (ideelles Erdpotential). Außerdem ist das Setzen einer Sonde sehr zeitaufwändig. Die Anforderungen an das Schlagen von Sonden sind meist nur in ländlichen Gebieten exakt zu erfüllen. Innerhalb von bebauten Gebieten und Industrieansiedlungen ist das neutrale Setzen von Sonden somit nicht durchführbar (siehe auch Abschnitt 10.4). Eine fehlerhaft angeordnete Sonde wird aber in jedem Fall die Messung in Frage stellen.

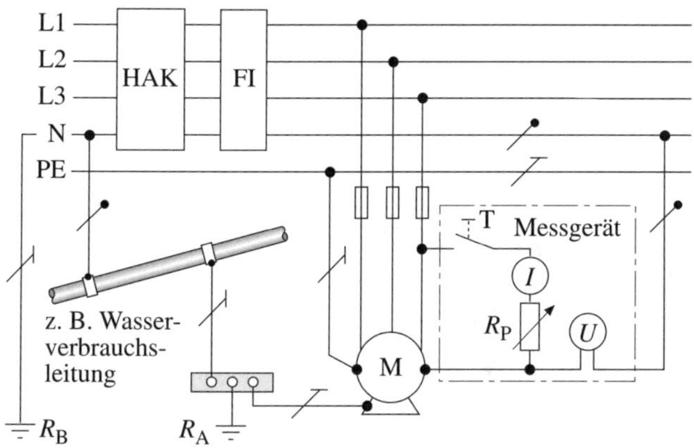

Bild 12.13 Verbindung des Neutralleiters mit dem Schutzleiter vor der Fehlerstrom-Schutzeinrichtung (führt zur Nichtanzeige)

12.5.5.3 Messung mit Neutralleiter als Sonde

Bei dieser Messmethode wird der Neutralleiter – korrekter gesagt der Betriebserder – als Sonde benutzt. Das in aller Regel schwierige Auffinden von neutralen Bereichen für das Setzen einer Sonde entfällt.

Gemessen wird auch hier – wie bei der Methode mit einer gesetzten Sonde – die Fehlerspannung, also die Spannung gegen einen theoretischen Erdpunkt.

Diese Art der Messung führt zu einer deutlichen Zeitersparnis. Sie ist jedoch nicht einsetzbar im IT-System und bei Dreileiter-Systemen (ohne Neutralleiter). Zu berücksichtigen ist, dass beim Einsatz von Fehlerstrom-Schutzeinrichtungen im TN-System (schnelle Nullung) keine Anzeige am Messgerät erfolgt, da der Neutralleiter N und der Schutzleiter PE vor der Fehlerstrom-Schutzeinrichtung miteinander verbunden sind. Dieser Effekt der Nichtanzeige am Messgerät tritt selbstverständlich auch auf, wenn im TT-System fehlerhaft eine Verbindung zwischen dem Neutralleiter N und dem Schutzleiter PE vor der Fehlerstrom-Schutzeinrichtung vorliegt (**Bild 12.13**).

Liegt ein durch einen nicht vernachlässigbaren Widerstand und den Betriebsstrom eines Verbrauchsmittels hervorgerufener merklicher Spannungsfall auf dem Neutralleiter N vor, so ist der gemessene Wert der Berührungsspannung U_B um diesen Wert zu hoch. Durch eine zuvor erfolgte Messung des Netzinnenwiderstands kann der Widerstand des Neutralleiters erkannt werden.

12.5.5.4 Messung ohne Sonde

Diese Schaltung unterscheidet sich von der vorgenannten Anordnung ohne Sonde nur durch die Schaltung des Spannungsmessers. Hier ist der Spannungsmesser zwi-

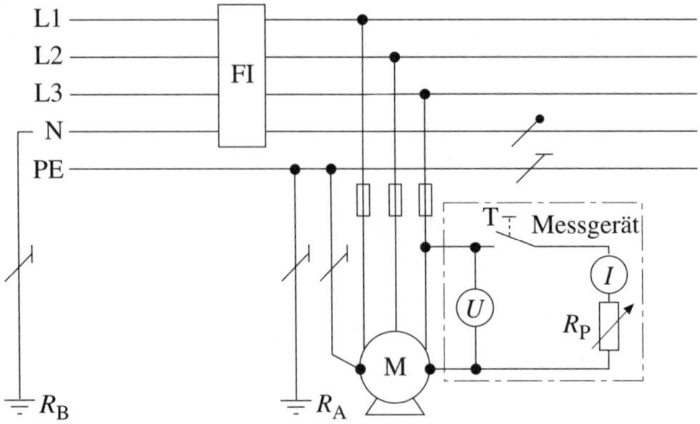

Bild 12.14 Messschaltung ohne Sonde

schen Außen- und Schutzleiter geschaltet und liegt nun parallel zu Prüfwiderstand R_P und Strommesser (**Bild 12.14**).

Die Spannung wird zwischen Außen- und Schutzleiter gemessen (Leerlaufspannung). Hat der Schutzleiter Erdpotential, so ist die gemessene Spannung gleich der Spannung des Außenleiters gegen Erde. Die Berührungsspannung geht nun bei gedrückter Taste T aus der Differenz zwischen der Spannung zwischen Außen- und Schutzleiter am Messpunkt einerseits (Leerlaufspannung) und Spannungsfall am Prüfwiderstand R_P andererseits hervor. Diese Spannungsdifferenz gibt den Spannungsfall in der gesamten Schleife des Messkreises an. Der Spannungsfall entsteht somit an der Impedanz des Außenleiters, am Erdungswiderstand R_A und am Erdungswiderstand R_B des Netzes. Üblicherweise ist in der Praxis der Erdungswiderstand R_A der Anlage größer als die übrigen Widerstände. Deshalb ist dann der Messfehler entsprechend klein, er liegt in jedem Fall auf der sicheren Seite.

Die Schaltung ohne Sonde kann nur angewendet werden, wenn die Netzspannung während der Messung annähernd konstant bleibt. Bei der Verstellung des Prüfwiderstands – Verringerung zu kleineren Werten hin – wird während dieser Zeit in einem weniger starken Netz eine Änderung der Netzspannung oft nicht zu vermeiden sein. Solch eine Änderung, die als Fehler in die Messung eingeht, ist bei der Betrachtung des Messergebnisses zu berücksichtigen. Bei einigen modernen Messgeräten wird durch geeignete Messmethoden der durch Netzschwankungen verursachte Messfehler kompensiert.

Außerdem darf vor Beginn der Messung keine Spannung auf dem Schutzleiter gegen Erde durch vorbelastende Einflüsse vorhanden sein (siehe Abschnitt 12.5.6). Eine solche Spannung würde als Fehler in die Messung eingehen. Dies gilt gleichermaßen auch für bereits vorhandene Fehlerströme im Stromkreis hinter der Fehlerstrom-Schutzeinrichtung.

Die Messung ohne Sonde ist auch im IT-System und bei Dreileiter-Systemen (ohne Neutralleiter) anwendbar. Der große Vorteil dieser Methode liegt darin, dass keine Sonde gesetzt werden muss.

12.5.6 Berücksichtigung von Vorbelastungen des Schutzleiters bei der Messung

Eine Vorbelastung des Schutzleiters liegt dann vor, wenn bereits vor der Prüfung, z. B. durch Ableitströme, eine Spannung zwischen Schutzleiter und neutraler Erde vorhanden ist, die aber so klein ist, dass die Fehlerstrom-Schutzeinrichtung nicht anspricht. Die vorbelastende Fehlerspannung U_V kann innerhalb der durch die Fehlerstrom-Schutzeinrichtung zu schützenden Anlage selbst erzeugt werden oder auch über den Schutzleiter von einem Anlageteil vor der Fehlerstrom-Schutzeinrichtung eingeschleppt werden (**Bild 12.15**). Sie wird oft von einem angeschlossenen Verbrauchsmittel verursacht. Dies erfolgt selbst dann, wenn das Verbrauchsmittel zwar ausgeschaltet, aber noch angeschlossen ist.

Bei einer vorbelasteten Anlage führt also der Schutzleiter bzw. der Körper des zu schützenden Betriebsmittels schon vor der Prüfung eine Spannung gegen Erde. Bei

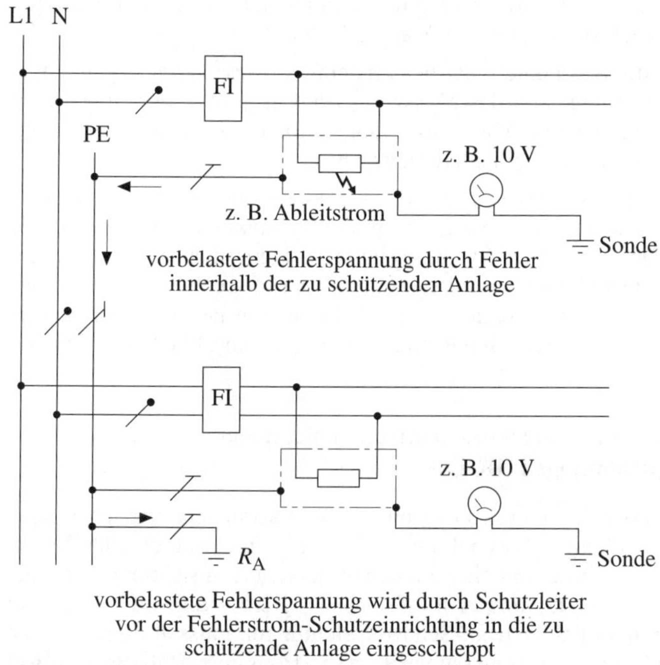

Bild 12.15 Verursachung von vorbelastenden Fehlerspannungen

der Messschaltung mit Sonde zeigt der Spannungsmesser solche vorbelastenden Fehlerspannungen U_V sofort an. Im Gegensatz dazu wird bei der Messschaltung ohne Sonde die vorbelastende Spannung U_V zwischen Schutzleiter und Erde nicht bemerkt, sie wird also immer als Fehler bei der Messung der Berührungsspannung U_B eingehen. Die Gefahr, dass solche Verhältnisse vorliegen, ist insbesondere dann gegeben, wenn das Voltmeter vor Einschalten des Prüfwiderstands eine normalerweise niedrigere Spannung zwischen Außen- und Schutzleiter als zwischen Außen- und Neutralleiter anzeigt.

Beispiel:

Bei einer in vorbelastetem Zustand der Anlage vorgenommenen Messung wird nun nicht die Außenleiterspannung U_0 gegen Erde, sondern $U_0 - U_V$ gemessen. Bei einem angenommenen Wert von $U_0 = 230$ V könnte z. B. das Voltmeter des Prüfgeräts nur 210 V vor Einschaltung des Prüfwiderstands anzeigen. Diese Differenz von 20 V steht am Schutzleiter an und kann mit einem gegen eine Sonde geschalteten Voltmeter nachgewiesen werden. Löst bei Verringerung des Prüfwiderstands die Fehlerstrom-Schutzeinrichtung bei 40 V angezeigter Spannung aus, so wäre die Spannung tatsächlich aber 20 V Vorbelastung zuzüglich 40 V simulierter Fehlerspannung gleich 60 V (**Bild 12.16**). In diesem Beispiel wird vorausgesetzt, dass der Isolationsfehler, der die 20 V Vorbelastung des Schutzleiters verursacht, vom gleichen Außenleiter ausgelöst wird, der das Messgerät speist.

Würde der Isolationsfehler in einem der beiden anderen Außenleiter liegen, ändert sich die Spannungsrichtung, und das Messgerät zeigt eine über der Außenleiterspannung liegende Spannung an. Diese Spannungserhöhung ist aber bedingt durch die Phasenlage zu den anderen Außenleitern gering.

Bei ähnlichen Fällen müsste also entweder die Messschaltung mit Sonde angewendet oder aber versucht werden zu klären, warum die Spannung abweichend von der Netzspannung ist. Eine niedrigere Spannungsanzeige kann auch durch einen entsprechenden Spannungsfall am Neutralleiter durch Belastungen verursacht werden. Zu klären wäre dieses durch Abschalten von Verbrauchern bzw. Abklemmen der Abgänge hinter der Fehlerstrom-Schutzeinrichtung und anschließender Wiederholung der Prüfung.

12.5.7 Messung bei Einsatz von selektiven Fehlerstrom-Schutzeinrichtungen (RCDs)

Herkömmliche Fehlerstrom-Schutzeinrichtungen lösen normalerweise unverzögert aus. Somit kann eine selektive Abschaltung im Fehlerfall nicht durch eine Reihenschaltung gleichartiger herkömmlicher Fehlerstrom-Schutzeinrichtungen erreicht werden, auch nicht bei durchgeführter Staffelung des Bemessungsdifferenzstroms $I_{\Delta N}$. In Reihe geschaltete Fehlerstrom-Schutzeinrichtungen müssen immer sowohl in der Auslösezeit als auch im Bemessungsdifferenzstrom eine Staffelung aufweisen. Selektive Fehlerstrom-Schutzeinrichtungen – auch Haupt-Fehlerstrom-Schutz-

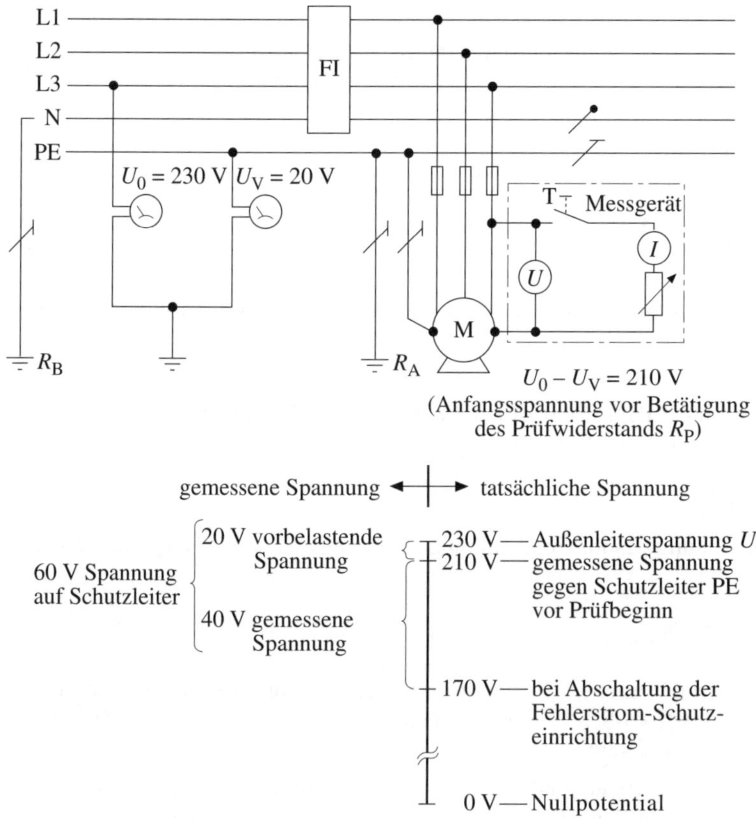

Bild 12.16 Vorbelastende Fehlerspannung

einrichtungen genannt – sind gekennzeichnet durch das Symbol [S]. Sie haben ein verzögertes Auslöseverhalten und arbeiten somit **zeitlich** selektiv zu nachgeschalteten Fehlerstrom-Schutzeinrichtungen höherer Empfindlichkeit (siehe auch Abschnitt 12.2.3). Die selektive Fehlerstrom-Schutzeinrichtung wird in Reihe mit herkömmlichen Fehlerstrom-Schutzeinrichtungen eingesetzt (**Bild 12.17**). Hierdurch wird sichergestellt, dass nur die dem Fehler am nächsten angeordnete Fehlerstrom-Schutzeinrichtung auslöst.

Die heute im TN-System geforderte Auslösezeit von ≤ 0,4 s entspricht nicht der maximal zulässigen Auslösezeit bei $I_{\Delta N}$ für selektive Fehlerstrom-Schutzeinrichtungen gemäß DIN EN 60108-1 (VDE 0664 Teil 10), Tabelle 1 (siehe Tabelle 12.4). Die früher geforderte Auslösezeit von ≤ 0,2 s wird bei selektiven Fehlerstrom-Schutz-

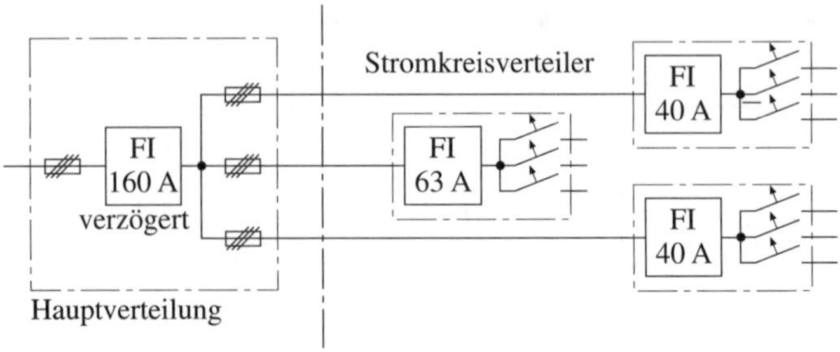

Bild 12.17 Selektive Fehlerstrom-Schutzeinrichtung mit nachgeschalteten herkömmlichen Fehlerstrom-Schutzeinrichtungen

einrichtungen nach DIN EN 60108-1 (VDE 0664 Teil 10) erst bei einem Bemessungsdifferenzstrom von $2 \cdot I_{\Delta N}$ garantiert. Daraus ergab sich folgende Beziehung:

$$2 \cdot I_{\Delta N} \cdot R_A \leq U_L$$

Für die Berechnung des maximal zulässigen Erdungswiderstands R_A galt dann:

$$R_A \leq \frac{U_L}{2 \cdot I_{\Delta N}}$$

Gegenüber herkömmlichen Fehlerstrom-Schutzeinrichtungen durfte somit bei selektiven Fehlerstrom-Schutzeinrichtungen der Erdungswiderstand R_A bisher nur maximal halb so groß sein.

Zur Prüfung von selektiven Fehlerstrom-Schutzeinrichtungen können sowohl Messgeräte verwendet werden, die den Auslösestrom I_Δ messen (ansteigender Prüfstrom), als auch solche, die mit einem simulierten Fehlerstrom I_F in Höhe des Bemessungsdifferenzstroms $I_{\Delta N}$ (Impulsmethode) arbeiten. Moderne Messgeräte haben meist besondere Messfunktionen für die Prüfung bei selektiven Fehlerstrom-Schutzeinrichtungen.

Theoretisch gilt auch für selektive Fehlerstrom-Schutzeinrichtungen sowohl im TT- als auch im TN-System, dass mit einem simulierten Fehlerstrom I_F zwei Nachweise zu erbringen sind:

- Die selektive Fehlerstrom-Schutzeinrichtung muss mindestens bei Erreichen ihres Bemessungsdifferenzstroms $I_{\Delta N}$ auslösen ($I_\Delta \leq I_{\Delta N}$).
- Die für die Anlage vereinbarte Grenze der dauernd zulässigen Berührungsspannung U_L (50 V bzw. 25 V) darf nicht überschritten werden ($U_B \leq U_L$).

Allerdings ist hier zu berücksichtigen, dass die gesicherte Auslösung innerhalb von 0,4 s bei der selektiven Fehlerstrom-Schutzeinrichtung erst bei einem Fehlerstrom

$2 \cdot I_{\Delta N}$ eintritt. Beim Bemessungsdifferenzstrom brauchen sie entsprechend der Gerätenorm erst nach 0,5 s abzuschalten. Somit ergibt sich als Folgerung, dass die vorgenannten Nachweise auf übliche Art und Weise nicht erbracht werden können.

Wird die Prüfung der Auslösung mit doppeltem Bemessungsdifferenzstrom durchgeführt, kann eine Auslösung herbeigeführt werden, da selektive Fehlerstrom-Schutzeinrichtungen bei $2 \cdot I_{\Delta N}$ innerhalb von 0,2 s abschalten müssen. Bedingt durch die wegen der längeren Abschaltzeit im Vergleich zu normalen Fehlerstrom-Schutzeinrichtungen nur halb so großen Erdungswiderstände, darf bei der Prüfung der Auslösung mit doppeltem Bemessungsdifferenzstrom auch nur die zulässige Berührungsspannung U_B auftreten.

Praktisch sind somit für selektive Fehlerstrom-Schutzeinrichtungen mit einem simulierten Fehlerstrom I_F folgende zwei Nachweise zu erbringen:

- Die selektive Fehlerstrom-Schutzeinrichtung muss mindestens bei Erreichen ihres 2fachen Bemessungsdifferenzstroms $I_{\Delta N}$ auslösen ($I_\Delta \leq 2 \cdot I_{\Delta N}$).
- Die für die Anlage vereinbarte Grenze der dauernd zulässigen Berührungsspannung U_L (50 V bzw. 25 V) darf nicht überschritten werden ($U_B \leq U_L$).

Bei der heute geforderten Abschaltzeit von ≤ 0,4 s ist der Abstand zur mit Sicherheit eingehaltenen Zeit von 0,5 s nicht mehr groß. Die meisten Hersteller sind durchaus in der Lage, die garantierte Abschaltzeit auf 0,4 s zu reduzieren, und es gibt Bestrebungen, die Gerätenorm zu ändern. Bis zu einer eventuellen Änderung der Gerätenorm ist es ausreichend, in den Fällen, wo eine Abschaltzeit von 0,4 s gefordert ist, bei der Prüfung wie bei normalen Fehlerstrom-Schutzeinrichtungen vom Bemessungsdifferenzstrom $I_{\Delta N}$ auszugehen, wenn der Hersteller der Fehlerstrom-Schutzeinrichtung eine Abschaltzeit von maximal 0,4 s garantiert. Andernfalls ist dies ausreichend, wenn durch eine Messung der Abschaltzeit die Einhaltung dieses Werts nachgewiesen wird.

Auch beim Prüfen selektiver Fehlerstrom-Schutzeinrichtungen braucht die Wirksamkeit der Schutzmaßnahme hinter der selektiven Fehlerstrom-Schutzeinrichtung nur an einer Stelle nachgewiesen zu werden, wenn der Nachweis erbracht wird, dass alle anderen durch die selektive Fehlerstrom-Schutzeinrichtung geschützten Anlageteile über den Schutzleiter mit der Messstelle zuverlässig verbunden sind.

Dieser Nachweis kann z. B. durch Messen der Berührungsspannung U_B an allen anderen Anlageteilen erbracht werden, die durch die selektive Fehlerstrom-Schutzeinrichtung geschützt sind. Hierzu eignen sich besonders die Messgeräte, die die auf Bemessungsdifferenzstrom $I_{\Delta N}$ bezogene Berührungsspannung U_B anzeigen, ohne dass die Fehlerstrom-Schutzeinrichtung auslöst (fester Prüfstrom $< 0{,}5\ I_{\Delta N}$). Eine andere Möglichkeit des Nachweises ist die Durchführung der Prüfung der niederohmigen Verbindung des Schutzleiters von der Stelle aus, von der die selektive Fehlerstrom-Schutzeinrichtung zum Auslösen gebracht wurde (siehe Abschnitt 9).

12.6 Anforderungen an Messgeräte zum Prüfen von Fehlerstrom-Schutzeinrichtungen (RCDs)

12.6.1 Allgemeines

Messgeräte und Überwachungseinrichtungen müssen für Prüfungen nach DIN VDE 0100-610:2004, Abschnitt 612.2, den Normen der Reihe EN 61557 entsprechen, um den Messenden oder Dritte nicht zu gefährden und um nachvollziehbare Messergebnisse zu erzielen. Für Messgeräte zur Prüfung von Fehlerstrom-Schutzeinrichtungen gelten die Anforderungen der DIN EN 61557-6 (VDE 0413 Teil 6). Die auch für den Prüfenden wichtigen Anforderungen sind in den Folgeabschnitten 12.6.2 bis 12.6.6 behandelt.

12.6.2 Auslösung

Messgeräte zum Prüfen von Fehlerstrom-Schutzeinrichtungen müssen hinsichtlich des Auslösens von Fehlerstrom-Schutzeinrichtungen die Feststellung ermöglichen:

> „Auslösestrom I_Δ der Fehlerstrom-Schutzeinrichtung $\leq$ Bemessungsdifferenzstrom $I_{\Delta N}$ (bei Prüfung mit Wechselstrom)"

An dieser Stelle ist es wichtig, erneut anzumerken, dass hiermit nicht unbedingt das Messen des Auslösestroms I_Δ verlangt wird (Messung mit ansteigendem Prüfstrom). Zulässig sind auch Messverfahren, bei denen am Messgerät der Bemessungsdifferenzstrom $I_{\Delta N}$ der zu prüfenden Fehlerstrom-Schutzeinrichtung eingestellt wird und mit dem Fehlerstrom I_F in Höhe des Bemessungsdifferenzstroms $I_{\Delta N}$ die Auslösung erreicht wird (Methode mit Impulsmessung). Die Anforderung aus DIN VDE 0100-610, dass die Wirksamkeit der automatischen Abschaltung durch Erzeugung eines Differenzstroms bis zur Höhe von $I_{\Delta N}$ nachgewiesen werden muss, ist damit auch zu erfüllen (siehe Abschnitt 12.5.4).

Fehlerstrom-Schutzeinrichtungen mit einem Bemessungsdifferenzstrom $I_{\Delta N} \leq 30$ mA müssen entsprechend der Betriebsmittelnorm bereits innerhalb von 40 ms abschalten, wenn sie mit dem fünffachen Wert des Bemessungsdifferenzstroms beaufschlagt werden. Die Messgeräte müssen entsprechende Einstellungen haben, um die Prüfung mit dem fünffachen Wert durchzuführen. Die Prüfdauer muss auf 40 ms begrenzt sein und die Auslösung muss innerhalb dieser Zeit erfolgen. Eine Auslösung muss nicht erfolgen, wenn die Fehlerspannung die vereinbarte Grenze der Berührungsspannung nicht überschreitet. Diese Prüfung ist keine Anforderung der DIN VDE 0100-610, sondern sie liefert Hinweise über den Zustand der geprüften Fehlerstrom-Schutzeinrichtung.

12.6.3 Messung der Berührungsspannung U_B bei Fehlerstrom-Schutzeinrichtungen (RCDs)

Messgeräte zum Prüfen von Fehlerstrom-Schutzeinrichtungen müssen hinsichtlich der auftretenden Berührungsspannung U_B die Feststellung ermöglichen:

„Beim Auslösestrom I_Δ oder beim Bemessungsdifferenzstrom $I_{\Delta N}$ wird der zulässige Grenzwert der dauernd zulässigen Berührungsspannung U_L durch die auftretende Berührungsspannung U_B nicht überschritten."

Auch hier ist wieder deutlich zu erkennen, dass beide Messverfahren

- Feststellen der Berührungsspannung U_B bei Auslösestrom I_Δ im Moment des Auslösens (Methode mit ansteigendem Prüfstrom) und
- Fließenlassen eines fest einstellbaren Prüfstroms mit Feststellen der auf den Bemessungsdifferenzstrom $I_{\Delta N}$ bezogenen auftretenden Berührungsspannung U_B (Methode mit Impulsmessung)

zulässig sind. Die Messgerätehersteller verwenden bei den Messgeräten der heutigen Generation gerne das Messverfahren, bei dem die auf den Bemessungsdifferenzstrom $I_{\Delta N}$ bezogene Berührungsspannung U_B angezeigt wird (fest eingestellter Prüfstrom von 0,3 $I_{\Delta N}$ bis 0,5 $I_{\Delta N}$, Methode mit Impulsmessung). **Tabelle 12.11** zeigt in übersichtlicher Form auf, welche Messgrößen von den zwei Messmethoden ermittelt werden können.

Messmethode	**Messgröße**			
	Berührungsspannung U_B bei $I_{\Delta N}$	**Berührungsspannung U_B bei I_Δ**	**Auslösestrom I_Δ**	**Auslösezeit t_A**
Ansteigender Prüfstrom	ja[1])	ja	ja	nein
Impulsmessung	ja	nein	nein	ja

[1]) Bestimmung durch Rechnung aus I_Δ, U_B und $I_{\Delta N}$ $\left(U_{Bn} = U_B \cdot \frac{I_{\Delta N}}{I_\Delta}\right)$

I_Δ gemessener Auslösestrom
$I_{\Delta N}$ Bemessungsdifferenzstrom
U_B gemessene Berührungsspannung
U_{Bn} aus $I_{\Delta N}$, U_B und $I_{\Delta N}$ hochgerechnete Berührungsspannung bei $I_{\Delta N}$

Tabelle 12.11 Messgrößenermittlung in Abhängigkeit von den Messmethoden

Für die Messschaltung wird dem Messgerätehersteller vorgegeben, dass der Innenwiderstand R_i der Spannungs-Messeinrichtung mindestens 40 kΩ betragen muss. Durch den hohen Innenwiderstand und die maximale Messabweichung von +20 % (siehe Abschnitt 12.6.5) liegt man messtechnisch auf der sicheren Seite. Auch werden Messwerte, die mit Sonde und Messwerte, die ohne Sonde ermittelt wurden, dadurch miteinander vergleichbar.

12.6.4 Bemessungsbedingungen

Ganz allgemein gilt die im Abschnitt 12.6.5 genannte zulässige Betriebsmessabweichung unter folgenden Nennbetriebsbedingungen:

- Netzspannung während der Messung konstant
- Netzspannung 0,85- bis 1,1fache der Nennspannung bei Nennfrequenz
- Schutzleiter fremdspannungsfrei
- Stromkreis hinter der Fehlerstrom-Schutzeinrichtung frei von Ableitströmen
- Temperaturbereich zwischen 0 °C und 35 °C
- Abweichung gegenüber der Referenzlage von ± 90° bei tragbaren Messgeräten
- sinusförmiger Strom

12.6.5 Betriebsmessabweichungen

Zum Prüfen gehören nach DIN VDE 0100-610 alle Maßnahmen, mit denen die Übereinstimmung der elektrischen Anlage mit den Anforderungen der Normen der Reihe DIN VDE 0100 nachgewiesen wird. Damit gehört zu jeder Messung – besonders im Grenzbereich – eine Abschätzung der möglichen Messabweichung, bedingt durch das verwendete Messgerät und das Messverfahren.

Daher muss der Prüfende in jedem Fall Kenntnis über die Messabweichungen des von ihm verwendeten Messgeräts haben. Nicht immer werden vom Hersteller der Messgeräte die Messabweichungen deutlich herausgestellt.

Die Abweichung des Auslösestroms I_{Δ} darf nach DIN EN 61557-6 (VDE 0413 Teil 6) ±10 % – bezogen auf den Bemessungsdifferenzstrom $I_{\Delta N}$ – betragen.

Die Betriebsmessabweichung bei Ermittlung der Fehlerspannung darf nach DIN EN 61557-6 (VDE 0413 Teil 6) zwischen 0 % und +20 % – bezogen auf den jeweiligen Grenzwert der Berührungsspannung – betragen.

12.6.6 Vermeiden gefährlicher Berührungsspannungen

In DIN VDE 0100-610 ist gefordert, dass Vorsichtsmaßnahmen ergriffen werden, um eine Gefährdung von Personen und eine Beschädigung von Sachen sowie der errichteten Betriebsmittel zu vermeiden. Unfall-, Brand- oder Explosionsgefahren dürfen nicht entstehen und selbstverständlich darf auch der Prüfende selbst nicht gefährdet werden.

Am günstigsten erreicht man diese Ziele, wenn die Prüfungen mit normgerechten Messgeräten für die Messaufgaben erfolgen, im vorliegenden Prüffall also mit den heute vorgeschriebenen Messgeräten nach DIN EN 61557-6 (VDE 0413 Teil 6).

Die Bauweise von Messgeräten nach dieser Norm stellt sicher, dass die Anforderung, nach der durch die Messung keine gefährliche Berührungsspannung in der zu prüfenden Anlage erzeugt werden darf, von dem Prüfenden erfüllt werden kann.

DIN EN 61557-6 (VDE 0413 Teil 6) lässt als zulässige Maßnahmen für die Messgeräte die beiden folgenden Möglichkeiten zu:

- Selbsttätiges Abschalten des Messgeräts nach maximal 0,2 s beim Auftreten von Berührungsspannungen U_B > 50 V, dem Grenzwert der dauernd zulässigen Berührungsspannung
- Verwenden von stufenweise oder fest einstellbaren Prüfwiderständen, wobei gewährleistet sein muss, dass die Prüfung mit einem Widerstand begonnen wird, der einschließlich etwa parallel geschalteter Messkreise einen Strom von höchstens 3,5 mA zulässt. Bei dieser Möglichkeit muss vom Prüfenden eindeutig erkannt werden können, z. B. an einem Spannungsmessgerät, ob der Prüfwiderstand ohne Erzeugung einer gefährlichen Berührungsspannung verringert werden darf

Bei den Messgeräten zum Prüfen von Fehlerstrom-Schutzeinrichtungen wird von den Herstellern die erstgenannte Möglichkeit des selbsttätigen Abschaltens nach maximal 0,2 s fast ausschließlich angewendet. Geräte mit der Impulsmethode erfüllen diese Anforderung durch die Impulslänge, die 200 ms nicht überschreiten darf.

Bei Anschluss des Messgeräts bis 120 % der Nennspannung des Netzes, für die das Gerät bemessen ist, dürfen der Bediener nicht gefährdet und das Gerät nicht beschädigt werden. Die Schutzeinrichtungen dürfen dabei noch nicht ansprechen. Und auch beim versehentlichen Anschluss von 173 % der Nennspannung für die Dauer von 1 Minute, das entspricht der verketteten Spannung des Netzes, dürfen der Bediener nicht gefährdet und das Messgerät nicht beschädigt werden. In diesem Fall dürfen jedoch Schutzeinrichtungen ansprechen.

12.7 Diskussion von Prüfergebnissen – Fehlerursachen

Soll mit dem Messgerät zum Prüfen der Wirksamkeit von Fehlerstrom-Schutzeinrichtungen auch im Fehlerfall die Fehlerursache festgestellt werden, so sind Geräte von Vorteil, die die Messung von Berührungsspannung U_B und Fehlerstrom I_F ermöglichen.

12.7.1 Fehlerstrom-Schutzeinrichtung (RCD) löst bei der Prüfung nicht aus

12.7.1.1 Berührungsspannung U_B zu hoch, Erdungswiderstand R_A zu hoch

Ist festgestellt worden, dass die Fehlerstrom-Schutzeinrichtung bei Erreichen der Grenze der dauernd zulässigen Berührungsspannung U_L nicht abschaltet, die Berührungsspannung U_B also zu hoch ist, so sind weitere Überlegungen notwendig, um die Fehlerursache zu ermitteln.

Der bei der Prüfung (Messschaltung mit und ohne Sonde) simulierte Fehlerstrom I_F wird gemessen. Ist er kleiner als der Bemessungsdifferenzstrom $I_{\Delta N}$ der Fehlerstrom-Schutzeinrichtung, so wird der Fehler zuerst in einem zu hohen Erdungswiderstand R_A zu suchen sein. Erder bzw. Erdungsleiter sind daraufhin zu überprüfen und gegebenenfalls zu verbessern.

Beispiel:

Gegeben: Fehlerstrom-Schutzeinrichtung $I_{\Delta N} = 0{,}5$ A

Gemessen: Berührungsspannung $U_B = 65$ V

Auslösestrom $I_\Delta = 0{,}325$ A

$$R_A = \frac{U_B}{I_\Delta}$$

$$R_A = \frac{65\ \text{V}}{0{,}325\ \text{A}}$$

$$\boldsymbol{R_A = 200\ \Omega}$$

Dieser ermittelte Wert überschreitet den maximal zulässigen Erdungswiderstand $R_A = 100\ \Omega$ um $100\ \Omega$.

Die Verringerung des Erdungswiderstands kann mitunter eine problematische Angelegenheit sein. Oft lässt die geologische Bodenbeschaffenheit die Realisierung von ausreichend niedrigen Erdungswiderständen nicht zu.

In solch einem Fall kann die Wahl einer Fehlerstrom-Schutzeinrichtung mit einem niedrigeren Bemessungsdifferenzstrom $I_{\Delta N}$ eine Lösung sein. Hier kommt der Vorteil zum Tragen, dass im Gegensatz zu den erforderlichen hohen Abschaltströmen beim Schutz mit Überstrom-Schutzeinrichtungen bei den Fehlerstrom-Schutzeinrichtungen deutlich niedrigere Abschaltströme erforderlich sind, also höhere Widerstände für Schutzleiter und Erder vorhanden sein dürfen.

So kann bei einer zu hohen Berührungsspannung z. B. anstelle einer vorhandenen Fehlerstrom-Schutzeinrichtung mit einem Bemessungsdifferenzstrom $I_{\Delta N} = 0{,}5$A – sie erfordert einen Erdungswiderstand R_A von max. $100\ \Omega$ bei $U_L = 50$ V – eine Fehlerstrom-Schutzeinrichtung mit einem Bemessungsdifferenzstrom $I_{\Delta N} = 0{,}3$ A Abhilfe schaffen, die einen Erdungswiderstand R_A von max. $166\ \Omega$ bei $U_L = 50$ V zulässt. Noch günstiger gestaltet sich die Berührungsspannung, wenn eine Fehlerstrom-Schutzeinrichtung mit einem Bemessungsdifferenzstrom $I_{\Delta N} = 30$ mA zum Einsatz kommt, in diesem Fall darf der Erdungswiderstand R_A sogar maximal $1666\ \Omega$ bei $U_L = 50$ V betragen. Das **Bild 12.18** zeigt die Berührungsspannung U_B in Abhängigkeit vom Erdungswiderstand R_A für Fehlerstrom-Schutzeinrichtungen mit verschiedenen Bemessungsdifferenzströmen $I_{\Delta N}$.

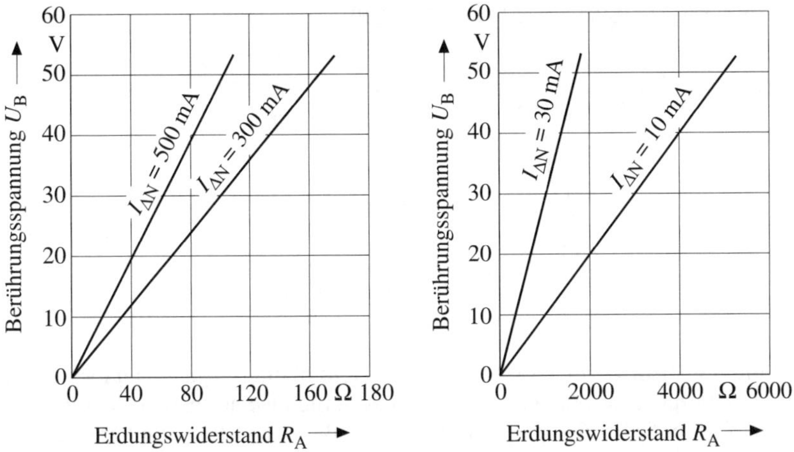

Bild 12.18 Berührungsspannung U_B in Abhängigkeit vom Erdungswiderstand R_A für die Bemessungsdifferenzströme $I_{\Delta N}$ = 10 mA, 30 mA, 300 mA und 500 mA von Fehlerstrom-Schutzeinrichtungen (RCDs)

12.7.1.2 Fehlerstrom I_F zu hoch

Ist der bei der Prüfung fließende Fehlerstrom I_F größer als der Bemessungsdifferenzstrom $I_{\Delta N}$ der Fehlerstrom-Schutzeinrichtung, so sind zwei Fehlerquellen möglich. Entweder liegt ein Schluss zwischen Neutral- und Schutzleiter vor (**Bild 12.19**) oder die Fehlerstrom-Schutzeinrichtung ist defekt.

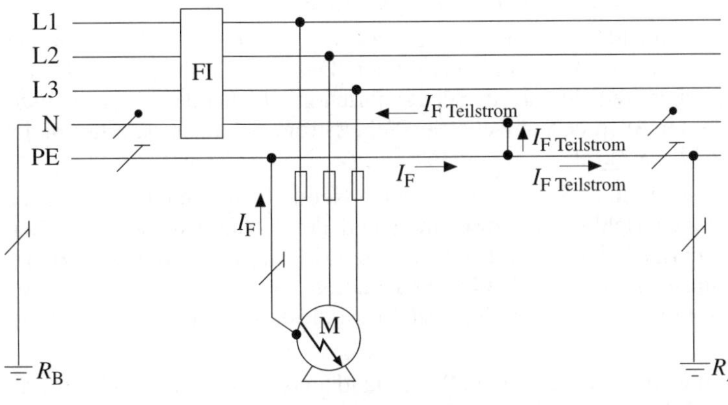

Bild 12.19 Verbindung zwischen Schutzleiter und Neutralleiter nach der Fehlerstrom-Schutzeinrichtung (RCD)

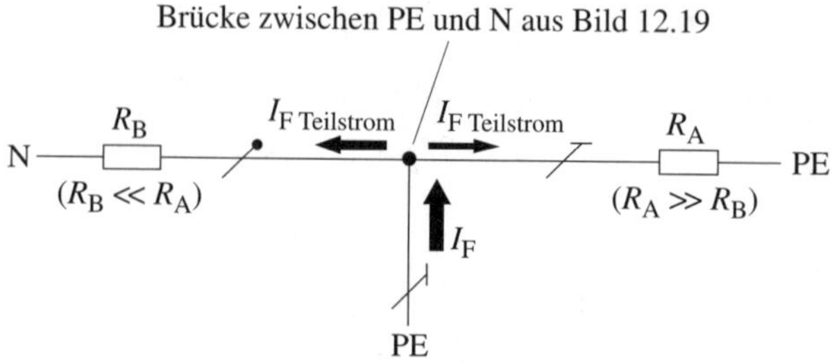

Bild 12.20 Aufteilung des Fehlerstroms an der Fehlerstelle (Beispiel)

Zunächst muss geprüft werden, ob Schutz- und Neutralleiter gegeneinander isoliert sind. Diese Fehlerursache wäre bei einer vorangestellten Isolationswiderstandsmessung (siehe Kapitel 8) bereits festgestellt worden. Bei der Installation kann es vorkommen, dass Schutz- und Neutralleiter nach der Fehlerstrom-Schutzeinrichtung versehentlich verbunden werden, z. B. durch einen Schaltungsfehler oder unsaubere Installation in Verbindungsdosen. Solch ein Fehler kann aber auch nachträglich, d. h. nach der Errichtung, in die Installationsanlage eingebracht werden, z. B. durch den unkorrekten Anschluss von Leuchten bei Eigenleistungen des Wohnungsinhabers. Die Wirksamkeit der Schutzmaßnahme mit Fehlerstrom-Schutzeinrichtung ist dann nicht mehr gegeben. Der Fehlerstrom I_F wird nun nicht mehr voll über den Anlagenerder R_A, sondern zum Teil über den Neutralleiter N mit seinem meist viel kleineren Widerstand und damit über die Fehlerstrom-Schutzeinrichtung zurückfließen. Genauer gesagt wird sich der Fehlerstrom I_F entsprechend den vorliegenden Widerstandsverhältnissen aufteilen. Da die Widerstandswerte des Betriebserders R_B im Verhältnis zu den Widerstandswerten des Anlagenerders R_A klein sind, fließt nur ein Teilstrom über den Anlagenerder R_A ab (**Bild 12.20**).

Bei Auftreten eines unzulässig hohen Fehlerstroms I_F in der Anlage kann nun der Fall eintreten, dass keine Auslösung stattfindet. Das Nichtauslösen ergibt sich immer, wenn der über die Fehlerstrom-Schutzeinrichtung fließende Teil des Fehlerstroms unterhalb der Ansprechschwelle der Fehlerstrom-Schutzeinrichtung bleibt (siehe Abschnitt 12.2.3.2).

Zur Feststellung solch eines Schlusses zwischen Neutral- und Schutzleiter ist die Fehlerstrom-Schutzeinrichtung auszuschalten und der Isolationswiderstand zwischen Neutralleiter (nach der Fehlerstrom-Schutzeinrichtung) und dem Schutzleiter zu messen. Es muss ein vorschriftsmäßiger Isolationswiderstand vorhanden sein. Wird eine niederohmige Verbindung festgestellt, ist diese zu suchen und zu beseitigen.

Ergibt die Messung einen hochohmigen Widerstand zwischen Schutz- und Neutralleiter, d. h. die erforderlichen Isolationswiderstandswerte sind eingehalten, so ist die Fehlerstrom-Schutzeinrichtung nicht mehr in Ordnung und ist auszutauschen. Die

Schutzmaßnahme mit Fehlerstrom-Schutzeinrichtung ist danach auf ihre Funktionsfähigkeit erneut zu prüfen.

Den vorgenannten Ausführungen ist zu entnehmen, dass die Prüfung der Wirksamkeit der Schutzmaßnahme mit Fehlerstrom-Schutzeinrichtung auch die Isolationswiderstandsmessung zwischen den Neutralleitern und den Schutzleitern der Anlage beinhalten muss.

12.7.2 Ungewollte Auslösung der Fehlerstrom-Schutzeinrichtung (RCDs) bei der Prüfung

Bei bestimmten Fehlerkonstellationen kann es vorkommen, dass die Fehlerstrom-Schutzeinrichtung bereits auslöst, wenn bei den Messgeräten mit der Impulsmethode die Berührungsspannung gemessen wird oder bei den Messgeräten mit ansteigendem Prüfstrom die Starttaste gedrückt wird. Dies lässt auf die in den Abschnitten 12.7.2.1 und 12.7.2.2 aufgeführten Fehler schließen.

12.7.2.1 Falsche Einstellung des Messbereichs am Messgerät

Hierbei handelt es sich um einen reinen Bedienfehler beim Bedienen des Messgeräts. Zur ungewollten Auslösung der Fehlerstrom-Schutzeinrichtung führt ein zu groß gewählter Messbereich am Messgerät. Der eingestellte Messbereich ist dann größer als der Bemessungsdifferenzstrom $I_{\Delta N}$ der Fehlerstrom-Schutzeinrichtung.

12.7.2.2 Vorbelastung des Schutzleiters

Eine Vorbelastung des Schutzleiters liegt dann vor, wenn bereits vor der Prüfung, z. B. durch Ableitströme, eine Spannung zwischen Schutzleiter und neutraler Erde vorhanden ist, die aber so klein ist, dass die Fehlerstrom-Schutzeinrichtung nicht anspricht. Die vorbelastende Fehlerspannung U_V kann innerhalb der durch die Fehlerstrom-Schutzeinrichtung zu schützenden Anlage selbst erzeugt werden oder auch über den Schutzleiter von einem Anlageteil vor der Fehlerstrom-Schutzeinrichtung eingeschleppt werden (siehe Bild 12.15). Sie wird oft von einem angeschlossenen Verbrauchsmittel verursacht. Dies erfolgt selbst dann, wenn das Verbrauchsmittel zwar ausgeschaltet, aber noch angeschlossen ist.

Bei einer vorbelasteten Anlage führt also der Schutzleiter bzw. der Körper des zu schützenden Betriebsmittels schon vor der Prüfung eine Spannung gegen Erde. Bei der Messschaltung mit Sonde zeigt der Spannungsmesser solche vorbelastenden Fehlerspannungen U_V sofort an. Im Gegensatz dazu wird bei der Messschaltung ohne Sonde die vorbelastende Spannung U_V zwischen Schutzleiter und Erde nicht bemerkt, sie wird also immer als Fehler bei der Messung der Berührungsspannung U_B eingehen. Die Gefahr, dass solche Verhältnisse vorliegen, ist insbesondere dann gegeben, wenn das Voltmeter vor Einschalten des Prüfwiderstands eine normalerweise niedrigere Spannung zwischen Außen- und Schutzleiter als zwischen Außen- und Neutralleiter anzeigt.

Die Vorbelastung des Schutzleiters führt nun dazu, dass es bei Prüfbeginn zu Fehlauslösungen kommen kann, da die Fehlerstrom-Schutzeinrichtung wegen der Vorbelastung ggf. schon kurz vor der Auslösung steht.

12.7.3 Ursachen für die Nichtauslösung von Fehlerstrom-Schutzeinrichtungen (RCDs) bei der Prüfung

Für die Nichtauslösung bei der Prüfung gibt es eine Anzahl von Fehlermöglichkeiten. Die wichtigsten sind in den Abschnitten 12.7.3.1 bis 12.7.3.8 beschrieben.

12.7.3.1 Berührungsspannung U_B zu hoch, Erdungswiderstand R_A zu hoch

An erster Stelle ist hier an die Erprobung gedacht. Löst die Fehlerstrom-Schutzeinrichtung beim Drücken der Prüftaste T nicht aus, so ist entweder die Fehlerstrom-Schutzeinrichtung unvollständig bzw. falsch angeschlossen (siehe auch Abschnitt 12.5.3) oder sie hat einen mechanischen Fehler.

12.7.3.2 Falsche Einstellung des Messbereichs am Messgerät

Hier handelt es sich wie im Abschnitt 12.7.2.1 um einen reinen Bedienfehler beim Bedienen des Messgeräts. Im Gegensatz zu Abschnitt 12.7.2.1, wo ein zu groß gewählter Messbereich zu einer ungewollten Auslösung der Fehlerstrom-Schutzeinrichtung führt, kommt es bei einem zu klein eingestellten Messbereich des Messgeräts – der eingestellte Messbereich ist kleiner als der Bemessungsdifferenzstrom $I_{\Delta N}$ – zu keiner Auslösung.

Hinweis:

Falls zuvor mit der Falscheinstellung die Berührungsspannung U_B nach der Impulsmethode gemessen wurde, ist der ermittelte Wert falsch. Er ist zu niedrig.

12.7.3.3 Zu hoher Erdungswiderstand R_A im TT-System

Bei einem zu hohen Erdungswiderstand R_A im TT-System wird der zur Auslösung erforderliche Fehlerstrom I_F nicht erreicht. Ein solcher Fehler hat praktisch nur bei Bemessungsdifferenzströmen $I_{\Delta N}$ von 0,3 mA und 0,5 A Bedeutung, da die für niedrigere Bemessungsdifferenzströme maximal zulässigen Erdungswiderstände R_A in der Praxis wohl immer problemlos erreicht werden.

12.7.3.4 Unterbrechung des Schutzleiters PE im TN-System vor der Fehlerstrom-Schutzeinrichtung

Sofern in einem TN-System der Schutzleiter PE vor der Fehlerstrom-Schutzeinrichtung unterbrochen oder nicht einwandfrei mit dem PEN-Leiter verbunden ist, so kann die Fehlerstrom-Schutzeinrichtung nicht auslösen. Es fehlt der „Erder".

12.7.3.5 Verbindung zwischen Neutralleiter N und Schutzleiter

Bei der Installation kann es vorkommen, dass Schutz- und Neutralleiter nach der Fehlerstrom-Schutzeinrichtung versehentlich verbunden werden (siehe Bild 12.19), z. B. durch einen Schaltungsfehler oder eine unsaubere Installation in Verbindungsdosen. Solch ein Fehler kann aber auch nachträglich, d. h. nach der Errichtung, in die Installationsanlage eingebracht werden, z. B. durch den fehlerhaften Anschluss von Leuchten bei Eigenleistungen des Wohnungsinhabers. Durch einen Fehler dieser Art ist die Wirksamkeit der Schutzmaßnahme mit Fehlerstrom-Schutzeinrichtung dann nicht mehr gegeben (siehe Abschnitt 12.7.1.2).

Beim erforderlichen Nachweis, dass die Fehlerstrom-Schutzeinrichtung mindestens bei Erreichen ihres Bemessungsdifferenzstroms $I_{\Delta N}$ auslöst ($I_{\Delta} \leq I_{\Delta N}$), kann es vorkommen, dass keine Auslösung erfolgt. Der bei der Prüfung simulierte Fehlerstrom wird nicht mehr voll über den Anlagenerder R_A, sondern zum Teil über den Neutralleiter N mit seinem meist viel kleineren Widerstand und damit über die Fehlerstrom-Schutzeinrichtung zurückfließen. Der simulierte Fehlerstrom wird sich entsprechend den vorliegenden Widerstandsverhältnissen aufteilen. Da die Widerstandswerte des Betriebserders R_B im Verhältnis zu den Widerstandswerten des Anlagenerders R_A klein sind, fließt nur ein Teil des simulierten Fehlerstroms über den Anlagenerder R_A ab (siehe Bild 12.20). Liegt der über den Anlagenerder R_A fließende Teil des simulierten Prüfstroms unter der Ansprechschwelle der Fehlerstrom-Schutzeinrichtung (siehe Abschnitt 12.2.3.2), so löst die Fehlerstrom-Schutzeinrichtung während der Prüfung nicht aus.

Diese Fehlerursache wäre bei einer vorangestellten Isolationswiderstandsmessung (siehe Kapitel 8) bereits festgestellt worden.

12.7.3.6 Überbrückung der Fehlerstrom-Schutzeinrichtung

Bei einer Überbrückung der Fehlerstrom-Schutzeinrichtung werden die Primärwicklungen (zwei bei der zweipoligen, vier bei der vierpoligen Fehlerstrom-Schutzeinrichtung) kurzgeschlossen. Das Wirkungsprinzip der Fehlerstrom-Schutzeinrichtung (siehe Abschnitt 12.2.2) ist nicht mehr gegeben. Sie kann während der Prüfung somit auch nicht auslösen.

12.7.3.7 Fehlerstrom auf den bei der Prüfung nicht benutzten Außenleitern (vierpolige Fehlerstrom-Schutzeinrichtung)

Werden bei einer vierpoligen Fehlerstrom-Schutzeinrichtung alle drei Außenleiter und der Neutralleiter erfasst, kann es vorkommen, dass bei der Prüfung der Auslösung die Fehlerstrom-Schutzeinrichtung nicht auslöst, weil die nicht für die Prüfung benutzten Außenleiter Fehlerströme führen (die unterhalb der Auslöseschwelle liegen). Der simulierte Fehlerstrom führt zur Symmetrierung und somit nicht zur Auslösung.

Wird der Nachweis, dass die Fehlerstrom-Schutzeinrichtung mindestens bei Erreichen ihres Bemessungsdifferenzstroms $I_{\Delta N}$ auslöst, an den anderen Außenleitern durchgeführt, kann ein solcher Fehler festgestellt werden.

12.8 Auswirkungen von Fehlern in der elektrischen Anlage auf das Verhalten von Fehlerstrom-Schutzeinrichtungen (RCDs) im Betrieb

12.8.1 Verbindung zwischen Neutralleiter N und Schutzleiter PE

Bei der Installation kann es vorkommen, dass Schutzleiter und Neutralleiter nach der Fehlerstrom-Schutzeinrichtung versehentlich verbunden werden (siehe Bild 12.19), z. B. durch einen Schaltungsfehler oder eine unsaubere Installation in Verbindungsdosen. Solch ein Fehler kann aber auch nachträglich, d. h. nach der Errichtung, in die Installationsanlage eingebracht werden, z. B. durch den fehlerhaften Anschluss von Leuchten bei Eigenleistungen des Wohnungsinhabers. Durch einen Fehler dieser Art ist die Wirksamkeit der Schutzmaßnahme mit Fehlerstrom-Schutzeinrichtung dann nicht mehr gegeben (siehe Abschnitt 12.7.1.2).

So wie es vorkommen kann, dass bei einem solchen Fehler bei der Prüfung der Auslösung diese nicht erfolgt (siehe Abschnitt 12.7.3.5), so kann der Fehler gleichermaßen aber auch zu ungewollten Auslösungen im praktischen Betrieb führen.

Ein Teil des Betriebsstroms kann nun bei verschobenem Sternpunkt infolge unsymmetrischer Belastung ohne weiteres über den Schutzleiter und den Anlagenerder R_A abfließen. Die Höhe des über den Anlagenerder R_A abfließenden Stroms wird durch dessen Erdungswiderstand R_A bestimmt. Liegt der über den Anlagenerder R_A fließende Teil des Betriebsstroms über der Ansprechschwelle der Fehlerstrom-Schutzeinrichtung (siehe Abschnitt 12.2.3.2), so löst diese ungewollt während des Betriebs aus. Die Betriebssicherheit ist nicht mehr gegeben.

Außerdem fließen bei einer gegebenenfalls vorliegenden größeren Spannung zwischen Neutralleiter und Erde – bedingt durch den Spannungsfall am Netzneutralleiter – und gleichzeitiger fehlerhafter Verbindung zwischen Schutz- und Neutralleiter in der Anlage nach der Fehlerstrom-Schutzeinrichtung Ströme vom Netzneutralleiter über Fehlerstrom-Schutzeinrichtung und Schutzleiter gegen Erde ab. Da dadurch das Summenstromprinzip wieder gestört wird, löst die Fehlerstrom-Schutzeinrichtung aus, obwohl aus der geschützten Anlage kein unzulässig hoher Fehlerstrom I_F herrührt (**Bild 12.21**). In solch einem Fall wird sich die Fehlerstrom-Schutzeinrichtung auch bei ausgeschalteten Überstrom-Schutzeinrichtungen vor der Fehlerstrom-Schutzeinrichtung nicht einschalten lassen, da die Ströme vom Netzneutralleiter in die Anlage verschleppt werden.

Bei der Schutzmaßnahme im TN-System mit Fehlerstrom-Schutzeinrichtung wird bei Vorliegen eines Schlusses zwischen Schutz- und Neutralleiter der betriebsmä-

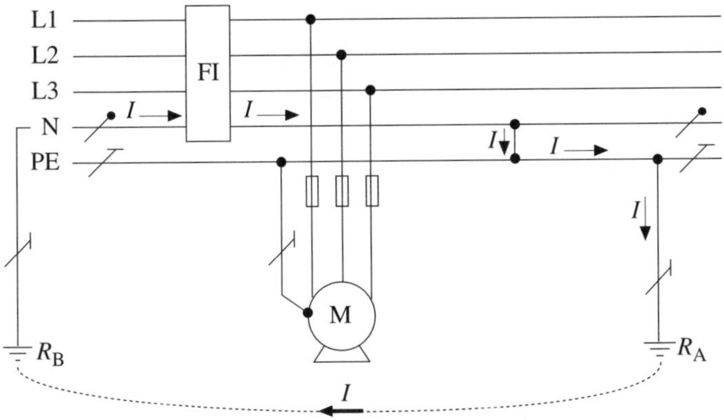

Bild 12.21 Verbindung zwischen Schutzleiter und Neutralleiter nach der Fehlerstrom-Schutzeinrichtung und gleichzeitigem unterschiedlichen Potential zwischen PE und N

ßige Strom über Neutral- und Schutzleiter zu gleichen Teilen zurückfließen und somit die Hälfte des vorhandenen Betriebsstroms die Fehlerstrom-Schutzeinrichtung umgehen (**Bild 12.22**). Das Summenstromprinzip ist gestört, die Fehlerstrom-Schutzeinrichtung löst gegebenenfalls ungewollt aus. Die Betriebssicherheit ist nicht mehr gegeben.

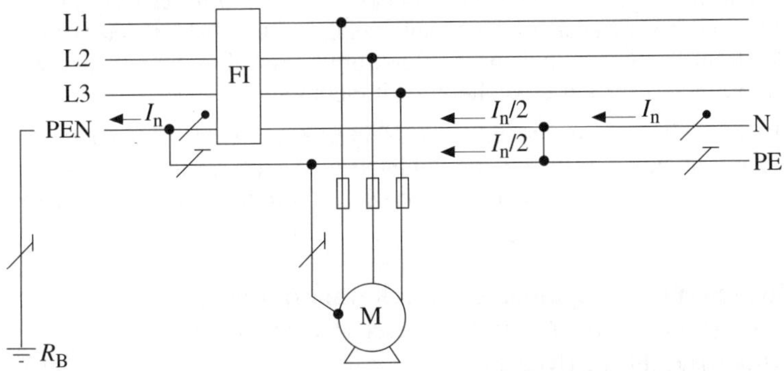

Bild 12.22 Verbindung zwischen Schutzleiter und Neutralleiter nach der Fehlerstrom-Schutzeinrichtung im TN-System

12.8.2 Verbindung zwischen den Neutralleitern verschiedener Fehlerstrom-Schutzeinrichtungen (RCDs)

Auch bei einer unzulässigen Verbindung eines Neutralleiters mit dem Neutralleiter eines anderen Fehlerstrom-Schutzeinrichtungs-Stromkreises fließt über den Neu-

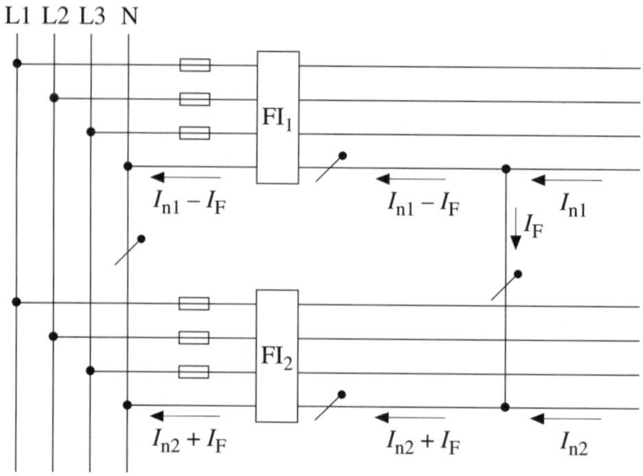

Bild 12.23 Verbindung zwischen den Neutralleitern verschiedener Fehlerstrom-Schutzeinrichtungen

tralleiter des Kreises mit den abgeschalteten Überstrom-Schutzeinrichtungen ein Strom (**Bild 12.23**). Der Neutralleiterstrom teilt sich völlig unkontrollierbar auf, und die Fehlerstrom-Schutzeinrichtung mit dem kleinsten Bemessungsdifferenzstrom $I_{\Delta N}$ löst aus. Bei gleichen Bemessungsdifferenzströmen löst die Fehlerstrom-Schutzeinrichtung mit der geringeren Ansprechempfindlichkeit aus, d. h. mit dem kleineren Auslösestrom I_{Δ}. Auch ein verschobener Sternpunkt infolge unsymmetrischer Belastung in der Verbraucheranlage kann in solch einem Fall zu einem auslösenden Fehlerstrom I_F führen und die Fehlerstrom-Schutzeinrichtung ungewollt zum Auslösen bringen. Die Betriebssicherheit ist nicht mehr gegeben.

Zur Feststellung solch einer Verbindung von Neutralleitern verschiedener Fehlerstrom-Schutzeinrichtungs-Kreise sind die Fehlerstrom-Schutzeinrichtungen auszuschalten und der Isolationswiderstand zwischen den Neutralleitern der verschiedenen Kreise der Anlage zu messen.

12.8.3 Hohe Berührungsspannung trotz einwandfreiem Erdungswiderstand R_A und fehlerfreier Fehlerstrom-Schutzeinrichtung (RCD)

Eine weitere Fehlermöglichkeit, die aber nicht der Fehlerstrom-Schutzeinrichtung bzw. der Schutzmaßnahme mit Fehlerstrom-Schutzeinrichtung anzulasten ist, ergibt sich durch eine Spannungsverschleppung aus der Anlage vor der Fehlerstrom-Schutzeinrichtung auf den Schutzleiter. Durch die zulässigen hohen Erdungswiderstände R_A – z. B. 1666 Ω für die Fehlerstrom-Schutzeinrichtung mit Bemessungsdifferenzstrom 30 mA (siehe Abschnitt 12.4) – kann sich am Schutzleiter leicht eine Spannung aufbauen, wenn vor der Fehlerstrom-Schutzeinrichtung eine hochohmige

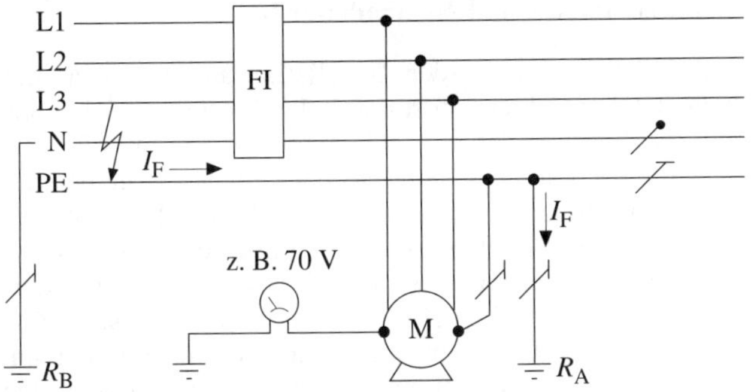

Bild 12.24 Spannungsverschleppung trotz einwandfreiem Erdungswiderstand R_A und fehlerfreier Fehlerstrom-Schutzeinrichtung

Verbindung, z. B. durch einen Isolationsfehler, zwischen einem Außen- und dem Schutzleiter besteht. In solch einem Fall wird trotz einer gegebenenfalls unzulässig hohen Fehlerspannung die Fehlerstrom-Schutzeinrichtung nicht abschalten, die Fehlerspannung bleibt aber auch bei abgeschalteter Fehlerstrom-Schutzeinrichtung bestehen (**Bild 12.24**).

Der Fehler tritt bedingt durch die hohen zulässigen Erdungswiderstände bei Verwendung von Fehlerstrom-Schutzeinrichtungen mit Nennfehlerströmen 10 mA und 30 mA nur bei diesen Fehlerstrom-Schutzeinrichtungen ein. Daher sollten besonders bei Verwendung dieser Fehlerstrom-Schutzeinrichtungen die Erdungswiderstände wesentlich kleiner als die durch die Tabelle vorgegebenen Werte sein.

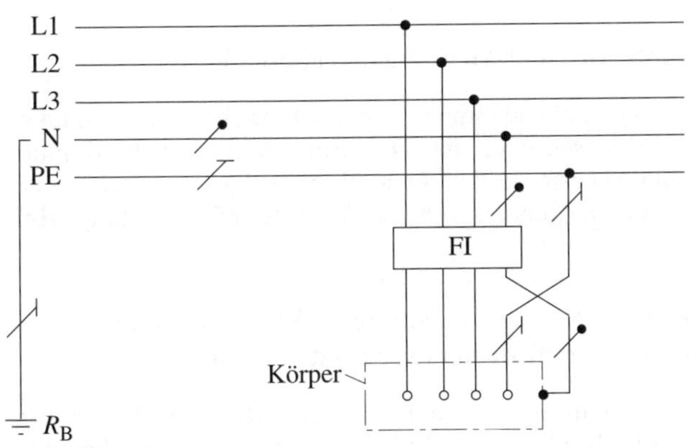

Bild 12.25 Schutzleiter PE und Neutralleiter N in der Installationsanlage vertauscht

12.8.4 Vertauschte Schutzleiter PE und Neutralleiter N

Werden Schutzleiter und Neutralleiter in der Installationsanlage vertauscht (**Bild 12.25**), macht sich ein solcher Fehler sofort durch das Auslösen der Fehlerstrom-Schutzeinrichtung bemerkbar, da der Strom des Verbrauchers zum Fehlerstrom wird. Voraussetzung für die Fehlauslösung ist, dass ein Verbrauchsmittel angeschlossen ist, dessen Strom oberhalb der Auslöseschwelle der Fehlerstrom-Schutzeinrichtung liegt. Fehlerstrom-Schutzeinrichtungen mit den Bemessungsdifferenzströmen 10 mA und 30 mA werden auch bei Verbrauchsmitteln mit kleinen Leistungen auslösen. Fehlerstrom-Schutzeinrichtungen mit Bemessungsdifferenzströmen 0,3 A und 0,5 A lösen bei Verbrauchsmitteln mit kleinen Leistungen nicht aus. Für den Bemessungsdifferenzstrom 0,5 A ergibt sich eine Leistung von 0,5 A · 230 V = 115 W als Grenzwert. Der Fehler kann durch eine Prüfung der niederohmigen Verbindung des Schutzleiters (siehe Kapitel 9) geortet werden.

12.9 Fragen zum Anschluss und Einsatz von Fehlerstrom-Schutzeinrichtungen (RCDs)

12.9.1 Kann eine vierpolige Fehlerstrom-Schutzeinrichtung (RCD) auch zweipolig angeschlossen werden?

Eine vierpolige Fehlerstrom-Schutzeinrichtung kann problemlos auch zweipolig angeschlossen und verwendet werden. Allerdings ist darauf zu achten, dass der Pol für den Außenleiter benutzt wird, an dem der Prüfwiderstand angeschlossen ist. Wird ein anderer Pol benutzt, ist die Prüfeinrichtung wirkungslos. Die erforderliche Erprobung (siehe Abschnitt 12.5.3) kann dann nicht erfolgen.

12.9.2 Ist eine bestimmte Anschlussrichtung einzuhalten?

Fehlerstrom-Schutzeinrichtungen können im praktischen Betrieb sowohl von unten als auch von oben angeschlossen werden. Das Einhalten einer bestimmten Anschlussrichtung ist somit nicht erforderlich. In der Praxis sollte der Anschluss der Fehlerstrom-Schutzeinrichtung in Abhängigkeit von der Energieflussrichtung erfolgen.

12.9.3 Können Fehlerstrom-Schutzeinrichtungen (RCDs) auch im Dreileiternetz (ohne Neutralleiter) verwendet werden?

Das Wirkungsprinzip von Fehlerstrom-Schutzeinrichtungen arbeitet auch beim Einsatz in einem Dreileiternetz (z. B. altes 127/220-V-Netz). Allerdings ist ohne weitere Maßnahmen die Prüfeinrichtung zunächst wirkungslos, da der am Neutralleiter angeschlossene Prüfwiderstand durch die Nichtbenutzung der Neutralleiterpole in der Luft hängt. Erst eine Brücke vom Neutralleiterpol zu einem weiteren Außenleiterpol schließt den Prüfstromkreis. Mit dieser Brücke können Fehlerstrom-Schutzeinrichtungen auch im Dreileiternetz verwendet werden.

12.9.4 Können Fehlerstrom-Schutzeinrichtungen (RCDs) auch bei höheren Frequenzen eingesetzt werden?

Fehlerstrom-Schutzeinrichtungen können bei Frequenzen von 50 Hz bis 60 Hz eingesetzt werden.

In der Praxis kommen mitunter aber auch deutlich höhere Frequenzen vor, z. B. in Laboratorien, in der Fernmeldetechnik, in der Textilindustrie. An Montagebändern werden oft Schnellfrequenzwerkzeuge verwendet, z. B. Schrauber mit einer Frequenz von 200 Hz, oft sogar 400 Hz.

Bei höheren Frequenzen ist infolge des stark ansteigenden magnetischen Widerstands im Eisenkern des Summenstromwandlers herkömmlicher Fehlerstrom-Schutzeinrichtungen (50 Hz bis 60 Hz) der Auslösestrom wesentlich höher. Herkömmliche Fehlerstrom-Schutzeinrichtungen können bei Frequenzen > 50 Hz bis 60 Hz also nicht eingesetzt werden.

Für vorgenannte Einsatzfälle mit höheren Frequenzen sind aber auch Fehlerstrom-Schutzeinrichtungen am Markt, die z. B. im gesamten Frequenzbereich von 50 Hz bis 400 Hz eingesetzt werden können.

12.9.5 Arbeiten Fehlerstrom-Schutzeinrichtungen (RCDs) auch bei Spannungen unterhalb der Bemessungsspannung ordnungsgemäß?

Die Auslösung von Fehlerstrom-Schutzeinrichtungen nach VDE 0664 Teil 10 und Teil 20 und damit die Schutzfunktion ist unabhängig von der Netzspannung und daher auch bei Spannungen unterhalb der Bemessungsspannung wirksam. Dennoch können sie nicht bei einer anderen als der Nennspannung eingesetzt werden, da der Prüfwiderstand der Prüfeinrichtung von der Bemessungsspannung abhängig ist. Die Prüfeinrichtung muss nach den oben genannten Normen bei 0,85facher und 1,1facher Bemessungsspannung noch wirksam sein (siehe Abschnitt 12.5.3). Würde eine Fehlerstrom-Schutzeinrichtung unterhalb der 0,85fachen Nennspannung eingesetzt, so würde das Wirkungsprinzip zwar funktionieren, nicht aber die Prüfeinrichtung. Ein solcher Einsatz darf also nicht erfolgen, falls die Hersteller von Fehlerstrom-Schutzeinrichtungen hierzu keine weiteren Angaben machen.

12.10 Auswirkung von pulsierenden Gleichfehlerströmen elektrischer Betriebsmittel auf das Verhalten von Fehlerstrom-Schutzeinrichtungen (RCDs)

12.10.1 Allgemeines

In den vergangenen Jahren wurden vermehrt elektronische Steuerungen verwendet, insbesondere auch in Haushaltsgeräten. Solche Steuerungen können aufgrund ihrer gesteuerten oder ungesteuerten Halbleiter unsymmetrische und nichtsinusförmige Fehlerströme verursachen. Diese können die Ansprechempfindlichkeit der Fehlerstrom-Schutzeinrichtungen älterer Generation nachteilig beeinflussen, mitunter sogar ganz aufheben. So kann die Auslösung gegebenenfalls selbst bei Überschreiten des Bemessungsdifferenzstroms um ein Vielfaches verhindert sein.

12.10.2 Prinzip der Beeinflussung

Die negative Beeinflussung von Fehlerstrom-Schutzeinrichtungen älterer Generation – sie erfassen nur symmetrische Wechselströme – durch Gleichfehlerstromanteile ergibt sich aus dem Wirkungsprinzip der angewendeten Differenzstromerfassung.

Sie beruht darauf, dass im Magnetkern des Summenstromwandlers die sich durch die Ströme von Hin- und Rückleiter ergebenden Magnetflüsse im ungestörten Betrieb aufheben. Bei Auftreten eines Fehlerstroms bringt dieser die Magnetflüsse aus dem Gleichgewicht. Durch den nun vorhandenen Differenzmagnetfluss wird in der Sekundärspule des Wandlers eine Spannung induziert. In Abhängigkeit von der Höhe dieser Spannung spricht der an die Sekundärwicklung angeschlossene Auslöser an (vereinfachte Darstellung, genauer Vorgang siehe Abschnitt 12.2).

Die Höhe der induzierten Spannung hängt von der Flussänderung im Wandlerkern ab. Die größte Spannung entsteht, wenn bei sinusförmigem Wechselfehlerstrom die Hystereseschleife des Wandlerkerns vom positiven bis zum negativen Sättigungswert durchlaufen wird (**Bild 12.26**). Zu berücksichtigen ist nun, dass die Induktion im Wandlerkern dem Strom nicht linear folgt. Nach der Magnetisierung, d. h. nach Rückgang des Stroms auf null, verbleibt immer ein mehr oder weniger großer Restmagnetismus (Remanenz). Bei Wechselstrom wird der Restmagnetismus innerhalb einer Periode durch die jeweils entgegengerichtete Strom-Halbwelle wieder abgebaut. Innerhalb einer vollständigen Wechselstromperiode durchläuft die Induktion somit den Induktionshub B.

Bei pulsierendem Gleichfehlerstrom fehlt jedoch die Stromrichtungsumkehr. Wegen der fehlenden Entmagnetisierung durch die entgegengesetzte Strom-Halbwelle kann die Hystereseschleife nur vom Remanenzpunkt bis zur Sättigungsinduktion durchlaufen werden. Damit sind der Induktionshub B und als Folge davon die induzierte Spannung in der Sekundärspule des Summenstromwandlers wesent-

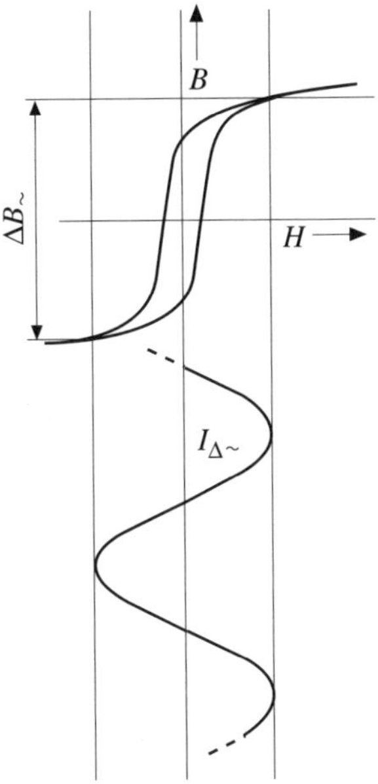

B Induktion
H Feldstärke
$\Delta B_\sim$ Induktionshub bei Wechselfehlerstrom
$I_{\Delta\sim}$ Wechselfehlerstrom

Bild 12.26 Induktionshub bei Magnetisierung des Wandlerkerns eines Summenstromwandlers mit einem Wechselfehlerstrom

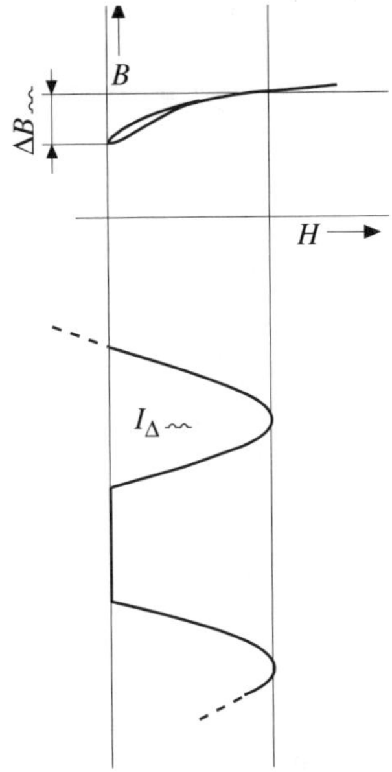

B Induktion
H Feldstärke
$\Delta B_{\sim\sim}$ Induktionshub bei pulsierendem Gleichfehlerstrom
$I_{\Delta\sim\sim}$ pulsierender Gleichfehlerstrom

Bild 12.27 Induktionshub bei Magnetisierung des Wandlerkerns eines Summenstromwandlers mit einem pulsierenden Gleichfehlerstrom

lich geringer als bei der Magnetisierung durch sinusförmige Wechselfehlerströme (**Bild 12.27**). Der Magnetauslöser kann durch diese geringere Spannung gegebenenfalls nicht mehr auslösen. Das gesicherte Auslösen der Fehlerstrom-Schutzeinrichtung für symmetrische Wechselfehlerströme (alte Generation) ist nicht mehr gegeben. Im direkten Vergleich zwischen Induktionshub infolge Wechselfehlerstrom und Induktionshub durch pulsierenden Gleichfehlerstrom wird der Größenunterschied deutlich (**Bild 12.28**).

Die heutige Generation der pulsstromsensitiven Fehlerstrom-Schutzeinrichtungen für pulsierende Gleichfehlerströme hat besonders hochpermeable Wandlerkernwerkstoffe mit niedrigem Remanenzpunkt, also verminderter Remanenz (**Bild 12.29**). Die nutzbare Änderung der Induktion (Induktionshub) wird größer, damit

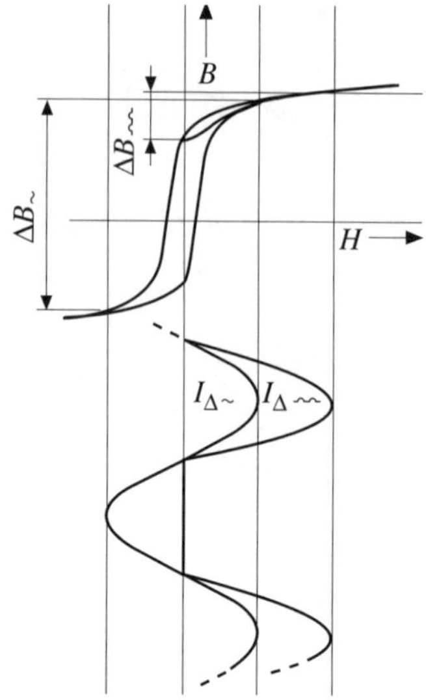

B Induktion
H Feldstärke
$\Delta B_{\sim}$ Induktionshub bei Wechselfehlerstrom
$\Delta B_{\approx}$ Induktionshub bei pulsierendem Gleichfehlerstrom
$I_{\Delta\sim}$ Wechselfehlerstrom
$I_{\Delta\approx}$ pulsierender Gleichfehlerstrom

Bild 12.28 Induktionshub bei Magnetisierung des Wandlerkerns eines Summenstromwandlers; Vergleich Wechselfehlerstrom mit pulsierendem Gleichfehlerstrom

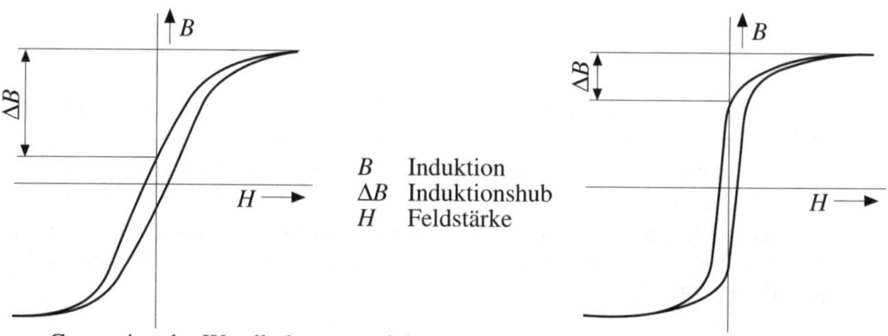

neue Generation des Wandlerkernmaterials (wechselstrom- und pulsstromsensitiv)

alte Generation des Wandlerkernmaterials (nur wechselstromsensitiv)

Bild 12.29 Induktionshub bei Magnetisierung des Wandlerkerns eines Summenstromwandlers mit pulsierendem Gleichfehlerstrom – Vergleich von Wandlerkernmaterialien alter und neuer Generation

Typ	**Verursacher** (Beispiele)
A **Wellige Gleichfehlerströme > 0** 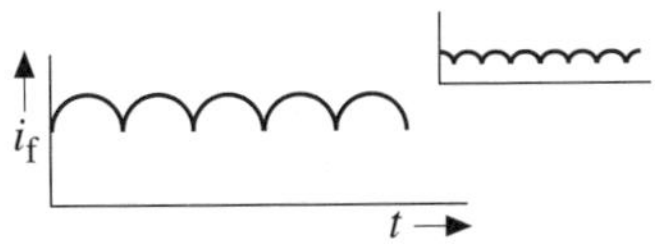	– Einweggleichrichtung mit kapazitiver oder induktiver Glättung – Drehstrom-Mittelpunkt- und Drehstrom-Brückenschaltung
B **Wellige Gleichfehlerströme ≥ 0** 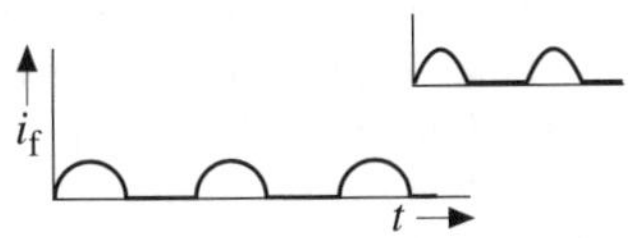	**ohmsche Last bei:** – Einweggleichrichtung ohne Glättung – Einphasen-Brückenschaltung mit und ohne Glättung – Phasenanschnittsteuerung symmetrisch und unsymmetrisch (Dimmer, Drehzahlsteller)
C **Wellige Gleichfehlerströme ≷ 0** 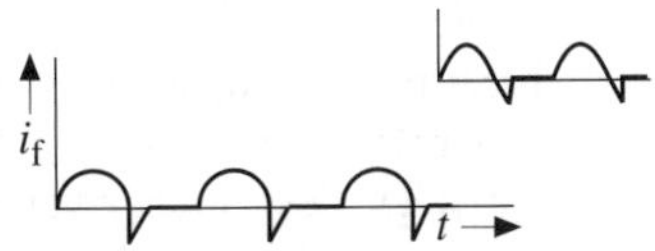	**induktive Last bei:** – Einweggleichrichtung ohne Glättung – Einphasen-Brückenschaltung mit und ohne Glättung – Phasenanschnittsteuerung symmetrisch und unsymmetrisch (Dimmer, Drehzahlsteller)

Bild 12.30 Typen von Gleichfehlerströmen und ihre Verursacher

auch die induzierte Spannung in der Sekundärspule des Summenstromwandlers. Der Magnetauslöser kann gesichert auslösen.

Die neuen Wandlerkernwerkstoffe ermöglichen somit, dass in den Fällen, in denen der Fehlerstrom innerhalb einer Netzperiode null oder nahezu Null wird, ein ausreichender Induktionshub ΔB die Auslösung gewährleistet. Es werden also neben dem Fehlerstromtyp A auch die Fehlerstromtypen B und C beherrscht (**Bild 12.30**).

12.10.3 Fehlerstrom-Schutzeinrichtungen (RCDs) der neuen Generation

Seit 1981 (DIN VDE 0664-1:1981-05) müssen Fehlerstrom-Schutzeinrichtungen neben Wechselfehlerströmen auch pulsierende Gleichfehlerströme erfassen und abschalten können. Diese Fehlerstrom-Schutzeinrichtungen sind durch ein Bildzeichen für die Art des Fehlerstroms kenntlich gemacht. Das Bildzeichen enthält das Zeichen für Wechsel- und Pulsstromsensitivität (**Bild 12.31**). Fehlerstrom-Schutzeinrichtungen der vorangegangenen Generation eignen sich nur zum Erfassen symmetrischer Wechselfehlerströme.

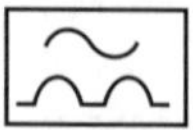

Typ A wechselstromsensitiv und pulsstromsensitiv

Typ B allstromsensitiv

Bild 12.31 Bildzeichen für die Art des Fehlerstroms bei Fehlerstrom-Schutzeinrichtungen für Wechselfehlerströme und pulsierende Gleichfehlerströme (Typ A) sowie für glatte Gleichfehlerströme (Typ B)

Pulsstromsensitive Fehlerstrom-Schutzeinrichtungen schalten Wechsel- und pulsierende Gleichfehlerströme ab, die in jeder Periode der Netzspannung null oder fast null werden. Bei elektrischen Verbrauchsmitteln der Industrie werden jedoch immer öfter auch Schaltungen angewendet, bei denen im Fehlerfall glatte Gleichfehlerströme auftreten können oder Gleichfehlerströme mit geringer Restwelligkeit, z. B. in Frequenzumrichtern, Rohrbegleitheizungen und USV-Anlagen. Solche Fehlerströme können von Fehlerstrom-Schutzeinrichtungen der Typen A und AC nicht erfasst und abgeschaltet werden. Zur Erfassung und Abschaltung von solchen Gleichfehlerströmen wurden spezielle, so genannte „allstromsensitive" RCDs (Typ B) entwickelt. Diese Ausführungen werden zukünftig in DIN VDE 0664-100 und -200 genormt.

Der prinzipielle Aufbau solcher allstromsensitiver Fehlerstrom-Schutzeinrichtungen besteht zum einen aus einem Summenstromwandler, der wie beim Typ A wechsel- und pulsstromsensitive Fehlerströme erfasst. Daneben gibt es einen zweiten Summenstromwandler, der glatte Gleichfehlerströme erfasst und über eine Elektronikeinheit auswertet. Für solche Fehlerstrom-Schutzeinrichtungen konnte von der VDE-Prüfstelle bereits ein Registrierzeichen vergeben werden, da die wechsel- und pulsstromsensitiven Fehlerströme vom Typ-A-Teil wie von einer herkömmlichen Fehlerstrom-Schutzeinrichtung geschaltet werden und damit weitgehend entsprechend der Normvorgaben geprüft werden konnten. Zusätzlich erfolgte eine Prüfung der Wirksamkeit des Gleichstromteils.

Die Prüfung von allstromsensitiven Fehlerstrom-Schutzeinrichtungen erfolgt nach der Errichtung mit den üblichen Geräten und Verfahren, wobei nur die Auslösung mit sinusförmigen Fehlerströmen ausgewertet wird. Für die übrigen Nachweise muss man sich auf die Werksprüfung des Herstellers abstützen, da die normalen Messgeräte wegen fehlender Vorgaben solche Prüfungen nicht vorsehen. Es ist zu erwarten, dass mit der stärkeren Verbreitung von allstromsensitiven Fehlerstrom-Schutzeinrichtungen in Zukunft deren Besonderheiten auch in der Messgerätetechnik berücksichtigt werden. Eine Norm hierzu ist in Vorbereitung, geeignete Messgeräte sind bereits lieferbar.

12.10.4 Anforderungen aus den Errichtungsbestimmungen

Eine Prüfung, ob die pulsstromsensitive Fehlerstrom-Schutzeinrichtung innerhalb der zulässigen Werte des Auslösestroms (obere Ansprechgrenze 1,4 $I_{\Delta N}$) bei pulsierenden Gleichfehlerströmen ausschaltet, ist im Rahmen der Prüfung der Schutzmaßnahmen mit Fehlerstrom-Schutzeinrichtungen nicht erforderlich. Die Pulsstromempfindlichkeit der Fehlerstrom-Schutzeinrichtung wird durch die Baubestimmungen DIN EN 61008-1 und 61009-1 (VDE 0664 Teile 10 und 20) gewährleistet, die vom Hersteller berücksichtigt werden müssen. Eine ähnliche Aussage lässt sich auch für allstromsensitive Fehlerstrom-Schutzeinrichtungen machen: Die Prüfung in der Anlage erstreckt sich auf die Wirksamkeit der Schutzmaßnahme bezüglich sinusförmiger Wechselfehlerströme. Die Wirksamkeit der Schutzmaßnahme bei pulsierenden oder reinen Gleichfehlerströmen wird durch den Hersteller und die durchgeführte Typprüfung gewährleistet.

Bei pulsierenden Gleichfehlerströmen wurde die obere Ansprechgrenze auf 1,4 $I_{\Delta N}$ festgelegt, da Gleichfehlerströme für den Menschen weniger gefährlich sind als Wechselfehlerströme. Fehlerstrom-Schutzeinrichtungen des Typs A müssen somit auslösen, wenn bei einem reinen Wechselfehlerstrom der Bemessungsdifferenzstrom $I_{\Delta N}$ und bei einem pulsierenden Gleichfehlerstrom der 1,4fache Wert des Bemessungsdifferenzstroms überschritten wird. Bei Überlagerungen mit einem glatten Gleichfehlerstrom von 6 mA darf der Auslösewert von 6 mA höher liegen. Exakte Angaben über Art und Form der in Installationsanlagen zulässigen Gleichfehlerströme – sie können von der neuen Generation der Fehlerstrom-Schutzeinrichtungen erfasst und abgeschaltet werden – macht DIN EN 50178 (VDE 0160):1998-04 (Ausrüstung von Starkstromanlagen mit elektronischen Betriebsmitteln). Diese Norm behandelt auch bereits den Schutz bei glatten Gleichfehlerströmen durch Fehlerstrom-Schutzeinrichtungen des Typs B. Nach dieser Norm ist bei Vorhandensein von Fehlerstrom-Schutzeinrichtungen vor Anschluss eines elektronischen Betriebsmittels (EB) dessen Verträglichkeit mit der Fehlerstrom-Schutzeinrichtung nachzuweisen.

So können bei elektronischen Betriebsmitteln mit Stromrichtern in Sechspuls-Brückenschaltung bei einem Körperschluss Gleichfehlerströme entstehen, die die Funktion von Fehlerstrom-Schutzeinrichtungen des Typs A oder AC blockieren. In diesem Fall ist für den Schutz eine Fehlerstrom-Schutzeinrichtung des Typs B geeignet.

In DIN EN 50178 (VDE 0160) wird auch vorgegeben, welchen Bedingungen die Betriebsmittel in elektrischen Anlagen mit Wechsel- und Drehstromnetzen hinsichtlich des Gleichfehlerstroms genügen müssen. Grundsätzlich darf das Ansprechen einer Fehlerstrom-Schutzeinrichtung in Reihe mit einem elektronischen Betriebsmittel nicht durch einen Gleichstromanteil im Fehlerstrom verhindert werden. Daher müssen elektronische Bauelemente für ortsveränderlichen Anschluss und einer Bemessungsleistung ≤ 4 kVA grundsätzlich so beschaffen sein, dass sie mit Fehlerstrom-Schutzeinrichtungen vom Typ A verträglich sind. Bei anderen elektronischen Betriebsmitteln, die glatte Gleichfehlerströme erzeugen können, ist ein Hinweis erforderlich, dass nur Fehlerstrom-Schutzeinrichtungen des Typs B verwendet werden dürfen.

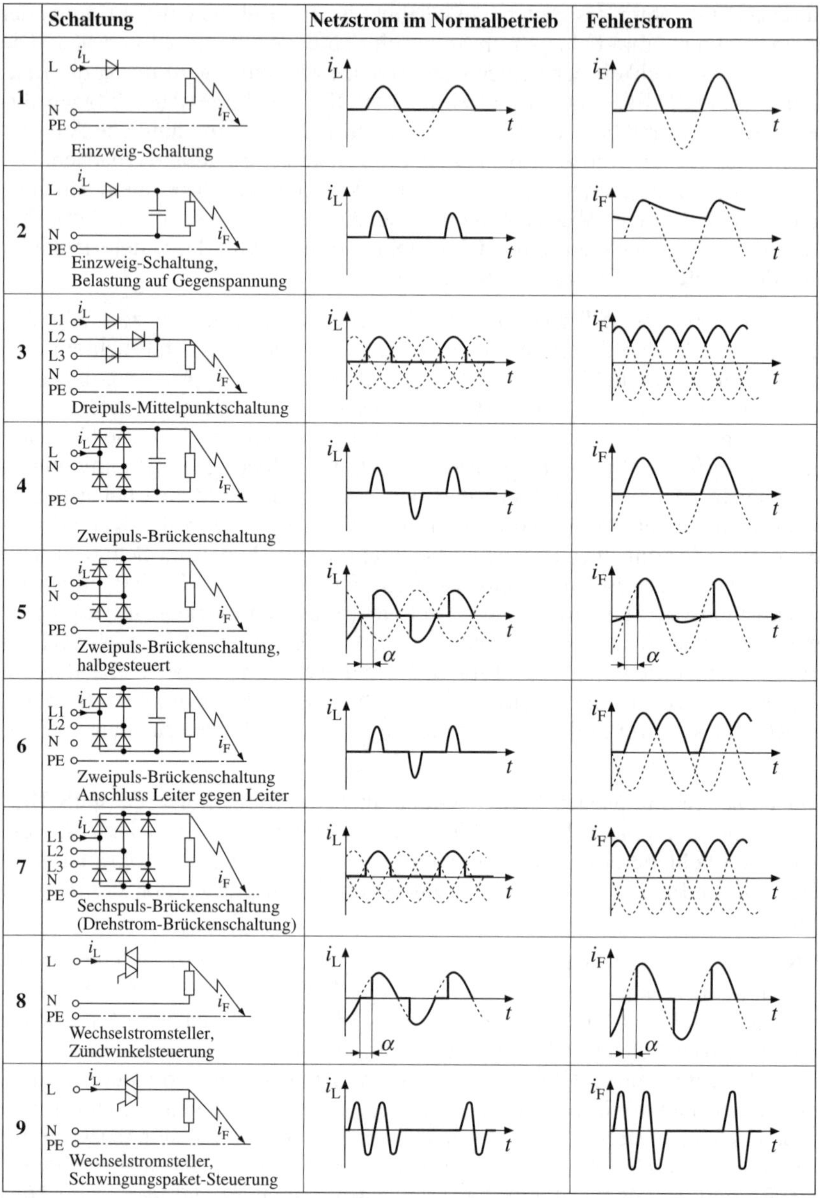

Bild 12.32 Verlauf des Fehlerstroms bei Schaltungen mit Halbleiter-Bauelementen (nach DIN EN 50178 (VDE 0160))

Bild 12.32 zeigt für gebräuchliche netzseitige Schaltungen für elektronische Betriebsmittel (z. B. Betriebsmittel der Leistungselektronik und Schaltnetzteile) den Verlauf der Fehlerströme und wo bei Erdschluss ein Gleichanteil im Fehlerstrom auftreten kann. Die Schaltungen 2, 3, 6 und 7 können einen hohen Gleichanteil im Fehlerstrom enthalten und die Empfindlichkeit von Fehlerstrom-Schutzeinrichtungen des Typs A herabsetzen. Für die Erfassung und Abschaltung von Fehlerströmen sind hier nur allstromsensitive Fehlerstrom-Schutzeinrichtungen (Typ B) geeignet. Die Schaltungen 1, 4 und 5 können mit pulsstromsensitiven oder allstromsensitiven Fehlerstrom-Schutzeinrichtungen (Typ A oder B) geschützt werden. Bei den Schaltungen 8 und 9 enthält der Fehlerstrom keinen Gleichanteil. Daher dürfen hier alle Arten von Fehlerstrom-Schutzeinrichtungen eingesetzt werden (in Deutschland ist Typ AC nicht zulässig).

12.10.5 Maßnahmen in elektrischen Anlagen mit pulsstromsensitiven und allstromsensitiven Fehlerstrom-Schutzeinrichtungen (RCDs)

In elektrischen Anlagen mit Fehlerstrom-Schutzeinrichtungen muss zunächst die Frage gestellt werden:

„Sind in der elektrischen Anlage der Hausinstallation Betriebsmittel vorhanden, die im Falle eines Körperschlusses einen pulsförmigen oder glatten Gleichstromanteil im Fehlerstrom verursachen und wie lässt er sich beherrschen?“

Wenn die Sicherheit nicht mit Fehlerstrom-Schutzeinrichtungen erreicht werden kann, müssen andere Schutzmaßnahmen ergriffen werden, z. B. durch:

- Schutzisolierung
- elektrische Trennung, wie z. B. durch einen Trenntransformator oder durch eine Stromquelle, die eine gleichwertige Sicherheit bietet, z. B. durch einen Motorgenerator mit gleichwertig isolierten Wicklungen
- andere Maßnahmen

12.10.6 Maßnahmen in elektrischen Anlagen mit Fehlerstrom-Schutzeinrichtungen alter Generation in bestehenden Anlagen

Neben dem unzulässigen Gleichstromanteil im Fehlerstrom ist jetzt auch der für die heutige Generation zulässige Gleichstromanteil im Fehlerstrom zu beanstanden, da er von der alten Generation der Fehlerstrom-Schutzeinrichtungen nicht beherrscht wird. Die Frage muss also lauten:

„Sind in der elektrischen Anlage der Hausinstallation Betriebsmittel vorhanden, die im Falle eines Körperschlusses einen Gleichstromanteil im Fehlerstrom verursachen – gleich, ob nach DIN EN 50178 (VDE 0160) zulässig oder unzulässig?“

Wird die Frage bejaht, ist wie folgt vorzugehen:

Ist der Gleichstromanteil im Fehlerstrom nach DIN EN 50178 (VDE 0160) zulässig, so ist die Fehlerstrom-Schutzeinrichtung der alten Generation gegen eine Fehlerstrom-Schutzeinrichtung der neuen Generation auszutauschen.

Ist der Gleichstromanteil im Fehlerstrom dagegen unzulässig hoch, so dass er auch von einer Fehlerstrom-Schutzeinrichtung der neuen Generation nicht beherrscht wird, so ist eine der im Abschnitt 12.10.5 aufgeführten Maßnahmen zu ergreifen, die dann eine gleichwertige Sicherheit erzielen muss.

13 Prüfungen bei Verwendung von Fehlerspannungs-Schutzeinrichtungen im TT-System

13.1 Allgemeines

Die Anwendung von Fehlerspannungs-Schutzeinrichtungen beschränkte sich bereits in der Vergangenheit bei Neuanlagen nur auf einige wenige Sonderfälle, wenn der Einsatz von Fehlerstrom-Schutzeinrichtungen nicht möglich war, z. B. bei Gleichstrom. Heute dürften sie in Neuanlagen nicht mehr anzutreffen sein.

Der Einsatz im TN-System ist nicht zulässig, da Fehlerspannungs-Schutzeinrichtungen zusätzlich einen Hilfserder erfordern, der von anderen Erdern unbeeinflusst ist. In einem TN-System ist dies nur schwer möglich. Auch muss damit gerechnet werden, dass Fehlerspannungs-Schutzeinrichtungen bei Auftreten von Fehlerspannungen aus dem Verteilungsnetz oder aus anderen Verbraucheranlagen auslösen. Diese unerwünschte Auslösung tritt auch dann auf, wenn die Grenze der dauernd zulässigen Berührungsspannung noch nicht überschritten wurde. Nur im TT-System durften sie als Schutzeinrichtung angewendet werden (**Bild 13.1**).

Wie bei dem Begriff Fehlerstrom-Schutzeinrichtung verbirgt sich auch bei der Fehlerspannungs-Schutzeinrichtung ein bekannter Name: „Fehlerspannungs-Schutzschalter (FU-Schalter)“.

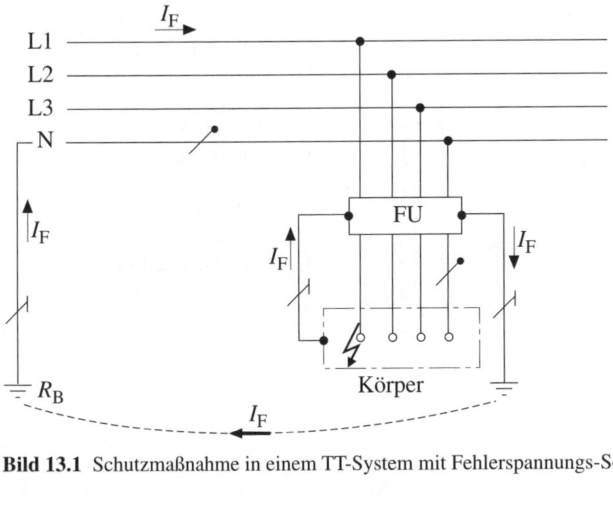

Bild 13.1 Schutzmaßnahme in einem TT-System mit Fehlerspannungs-Schutzeinrichtung

Die nach DIN VDE 0100-410 in TT-Systemen zulässigen Fehlerspannungs-Schutzeinrichtungen sind Fehlerspannungs-Schutzschalter nach DIN VDE 0663. Diese Norm wurde aber inzwischen im Jahr 1987 zurückgezogen, weil sie überholt ist und die Geräte in Deutschland nicht mehr hergestellt werden. Da nach DIN VDE 0100-510 nur Betriebsmittel verwendet werden dürfen, die den europäischen oder nationalen Normen entsprechen, ist der Einsatz von Fehlerspannungs-Schutzeinrichtungen heute auch nicht mehr zulässig, sofern es andere genormte Betriebsmittel hierfür gibt.

Da Fehlerspannungs-Schutzeinrichtungen aber in bestehenden Anlagen mitunter noch eingebaut sind, soll auf die Prüfung der Schutzmaßnahme im TT-System mit Fehlerspannungs-Schutzeinrichtung nicht verzichtet werden. In vielen Bereichen kann dabei auf den vorangegangenen Abschnitt 12 „Prüfungen bei Verwendung von Fehlerstrom-Schutzeinrichtungen“ verwiesen werden.

13.2 Wirkungsweise der Fehlerspannungs-Schutzeinrichtung

Bei der Schutzmaßnahme im TT-System mit Fehlerspannungs-Schutzeinrichtung ist eine Spule (Fehlerspannungsspule) wie ein Spannungsmesser zwischen die zu schützenden Anlageteile (Körper) und dem Hilfserder geschaltet (**Bild 13.2**). Bei Erreichen der Auslösespannung kommt es zur Auslösung, wobei alle Außenleiter

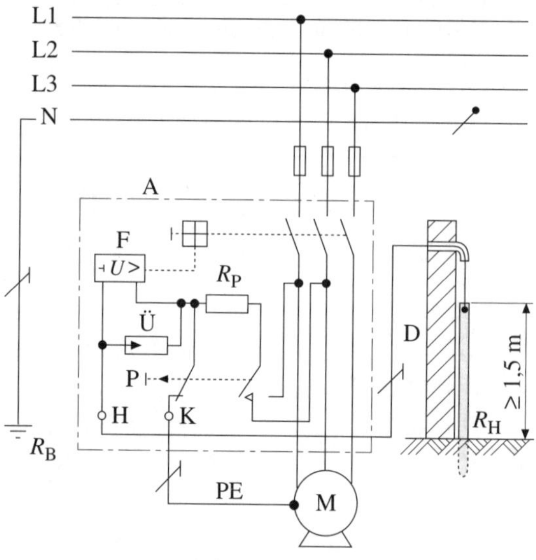

A FU-Schutzeinrichtung
D isolierter Hilfserdungsleiter
F Fehlerspannungsspule
H Hilfserdungsleiteranschluss
K Schutzleiteranschluss
P Prüfeinrichtung
PE Schutzleiter
R_B Betriebserder
R_H Hilfserder
R_P Prüfwiderstand
Ü Überspannungsableiter

Bild 13.2 Prinzip einer Schutzmaßnahme im TT-System mit Fehlerspannungs-Schutzeinrichtung

und bei Vorhandensein eines Neutralleiters auch dieser gleichzeitig abgeschaltet werden. Die Auslösung wird nur dann vorgenommen, wenn der Erdungswiderstand des Hilfserders klein genug ist und somit ein ausreichender Spannungsfall an der Fehlerspannungsspule zustande kommt. Der Erdungswiderstand R_A des Hilfserders soll in der Praxis 200 Ω nicht überschreiten. In Ausnahmefällen, z. B. wenn der Wert von 200 Ω bei felsigem Boden nicht eingehalten werden kann, ist auch ein höherer Wert bis zu 500 Ω zulässig. Es muss darauf geachtet werden, dass die Fehlerspannungsspule nicht überbrückt ist, z. B. durch fremde leitfähige Teile oder eine beschädigte Isolierung des Erdungsleiters zum Hilfserder. Auch wenn der Hilfserder im Spannungstrichter der zu schützenden Anlage liegt und diese ebenfalls mit der Erde in guter Verbindung steht, z. B. bei Hauswasserversorgungsanlagen, Eisenkonstruktionen, wird die Fehlerspannungsspule überbrückt. Sie nimmt dann im Fehlerfall keine Fehlerspannung wahr, die notwendige Abschaltung tritt nicht ein. Der Hilfserder soll deshalb auch im Fehlerfall annähernd auf dem Potential null liegen.

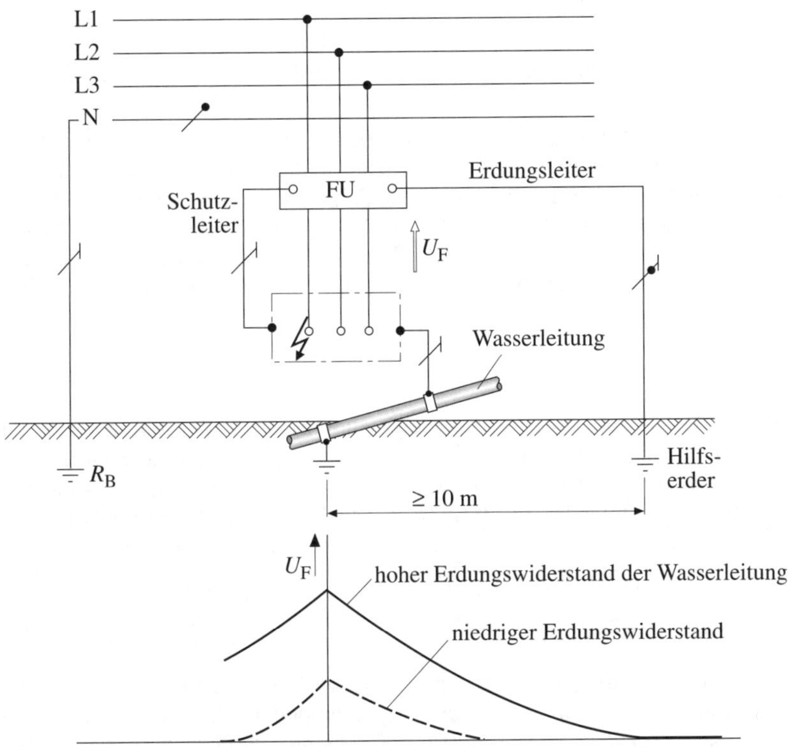

Bild 13.3 Notwendiger Abstand eines Hilfserders zu anderen Erdern am Beispiel Wasserleitung mit Potentialverlauf

Deshalb muss als Hilfserder ein besonderer Erder verwendet werden, der einen Abstand von anderen Erdern von mindestens 10 m hat, also nicht im Spannungstrichter anderer Erder liegt (**Bild 13.3**). In der Praxis ist dies mitunter nur schwierig zu gewährleisten. Deshalb darf in Neuanlagen die Fehlerspannungs-Schutzeinrichtung nach DIN VDE 0100-410, Abschnitt 413.1.4.4, nur in Sonderfällen angewendet werden, wenn Fehlerstrom-Schutzeinrichtungen oder Überstrom-Schutzeinrichtungen nicht angewandt werden können.

Da sich im Laufe der Zeit die Erdungsverhältnisse (Überbrücken der Spannungsspule) geändert haben können, was schließlich die Unwirksamkeit der angewendeten Schutzmaßnahme bedeuten kann, sind Wiederholungsprüfungen sehr wichtig.

13.3 Durchführung der Prüfung

13. 3.1 Erproben

Das Erproben beim Schutz durch Abschaltung durch Fehlerspannungs-Schutzeinrichtungen erfolgt durch Betätigen der Prüftaste der Fehlerspannungs-Schutzeinrichtung.

Durch Betätigen der Prüfeinrichtung an der Fehlerspannungs-Schutzeinrichtung wird geprüft, ob die Fehlerspannungs-Schutzeinrichtung arbeitet, ein Hilfserder vorhanden ist und die Verbindung zwischen Fehlerspannungs-Schutzeinrichtung und Hilfserder besteht. Die Prüfung der Funktion der gesamten angewendeten Schutzmaßnahme ist auch hier durch Drücken der Prüftaste nicht möglich. Die Betätigung der Prüftaste gibt keinen Aufschluss über die Beschaffenheit des Hilfserders.

13. 3.2 Messen

Durch Messen bei TT-Systemen mit Fehlerspannungs-Schutzeinrichtungen ist zu prüfen, ob der Erdungswiderstand R_A des Hilfserders 200 Ω, in Ausnahmefällen 500 Ω, nicht überschreitet. Weiterhin muss festgestellt werden, ob die Auslösung bei einer Berührungsspannung U_B erfolgt, die innerhalb der vereinbarten Grenze der dauernd zulässigen Berührungsspannung U_L liegt ($U_B \leq U_L$). Die Messung kann sowohl mit als auch ohne Sonde vorgenommen werden.

13. 3.3 Messung mit Sonde

Das Gehäuse des zu schützenden Betriebsmittels wird über einen geeigneten stellbaren Widerstand mit einem nicht geerdeten Außenleiter verbunden. Mit einem Spannungsmesser von $R_i \geq 40$ kΩ wird die Spannung zwischen dem Körper des Betriebsmittels und einer Sonde gemessen, die sich außerhalb der Spannungstrichter von Erder und Hilfserder befindet (**Bild 13.4**). Es ist mit dem größtmöglichen

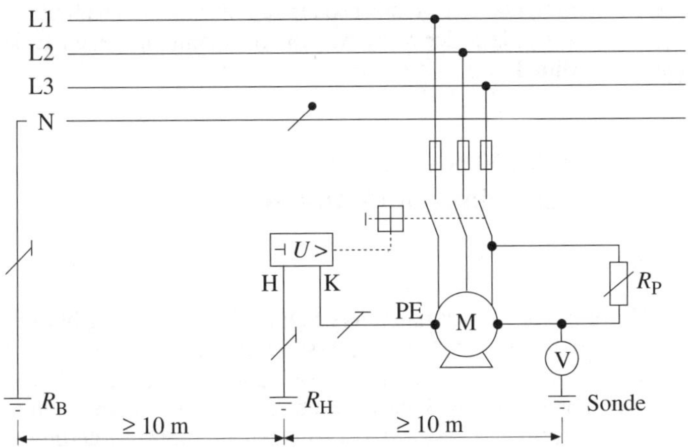

Bild 13.4 Messschaltung mit Sonde

Widerstand zu beginnen. Beim Verringern des Widerstands muss die Fehlerspannungs-Schutzeinrichtung abschalten, bevor die Spannung am Körper des Betriebsmittels die Grenze der dauernd zulässigen Berührungsspannung überschreitet.

13. 3.4 Messung ohne Sonde

Das Gehäuse des zu schützenden Betriebsmittels wird über einen Stellwiderstand mit einem Außenleiter verbunden. Mit einem dem Stellwiderstand parallel geschal-

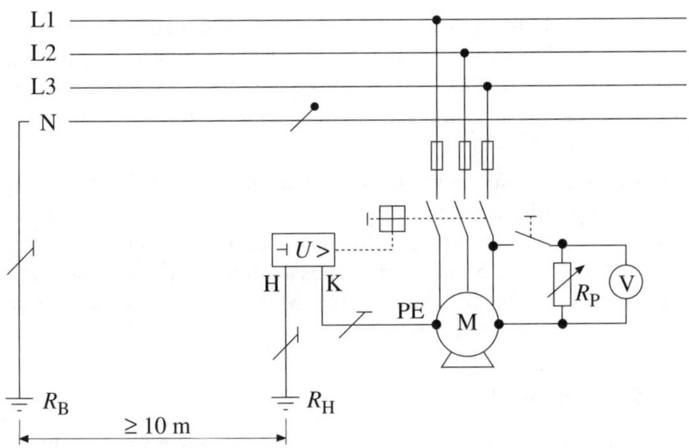

Bild 13.5 Messschaltung ohne Sonde

teten Spannungsmesser wird nicht die Auslösespannung der Fehlerspannungs-Schutzeinrichtung gemessen, sondern der Wert Außenleiterspannung gegen Erde abzüglich Fehlerspannung (**Bild 13.5**).

13.4 Anforderungen an Messgeräte zum Prüfen von Fehlerspannungs-Schutzeinrichtungen

13.4.1 Allgemeines

Die Anforderung zur Prüfung von Fehlerspannungs-Schutzeinrichtungen gibt es in der DIN VDE 0100-610 nicht mehr, da es für ihre Herstellung keine gültige Normen mehr gibt und sie in Neuanlagen nicht mehr zum Einsatz kommen. Auch für Messgeräte zum Prüfen von Fehlerspannungs-Schutzeinrichtungen gibt es keine gültige Norm mehr, so dass für die Prüfung in bestehenden Anlagen auf die Anforderungen der alten deutschen DIN VDE 0413-6:1987-08 zurückgegriffen werden muss.

13.4.2 Auslösung

Messgeräte zum Prüfen von Fehlerspannungs-Schutzeinrichtungen müssen hinsichtlich des Auslösens der Fehlerspannungs-Schutzeinrichtung die Feststellung ermöglichen, dass die Auslösung bei einer Berührungsspannung U_B eintritt, die kleiner/gleich dem Grenzwert der dauernd zulässigen Berührungsspannung U_L ist.

13.4.3 Messen der Berührungsspannung U_B bei Fehlerspannungs-Schutzeinrichtungen

Messgeräte zum Prüfen von Fehlerspannungs-Schutzeinrichtungen müssen hinsichtlich der auftretenden Berührungsspannung U_B die Feststellung ermöglichen, dass die im Auslösezeitpunkt auftretende Berührungsspannung U_B die Grenze der dauernd zulässigen Berührungsspannung U_L nicht überschreitet (Methode mit ansteigendem Prüfstrom, siehe Abschnitt 12.5.4.2).

Für die Messschaltung wird dem Messgerätehersteller vorgegeben, dass der Innenwiderstand R_i der Spannungs-Messeinrichtung mindestens 40 kΩ betragen muss. Durch den hohen Innenwiderstand und die maximale Messabweichung von +20 % (siehe Abschnitte 13.4.5 bzw. 12.6.5) liegt man messtechnisch auf der sicheren Seite. Auch werden Messwerte, die mit Sonde, und Messwerte, die ohne Sonde ermittelt wurden, dadurch miteinander vergleichbar.

13.4.4 Bemessungsbedingungen

Die Bemessungsbedingungen der Geräte zum Prüfen von Fehlerspannungs-Schutzeinrichtungen entsprechen denen von Fehlerstrom-Schutzeinrichtungen.

13.4.5 Messabweichungen der Geräte

Der Prüfende muss in jedem Fall Kenntnis über die Messabweichung des von ihm verwendeten Messgeräts haben. Nicht immer werden vom Hersteller der Messgeräte die Messabweichungen deutlich herausgestellt.

Bei Ermittlung der Berührungsspannung U_B musste die Messabweichung nach der alten DIN VDE 0413-6 zwischen 0 % und +20 % – bezogen auf den jeweiligen Grenzwert der Berührungsspannung – liegen.

13.4.6 Vermeiden gefährlicher Berührungsspannungen

Auch beim Prüfen der Schutzmaßnahme im TT-System mit Fehlerspannungs-Schutzeinrichtung darf keine Unfall-, Brand- oder Explosionsgefahr entstehen.

Am günstigsten erreicht man diese Ziele, wenn die Prüfung mit normgerechten Messgeräten für die Messaufgaben erfolgt, im vorliegenden Prüffall also mit Messgeräten, die der alten DIN VDE 0413-6 entsprechen.

Die Bauweise von Messgeräten nach DIN VDE 0413-6 stellt sicher, dass die Anforderung, nach der durch die Messung keine gefährliche Berührungsspannung in der zu prüfenden Anlage erzeugt werden darf, von dem Prüfenden erfüllt werden kann. Die für die Messgeräte zulässigen Möglichkeiten sind Abschnitt 12.6.6 zu entnehmen. Sofern bei Erreichen des Grenzwerts der dauernd zulässigen Berührungsspannung U_L die Fehlerspannungs-Schutzeinrichtung noch nicht ausgelöst hat, wird die Messung selbsttätig unterbrochen.

14 Prüfen des Drehfelds von Drehstrom-Steckdosen

Einige motorische Antriebe erfordern eine bestimmte Drehrichtung. Deshalb wird in Abschnitt 612.1 von DIN VDE 0100-610:2004 (als deutsche normative Ergänzung) gefordert, dass die Kontaktbuchsen jeder Drehstrom-Steckdose ein Rechtsdrehfeld aufweisen, wenn sie von vorn im Uhrzeigersinn betrachtet werden (**Bild 14.1**). Hierzu werden spezielle Prüfgeräte angeboten. Die Prüfanforderung stammt aus der alten DIN VDE 0100-600:1987-11 und wurde als nationaler Restnormbestandteil für Deutschland ergänzt. In der europäisch harmonisierten Fassung ist diese Anforderung nicht enthalten.

Außer der geforderten Prüfung des Drehfelds von Drehstrom-Steckdosen ist ein Rechtsdrehfeld für andere elektrische Betriebsmittel, z. B. Hausanschlüsse, Stromkreisverteiler, nach DIN VDE 0100 nicht gefordert.

Mitunter werden solche Festlegungen aber von den Betreibern einer elektrischen Anlage aus betriebsinternen Gründen getroffen, z. B. für Versorgungssysteme und/oder den Anschluss von Betriebsmitteln (z. B. Zähler). Der Rechtsdrehsinn der Zählerscheibe von Drehstromzählern für die Abrechnung des Energiebezugs darf dabei aber nicht mit einem gegebenenfalls geforderten Anschluss im Rechtsdrehfeld verwechselt werden.

Messgeräte zum Prüfen der Drehfeldrichtung bei Drehstromnetzen sind in DIN EN 61557-7 (VDE 0413 Teil 7):1998-05 genormt. Die Anzeige der Drehfeldrichtung (Phasenfolge) darf mechanisch, optisch und/oder akustisch erfolgen.

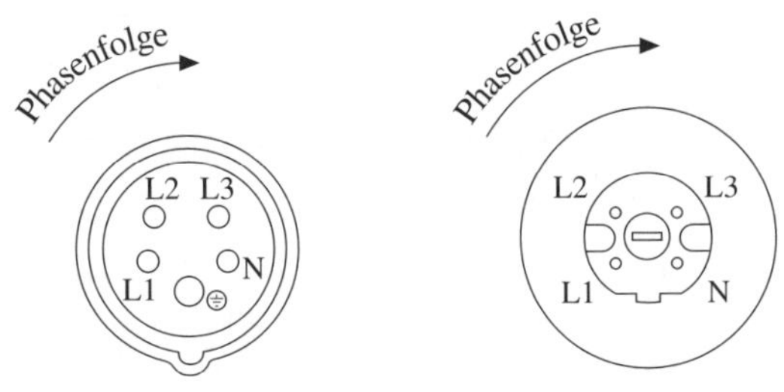

Bild 14.1 Phasenfolge bei Drehstrom-Steckdosen (CEE- und Perilex-System)

15 Prüfen der Polarität

Wird durch Normen der Einbau von einpoligen Schaltern im Neutralleiter verboten, ist nach DIN VDE 0100-610, Abschnitt 612.7, durch Prüfungen der Nachweis zu erbringen, dass alle gegebenenfalls vorhandenen einpoligen Schalter in den Außenleitern eingebaut sind. Dieser Nachweis lässt sich relativ einfach mit Widerstandsmessgeräten nach DIN EN 61557-4 (VDE 0413 Teil 4) erbringen.

16 Feststellen der Spannungsfreiheit von Schutzleitern

Um ein Verwechseln zwischen Außen- und Schutzleiter auszuschließen, ist die Spannungsfreiheit von Schutzleitern festzustellen. Dazu können verwendet werden:

- einpolige Spannungsprüfer bis 250 V Wechselspannung nach DIN VDE 0680-6: 1977-04 oder
- zweipolige Spannungsprüfer bis zu einer Nennspannung von 1000 V nach DIN EN 61243-3 (VDE 0682 Teil 401).

Einpolige Spannungsprüfer haben eine Berührungselektrode. Das heißt, sie muss während des Prüfvorgangs vom Prüfenden berührt werden. So kommt ein geringer Stromfluss über den Körper des Prüfenden zustande. Die Stromstärke liegt unterhalb der Wahrnehmbarkeitsschwelle von 0,5 mA. Durch einen sehr gut isolierenden Standort kann allerdings auch ein zu niedriger Körperstrom zustande kommen, der die Glimmlampe des Spannungsprüfers nicht ansprechen lässt. Damit eine solche Situation ausgeschlossen werden kann, muss an jedem Prüfort die Spannungsprüfung zunächst an einem Außenleiter durchgeführt werden, von dem der Prüfende sicher weiß, dass er Spannung führt.

Die Anwendung von zweipoligen Spannungsprüfern erfordert keinen Stromfluss über den Prüfenden; der Strom durch den Spannungsprüfer fließt über seine beiden Pole und damit über einen Außenleiter und ein gut geerdetes Teil bzw. einen Schutzleiter. Mit einem zweipoligen Spannungsprüfer wird immer der Vergleich von Potentialen zweier Punkte durchgeführt. Dazu muss das Potential eines Punkts bekannt sein. Andernfalls kann z. B. die Anzeige von 0 V nicht eindeutig interpretiert werden. Diese Anzeige ergibt sich immer bei zwei Polen auf demselben Potential, egal ob auf 0 V oder auf 230 V.

17 Literatur

Richtlinien und Verordnungen:

AVBEltV: Verordnung über Allgemeine Bedingungen für die Elektrizitätsversorgung von Tarifkunden

TAB 2000: Technische Anschlussbedingungen für den Anschluss an das Niederspannungsnetz; VWEW Energieverlag, Frankfurt a. M.

BGV A2: Elektrische Anlagen und Betriebsmittel (1979), mit Durchführungsanweisung (Fassung 1998); Carl Heymanns Verlag, Köln

Grundsätze für die Zusammenarbeit von Elektrizitätsversorgungsunternehmen und Elektro-Installateuren bei der Ausführung und Unterhaltung von elektrischen Anlagen im Anschluss an das Niederspannungsnetz der EVU; VWEW Energieverlag, Frankfurt a. M.

Richtlinien für die Werkstattausrüstung von Elektro-Installationsbetrieben; herausgegeben vom Bundes-Installateurausschuss

Technische Richtlinien für Erdungen in Starkstromnetzen; VWEW Energieverlag, Frankfurt a. M.

Normen:

VDE 0022:1994-09	Satzung für das Vorschriftenwerk des Verbandes Deutscher Elektrotechniker (VDE) e.V.
DIN VDE 0100	Errichten von Niederspannungsanlagen
DIN VDE 0100 Beiblatt 5:1995-11	–; Maximal zulässige Längen von Kabeln und Leitungen unter Berücksichtigung des Schutzes bei indirektem Berühren, des Schutzes bei Kurzschluss und des Spannungsfalls
DIN VDE 0100-200 (VDE 0100 Teil 200):1998-06	–; Begriffe
DIN VDE 0100-410 (VDE 0100 Teil 410):1997-01 mit A1:2003-06	–; Schutzmaßnahmen; Schutz gegen elektrischen Schlag
DIN VDE 0100-420 (VDE 0100 Teil 420):1991-11	–; –; Schutz gegen thermische Einflüsse
DIN VDE 0100-430 (VDE 0100 Teil 430):1991-11	–; –; Schutz von Kabeln und Leitungen bei Überstrom

DIN VDE 0100-460 (VDE 0100 Teil 460):2002-08	–; –; Trennen und Schalten
DIN VDE 0100-470 (VDE 0100 Teil 470):1996-02	–; –; Anwendung der Schutzmaßnahmen
DIN VDE 0100-482 (VDE 0100 Teil 482):2003-06	–; –; Auswahl von Schutzmaßnahmen; Brandschutz bei besonderen Risiken oder Gefahren
DIN VDE 0100-510 (VDE 0100 Teil 510):1997-01	–; Auswahl und Errichtung elektrischer Betriebsmittel; Allgemeine Bestimmungen
DIN VDE 0100-520 (VDE 0100 Teil 520):2003-06	–; –; Kabel- und Leitungsanlagen
DIN VDE 0100-520 Beiblatt 2:2002-11	–; –; Zulässige Strombelastbarkeit, Schutz bei Überlast, maximal zulässige Kabel und Leitungslängen zur Einhaltung des zulässigen Spannungsfalls und der Abschaltbedingungen
DIN V VDE V 0100-534 (VDE V 0100 Teil 534):1999-04	–; –; Überspannungs-Schutzeinrichtungen
DIN VDE 0100-537 (VDE 0100 Teil 537):1999-06	–; –; Schaltgeräte und Steuergeräte; Geräte zum Trennen und Schalten
DIN VDE 0100-540 (VDE 0100 Teil 540):1991-11	–; –; Erdung, Schutzleiter, Potentialausgleichsleiter
DIN VDE 0100-559 (VDE 0100 Teil 559):1983-03	–; Leuchten und Beleuchtungsanlagen
DIN VDE 0100-610 (VDE 0100 Teil 610):2004	–; Prüfungen; Erstprüfungen
DIN VDE 0100-701 (VDE 0100 Teil 701):2002-02	–; Anforderungen für Betriebsstätten, Räume und Anlagen besonderer Art; Räume mit Badewanne oder Dusche
DIN VDE 0100-702 (VDE 0100 Teil 702):2003-11	–; –; Becken von Schwimmbädern und andere Becken
DIN VDE 0100-703 (VDE 0100 Teil 703):1992-06	–; Räume mit elektrischen Saunageräten
DIN VDE 0100-704 (VDE 0100 Teil 704):2001-05	–; –; Baustellen
DIN VDE 0100-705 (VDE 0100 Teil 705):1992-10	–; –; Landwirtschaftliche und gartenbauliche Anwesen
DIN VDE 0100-706 (VDE 0100 Teil 706):1992-06	–; Leitfähige Bereiche mit begrenzter Bewegungsfreiheit
DIN VDE 0100-708 (VDE 0100 Teil 708):1993-10	–; Elektrische Anlagen auf Campingplätzen und in Caravans
DIN VDE 0100-710 (VDE 0100 Teil 710):2002-11	–; –; Medizinisch genutzte Bereiche

DIN VDE 0100-714 (VDE 0100 Teil 714):2002-01	–; –; Beleuchtungsanlagen im Freien
DIN VDE 0100-721 (VDE 0100 Teil 721):1984-04	–; Caravans, Boote und Jachten sowie ihre Stromversorgung auf Camping- bzw. an Liegeplätzen
DIN VDE 0100-722 (VDE 0100 Teil 722):1984-05	–; –; Fliegende Bauten, Wagen und Wohnwagen nach Schaustellerart
DIN VDE 0100-723 (VDE 0100 Teil 723):1990-11	–; –; Unterrichtsräume mit Experimentierständen
DIN VDE 0100-729 (VDE 0100 Teil 729):1986-11	–; –; Aufstellen und Anschließen von Schaltanlagen und Verteilern
DIN VDE 0100-737 (VDE 0100 Teil 737):2002-01	–; Feuchte und nasse Bereiche und Räume und Anlagen im Freien
DIN VDE 0100-739 (VDE 0100 Teil 739):1989-06	–; –; Zusätzlicher Schutz bei direktem Berühren in Wohnungen durch Schutzeinrichtungen mit $I_{\Delta N} \leq 30$ mA in TN- und TT-Netzen
DIN VDE 0101 (VDE 0101):2000-01	Starkstromanlagen mit Nennwechselspannungen über 1 kV
DIN EN 60909-0 (VDE 0102):2002-07	Kurzschlussströme in Drehstromnetzen; Teil 0: Berechnung der Ströme
DIN EN 50110-1 (VDE 0105 Teil 1):1997-10	Betrieb von elektrischen Anlagen
DIN EN 50110-2 (VDE 0105 Teil 2):1997-10	Betrieb von elektrischen Anlagen (nationale Anhänge)
DIN VDE 0105-100 (VDE 0105 Teil 100):2000-06	Betrieb von elektrischen Anlagen
DIN VDE 0108-1 (VDE 0108 Teil 1):1989-10	Starkstromanlagen und Sicherheitsstromversorgung in baulichen Anlagen für Menschenansammlungen; Allgemeines
DIN EN 60204-1 (VDE 0113 Teil 1):1998-11	Elektrische Ausrüstung von Maschinen; Allgemeine Anforderungen
DIN VDE 0118-1 (VDE 0118 Teil 1):1990-09	Errichten elektrischer Anlagen im Bergbau unter Tage; Allgemeine Festlegungen
DIN EN 61140 (VDE 0140 Teil 1):2003-08	Schutz gegen elektrischen Schlag; Gemeinsame Anforderungen für Anlagen und Betriebsmittel
DIN V VDE V 0140-479 (V VDE 0140 Teil 479):1996-02	Wirkung des elektrischen Stromes auf Menschen und Nutztiere; Allgemeine Aspekte
DIN VDE 0141 (VDE 0141):2000-01	Erdungen für spezielle Starkstromanlagen mit Nennspannungen über 1 kV
DIN EN 50178 (VDE 0160):1998-04	Ausrüstung von Starkstromanlagen mit elektronischen Betriebsmitteln

DIN EN 60079-14 (VDE 0165 Teil 1):1998-08	Elektrische Betriebsmittel für gasexplosionsgefährdete Bereiche; Elektrische Anlagen in explosionsgefährdeten Bereichen
DIN VDE 0298-4 (VDE 0298 Teil 4):2003-08	Verwendung von Kabeln und isolierten Leitungen für Starkstromanlagen; Empfohlene Werte für die Strombelastbarkeit von Kabeln und Leitungen für feste Verlegung in und an Gebäuden und von flexiblen Leitungen
DIN VDE 0403 (VDE 0403):1987-06	Durchgangsprüfgeräte
DIN EN 61010-1 (VDE 0411 Teil 1):2002-08	Sicherheitsbestimmungen für elektrische Mess-, Steuer-, Regel- und Laborgeräte; Teil 1: Allgemeine Anforderungen
DIN EN 61557-1 (VDE 0413 Teil 1):1998-05	Geräte zum Prüfen, Messen oder Überwachen von Schutzmaßnahmen; Allgemeine Anforderungen
DIN EN 61557-2 (VDE 0413 Teil 2):1998-05	–; Teil 2: Isolationswiderstand
DIN EN 61557-3 (VDE 0413 Teil 3):1998-05	–; Teil 3: Schleifenwiderstand
DIN EN 61557-4 (VDE 0413 Teil 4):1998-05	–; Teil 4: Widerstand von Erdungsleitern, Schutzleitern und Potentialausgleichsleitern
DIN EN 61557-5 (VDE 0413 Teil 5):1998-05	–; Teil 5: Erdungswiderstand
DIN EN 61557-6 (VDE 0413 Teil 6):1999-05	–; Teil 6: Fehlerstrom-Schutzeinrichtungen (RCD) in TT-, TN- und IT-Netzen
DIN EN 61557-7 (VDE 0413 Teil 7):1998-05	–; Teil 7: Drehfeld
DIN EN 61557-8 (VDE 0413 Teil 8):1998-05	–; Teil 8: Isolationsüberwachungsgeräte für IT-Netze
DIN EN 61557-9 (VDE 0413 Teil 9):2002-08	–; Teil 9: Einrichtungen zur Isolationsfehlersuche in IT-Systemen
DIN EN 61557-10 (VDE 0413 Teil 10):2001-12	–; Teil 10: Kombinierte Messgeräte zum Prüfen, Messen oder Überwachen von Schutzmaßnahmen
DIN 57510 (VDE 0510):1977-01	VDE-Bestimmung für Akkumulatoren und Batterie-Anlagen
DIN EN 60269-1 (VDE 0636 Teil 10):1999-11	Niederspannungssicherungen; Teil 1: Allgemeine Anforderungen

DIN VDE 0636-201 (VDE 0636 Teil 201):2003-02	Niederspannungssicherungen (NH-System); Teil 2-1: Zusätzliche Anforderungen an Sicherungen zum Gebrauch durch Elektrofachkräfte bzw. elektrotechnisch unterwiesene Personen (Sicherungen überwiegend für den industriellen Gebrauch)
DIN EN 60269-1 (VDE 0636 Teil 10):1999-11	Niederspannungssicherungen; Teil 1: Allgemeine Anforderungen
DIN VDE 0641-11 (VDE 0641 Teil 11):1992-08	Leitungsschutzschalter für den Haushalt und ähnliche Anwendungen
DIN EN 60947-2 (VDE 0660 Teil 101):2002-09	Niederspannungsschaltgeräte; Teil 2: Leistungsschalter
DIN EN 50274 (VDE 0660 Teil 514):2002-11	Niederspannungs-Schaltgerätekombinationen; Schutz gegen elektrischen Schlag; Schutz gegen unabsichtliches direktes Berühren gefährlicher aktiver Teile
DIN VDE 0661:1988-04	Ortsveränderliche Schutzeinrichtungen zur Schutzpegelerhöhung für Nennwechselspannung $U = 230$ V, Nennstrom $I = 16$ A, Nenndifferenzstrom $I_{\Delta N} \leq 30$ mA
DIN 0661-10 (VDE 0661 Teil 10):2002-12	Elektrisches Installationsmaterial; Ortsveränderliche Fehlerstrom-Schutzeinrichtungen ohne eingebauten Überstromschutz für Hausinstallationen und für ähnliche Anwendungen (PRCDs)
DIN EN 62020 (VDE 0663):1999-07	Elektrisches Installationsmaterial Differenzstrom-Überwachungsgeräte für Hausinstallationen und ähnliche Verwendungen (RCMs)
DIN EN 61008-1 (VDE 0664 Teil 10):2001-09	Fehlerstrom-/Differenzstrom-Schutzschalter ohne eingebauten Überstromschutz (RCCBs) für Hausinstallationen und für ähnliche Anwendungen; Teil 1: Allgemeine Anforderungen
DIN EN 61008-2-1 (VDE 0664 Teil 11):1999-12	–; Teil 2-1: Anwendung der allgemeinen Anforderungen auf netzspannungsunabhängige RCCBs
DIN EN 61009-1 (VDE 0664 Teil 20):2000-09	Fehlerstrom-/Differenzstrom-Schutzschalter mit eingebautem Überstromschutz (RCBOs) für Hausinstallationen und für ähnliche Anwendungen; Teil 1: Allgemeine Anforderungen

DIN EN 61009-2-1 (VDE 0664 Teil 21):1999-12	–; Teil 2-1: Anwendung der allgemeinen Anforderungen auf netzspannungsunabhängige RCBOs
DIN VDE 0664-3 (VDE 0664 Teil 3):1988-10	Fehlerstrom-Schutzeinrichtungen; Fehlerstrom-Schutzschalter für Wechselspannung über 500 V oder Nennstrom über 63 A
DIN VDE 0680-6 (VDE 0680 Teil 6):1977-04	Einpolige Spannungsprüfer bis 250 V Wechselspannung
DIN EN 61243-3 (VDE 0682 Teil 401):1999-09	Spannungsprüfer; Teil 3: Zweipoliger Spannungsprüfer für Niederspannungsnetze
DIN VDE 0701-1 (VDE 0701 Teil 1):2000-09	Instandsetzung, Änderung und Prüfung elektrischer Geräte; Teil 1: Allgemeine Anforderungen
DIN VDE 0702-1 (VDE 0702 Teil 1):1995-11	Wiederholungsprüfungen an elektrischen Geräten
DIN VDE 0800-1 (VDE 0800 Teil 1):1989-05	Fernmeldetechnik; Allgemeine Begriffe, Anforderungen und Prüfungen für die Sicherheit der Anlagen und Geräte
DIN VDE 0800-2 (VDE 0800 Teil 2):1985-07	Fernmeldetechnik; Erdung und Potentialausgleich
DIN EN 50310 (VDE 0800 Teil 2-310):2001-09	Anwendung von Maßnahmen für Potentialausgleich und Erdung in Gebäuden mit Einrichtungen der Informationstechnik
DIN VDE 0832-100 (VDE 0832 Teil 100):2002-02	Straßenverkehrs-Signalanlagen

VDE-Schriftenreihe: VDE VERLAG, Berlin und Offenbach

Band 1: Wo steht was im VDE-Vorschriftenwerk? Stichwortverzeichnis; 21. Aufl., 2003

Band 9: R. Hotopp, M. Kammler, M. Lange-Hüsken
Schutzmaßnahmen gegen elektrischen Schlag
nach DIN VDE 0100-410, DIN VDE 0100-470, DIN VDE 0100-540; 11. Aufl., 1998

Band 35: H. Schmolke, D. Vogt
Potentialausgleich, Fundamenterder, Korrosionsgefährdung; 6. Aufl., 2004

Band 39: W. Rudolph
Einführung in DIN VDE 0100; Elektrische Anlagen von Gebäuden; 2. Aufl. 1999

Band 43: W. Hennig, W. Rosenberg
VDE-Prüfung nach BGV A2 (VBG 4); 6. Aufl., 2003

Band 45: D. Vogt
Elektro-Installation in Wohngebäuden – Handbuch für die Installationspraxis; 5. Aufl., 2001

Band 59: H. Kloust
Kenngrößen für den Elektropraktiker; Ausgewählte Tabellen, Bilder und Diagramme aus dem VDE-Vorschriftenwerk sowie einschlägigen EN- und DIN-Normen; 2. Aufl., 2003

Band 67A: W. Hörmann, H. Nienhaus, B. Schröder
Errichten elektrischer Anlagen in Räumen mit Badewanne oder Dusche; 2002

Band 67B: W. Hörmann, H. Nienhaus, B. Schröder
Errichten von Niederspannungsanlagen in feuchter oder nasser Umgebung sowie im Freien, in Bereichen von Schwimmbädern, Springbrunnen oder Wasserbecken; 2003

Band 75: H. Nienhaus, R. Thaele
Halogenbeleuchtungsanlagen mit Kleinspannungen; 2. Aufl., 2002

Band 80–84: G. Biegelmeier, G. Kiefer, K.-H. Krefter
Schutz in elektrischen Anlagen Band 1–5

Band 100: B. Schröder
Stichwörter zu DIN VDE 0100; 3. Aufl., 2000

Band 105: K.-H. Krefter
DIN VDE 0100; Daten und Fakten für das Errichten elektrischer Anlagen von Gebäuden; 2000

Band 106: G. Kiefer
DIN VDE 0100 richtig angewandt; 2002

Band 113: W. Hofheinz
Fehlerstrom-Überwachung in elektrischen Anlagen; 2002

Band 114: W. Hofheinz
Schutztechnik mit Isolationsüberwachung; 2003

Band 140: W. Hörmann, H. Nienhaus, B. Schröder
Schnelleinstieg in die neue DIN VDE 0100-410; Schutz gegen elektrischen Schlag; 1997

Band 143: H. Nienhaus, D. Vogt
Schutz bei Überlast und Kurzschluss in elektrischen Anlagen; 1999

Weitere Literatur:

K. Bödeker, R. Kindermann
Erstprüfung elektrischer Gebäudeinstallationen; 1999. Berlin: Verlag Technik, 1999

K. Bödeker, R. Kindermann
Fehlerstrom-Schutzschalter; Auswahl, Einsatz, Prüfung; 1997; Berlin: Verlag Technik, 1997

G. Kiefer
VDE 0100 und die Praxis; 11. Aufl., Berlin und Offenbach: VDE VERLAG, 2003

RWE Bau-Handbuch
12. Ausgabe, Kap. 12 „Elektroinsstallation". Frankfurt a. M.: VWEW Energieverlag

VdS-Richtlinie 2046
2001-08, Sicherheitsvorschriften für elektrische Anlagen bis 1000 V

Anhang A
Prüfprotokolle für elektrische Anlagen

Durch die nach DIN VDE 0100–610 erforderlichen Prüfungen muss nachgewiesen werden, dass die Anforderungen der Normen der Reihe DIN VDE 0100 in den errichteten, erweiterten oder geänderten Anlagen erfüllt sind. In der neuen Norm ist die Protokollierung der Prüfergebnisse nun zwingend gefordert. Umfang und Form der Dokumentation ist in den Normen nicht festgelegt, eine möglichst weitgehende Dokumentation ist jedoch jedem Errichter von Niederspannungsanlagen dringend zu empfehlen, nicht zuletzt auch im Sinne einer eigenen Absicherung im Falle eines Schadens in einer durch ihn errichteten Anlage.

Die geprüften Stromkreise müssen aus dem Prüfbericht hervorgehen. Die Dokumentation kann in Form eines Standard-Prüfberichts oder individuell erstellt werden. Sie sollte folgende Informationen enthalten:

- Auftraggeber – Name und Anschrift
- Auftragnehmer und Prüfer – Firmenanschrift, Name, Datum, Unterschrift
- Auftragsnummer (informativ)
- Berichts-Nummer (informativ)
- Details zur Anlage
- Details zum Gebäude bzw. Gebäudeteil
- Details zur Verteilung

  Wenn mehrere Verteilungen vorhanden sind, ist es empfehlenswert, für jede Verteilung einen getrennten Bericht zu erstellen. Für die Messung des Isolationswiderstands und Schleifenwiderstands sollten alle geprüften Stromkreise aufgeführt sein.
- Details zu den geprüften Stromkreisen
- Verwendete Mess- und Prüfgeräte

Die Prüfung sollte anhand von Checklisten durchgeführt werden, in denen dokumentiert wird, dass die geprüften Teile in Ordnung sind. Nicht anwendbare Prüfschritte sollten nicht offen gelassen werden, sondern entsprechend gekennzeichnet sein. Auf Wunsch des Auftraggebers können auch Messwerte aufgezeichnet werden.

Der Bundesfachbereich „Elektrotechnik“ des Zentralverbandes der Deutschen Elektro- und informationstechnischen Handwerke (ZVEH) hat einen Vordruck „Prüfung elektrischer Anlagen, Übergabebericht/Zustandsbericht“ erarbeitet, der dem Elektrofachmann eine wertvolle Hilfe bei der Protokollierung der Prüfergebnisse sein kann; er ist nachfolgend abgedruckt.[1]) Das Prüfprotokoll eignet sich sowohl für elektrische Anlagen im Wohnungsbau als auch in gewerblich genutzten Gebäuden.

Die Verwendung des abgebildeten ZVEH-Prüfprotokolls mit dem „e-Blitz“ ist Betrieben der elektro- und informationstechnischen Handwerke gestattet, die Mitglieder in einer Elektro-Innung sind. Zu beziehen sind die Vordrucke einschließlich eines Leitfadens mit Begriffserklärungen und Hinweisen zur Handhabung der Formulare beim

Zentralverband

der Deutschen Elektrohandwerke

Haus der Deutschen Elektrohandwerke

Postfach 901080

60487 Frankfurt a. M.

Ähnliche Vordrucke sind beim

Richard Pflaum-Verlag GmbH & Co KG

Lazarettstraße 4

80636 München

erhältlich.

---

[1]) Für die Bereitstellung der Druckvorlage sei Herrn Burkhard Schulze vom ZVEH in Frankfurt a. M. gedankt

Prüfung elektrischer Anlagen

Übergabebericht[7] ☐ **Zustandsbericht**[7] ☐

Nr. Blatt .... von ....

Kunden Nr.:

Auftraggeber[2]: Auftrag Nr.:

Auftragnehmer[3]:

Anlage:

Zähler Nr.:

Zählerstand kWh

	Ort/Anlagenteil[8] / Anzahl Betriebsmittel ☐ / Fehler-Code ☐																	
Elektroinstallationsgeräte	Stromkreisverteiler																	
	Aus-/Wechselschalter																	
	Serienschalter																	
	Taster																	
	Dimmer																	
	Jalousietaster/-schalter																	
	Schlüsseltaster/-schalter																	
	Nottaster/-schalter																	
	Zeitschalter/-taster																	
	Steckdose																	
	Bewegungsmelder																	
	Geräteanschlussdose																	
	Telefonanschlusseinheit																	
	TV-Steckdose																	
	EDV-Steckdose																	
	Sprechstelle																	
	Gong/Summer																	
	EIB-Aktor																	
	EIB-Sensor																	
	Leuchten-Auslass																	
	Leuchte																	

Auftraggeber[2]**:**

Gemäß Übergabebericht elektrische Anlage vollständig übernommen. ☐

Zustandsbericht erhalten ☐

Ort Datum Unterschrift

Prüfer[5]**:**

Die elektrische Anlage vollständig übergeben ☐ Dokumentation[6] übergeben ☐

In der Anlage wurden Mängel festgestellt ☐

Ort Datum Unterschrift

Prüfung elektrischer Anlagen

Prüfprotokoll①

Nr.	Blatt .... von	Kunden Nr.:
Auftraggeber②:	Auftrag Nr.:	Auftragnehmer③:
Anlage:		

Prüfung④ nach: DIN VDE 0100 Teil 610 ☐ DIN VDE 0105 ☐ UVV ☐ .... / .... ☐

Neuanlage ☐ Erweiterung ☐ Änderung ☐ Instandsetzung ☐ Wiederholungsprüfung ☐ E-CHECK ☐

Beginn der Prüfung:	Beauftragter des Auftraggebers:	Prüfer⑤:
Ende der Prüfung:		

Netz .... / .... V Netzform: TN-C ☐ TN-S ☐ TN-C-S ☐ TT ☐ IT ☐

EVU/VNB

Besichtigen	i.O.	n.i.O.		i.O.	n.i.O.		i.O.	n.i.O.
Auswahl der Betriebsmittel	☐	☐	Kennzeichnung Stromkreis, Betriebsmittel	☐	☐	Zugänglichkeit	☐	☐
Trenn- und Schaltgeräte	☐	☐	Kennzeichnung N- und PE-Leiter	☐	☐	Hauptpotentialausgleich	☐	☐
Brandabschottungen	☐	☐	Leiterverbindungen	☐	☐	Zus. örtl. Potentialausgleich	☐	☐
Gebäudesystemtechnik	☐	☐	Schutz und Überwachungseinrichtungen	☐	☐	Dokumentation⑥	☐	☐
Kabel, Leitungen, Stromschienen	☐	☐	Schutz gegen direktes Berühren	☐	☐	siehe Ergänzungsblätter ☐		
Erproben			Funktion der Schutz-, Sicherheits- und			Rechtsdrehfeld der		
Funktionsprüfung der Anlage	☐	☐	Überwachungseinrichtungen	☐	☐	Drehstromsteckdose	☐	☐
FI-Schutzschalter (RCD)	☐	☐	Drehrichtung der Motore	☐	☐	Gebäudesystemtechnik	☐	☐

Messen Stromkreisverteiler Nr.:

Stromkreis		**Leitung/Kabel**		**Überstrom-Schutzeinrichtung**			**R_{Iso} (MΩ)**	**Fehlerstrom-Schutzeinrichtung (RCD)**					**Fehler-code**
Nr.	Zielbezeichnung	Typ	Leiter Anzahl Quers. (mm^2)	Art Charakteristik	I_n (A)	Z_s (Ω) ☐ I_k (A) ☐	ohne ☐ mit ☐ Verbraucher	I_n/Art (A)	$I_{\Delta n}$ (mA)	I_{mess} (mA) ($\leq I_{\Delta n}$)	Ausl.-Zeit t_A (ms)	$U_L \leq$ ..... V U_{mess} (V)	siehe auch ⑦
	Hauptleitung		x										
			x										
			x										
			x										
			x										
			x										
			x										
			x										
			x										
			x										
			x										
			x										

Durchgängigkeit Potentialausgleich (≤ 1 Ω nachgewiesen) Erdungswiderstand: R_E .... Ω

Fundamenterder ☐	Hauptwasserleitung ☐	Heizungsanlage ☐	EDV-Anlage ☐	Antennenanlage/BK ☐
Potentialausgleichschiene ☐	Hauptschutzleiter ☐	Klimaanlage ☐	Telefonanlage ☐	Gebäudekonstruktion ☐
Wasserzwischenzähler ☐	Gasinnenleitung ☐	Aufzugsanlage ☐	Blitzschutzanlage ☐	☐

Verwendete Messgeräte nach DIN VDE	Fabrikat: Typ:	Fabrikat: Typ:	Fabrikat: Typ:

Prüfergebnis: keine Mängel festgestellt ☐ Mängel festgestellt ☐ | Prüf-Plakette angebracht: ja ☐ nein ☐ | Nächster Prüftermin:

Auftraggeber②:

Gemäß Übergabebericht elektrische Anlage vollständig übernommen ☐
Zustandsbericht erhalten ☐

Ort Datum Unterschrift

Prüfer⑤:

Die elektrische Anlage entspricht den anerkannten Regeln der Elektrotechnik ☐
Die elektrische Anlage entspricht nicht den anerkannten Regeln der Elektrotechnik ☐

Ort Datum Unterschrift

Prüfung elektrischer Anlagen

Prüfprotokoll① (Folgeblatt)

Nr. Blatt .... von ....

Kunden Nr.:

Auftraggeber②: Auftrag Nr.:

Auftragnehmer③:

Anlage:

Messen Stromkreisverteiler Nr.:

Stromkreis		**Leitung/Kabel**		**Überstrom-Schutzeinrichtung**			**R_{Iso}** (MΩ)	**Fehlerstrom-Schutzeinrichtung (RCD)**					**Fehler-code**
Nr.	Zielbezeichnung	Typ	Leiter Anzahl Quers. (mm²)	Art Charakteristik	I_n (A)	Z_s (Ω) ☐ I_k (A) ☐	ohne ☐ mit ☐ Verbraucher	I_n/Art (A)	$I_{\Delta n}$ (mA)	I_{mess} (mA) ($\leq I_{\Delta n}$)	Ausl.-Zeit t_A (ms)	$U_L \leq$ ..... V U_{mess} (V)	siehe auch ⑦
			x										
			x										
			x										
			x										
			x										
			x										
			x										
			x										
			x										
			x										
			x										
			x										
			x										
			x										
			x										
			x										
			x										
			x										
			x										
			x										
			x										
			x										
			x										
			x										
			x										
			x										
			x										
			x										

Auftraggeber②:

Gemäß Übergabebericht elektrische Anlage vollständig übernommen ☐
Zustandsbericht erhalten ☐

Ort Datum Unterschrift

Prüfer⑤:

Die elektrische Anlage entspricht den anerkannten Regeln der Elektrotechnik ☐
Die elektrische Anlage entspricht nicht den anerkannten Regeln der Elektrotechnik ☐

Ort Datum Unterschrift

Anhang B
Auswahl des Marktangebots von Prüfgeräten

(Auszug des Prüf- und Messgerätemarkts; keine vollständige Marktübersicht)

Anschriften der Messgerätehersteller der nachfolgend aufgeführten Mess- und Prüfgeräte:

CH. BEHA GmbH

In den Engematten 14
D-79286 Glottertal
www.beha.de

CHAUVIN ARNOUX

Deutsche Niederlassung:
Straßburger Str. 34
D-77694 Kehl / Rhein
www.chauvin-arnoux.de

GOSSEN METRAWATT

GMC-Instruments Deutschland GmbH
Thomas-Mann-Str. 16-20
D-90471 Nürnberg
www.gmc-instruments.de

Müller+Ziegler GmbH & Co.KG

Industriestr. 23
D-91710 Gunzenhausen
www.mueller-ziegler.de

Hinweis zur Stromversorgung:
Bei Messgeräten mit einer inneren Spannungsversorgung durch auswechselbare Batterien bzw. Ni-Cd-Akkumulatoren wird deren Anzahl und handelsübliche Bezeichnung bzw. Normbezeichnung angegeben:

Microzelle	IEC LR03
Mignonzelle	IEC R6, IEC LR6
Babyzelle	IEC R14, IEC LR14
Monozelle	IEC R20, IEC LR20
9-V-Block	IEC 6LR61

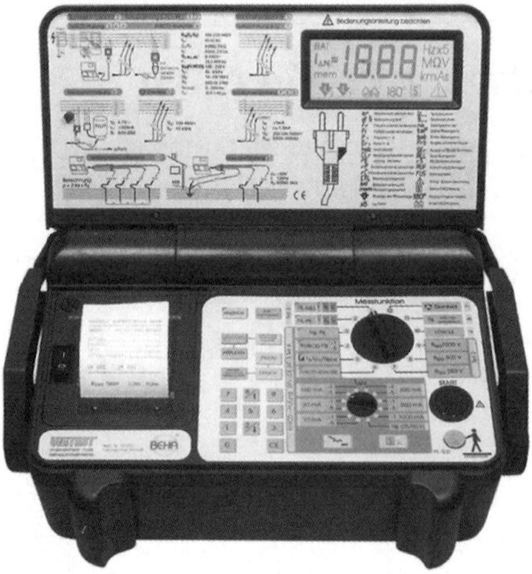

Schutzmaßnahmenprüfgerät VDE 0100

Fabrikat: Beha

Typ: UNITEST 0100-Expert plus

Gebaut nach DIN EN 61557 (VDE 0413),
DIN EN 61010 (VDE 0411)

Funktionen:

- Schleifenimpedanz- und Kurzschlussstrommessung
- Netzinnenwiderstands- und Kurzschlussstrommessung
- Drehfeldprüfung
- FI/RCD-Messungen (Berührungsspannung, Auslösezeit, Auslösestrom – mit ansteigendem Fehlerstrom)
- FI/RCD-Analyse zur Prüfung aller Parameter einer FI/RCD
- Niederohmmessung
- Isolationsmessung bis 1000 V, auch für 690-V-Industrienetze geeignet
- Erdungsmessung
- Spannungs- und Frequenzmessung

Anzeigebereiche:

Anzeige $3^1/_2$-stellig, 1999 Digits, LCD

Wechselspannung:	0 ... 440 V / 1 V / ± (2 % v.M. + 2 Digit)
Frequenzmessung:	15,5 ... 99,9 Hz / 0,1 Hz 100 ... 499 Hz / 1 Hz / ± (0,1 % v.M. + 1 Digit)
Schleifenimpedanz:	0,08 ... 19,99 Ω / 20,0 ... 199,9 Ω / 200 ... 1999 Ω / ± (2 % v.M. + 2 Digit) ebenso: Netzinnenwiderstand
Kurzschlussstrom:	0 ... 2,875 kA (für 230 V AC)
Erdungswiderstand:	0 ... 19,99 Ω / 20 ... 199,9 Ω / 200 ... 1999 Ω / ± (2 % v.M. + 2 Digit)
Niederohmmessung:	0 ... 19,99 Ω / 0,01 Ω / Toleranz: ± (2 % v.M. + 2 Digit)
Isolationswiderstand:	0 ... 1,999 MΩ / 2,0 ... 19,99 MΩ / 20 ... 199,9 MΩ / ± (2 % v.M. + 2 Digit)
Berührungsspannung:	10 ... 100 V / 1 V / ± (2 % v.M. + 2 Digit)
RCD/FI-Auslösezeit:	0,0 ... 199,9 ms / 200 ... 500 ms / ± (2 % v.M. + 2 Digit)

Geräteinformationen

Speicher für ca. 800 Messungen mit Zuordnung zu Verteiler und Stromkreis in zwei Ebenen
Serienmäßig eingebaute RS-232-Schnittstelle zur Übertragung der Messwerte zum PC
UNITEST-Software zur Protokollierung (optional) erhältlich, Protokollgestaltung gemäß ZVEH-Protokoll
Integrierter Steckdosentest mit Berührungselektrode zur Ermittlung falsch angeschlossener Steckdosen bzw. fehlendem Schutzleiter
Übersichtliche und einfache Funktionswahl mit einem Drehschalter
Anschlussbilder im Gerätedeckel
Netzunabhängig durch Batterieversorgung
Schnell-Hilfe-Karten werden mitgeliefert
Erdungsmessung 2-, 3- und 4-polig
Spezifische Erdungsmessung nach Wenner
Mit und ohne serienmäßig eingebautem Drucker zum sofortigen Ausdruck der Messwerte lieferbar
Integrierter Datenlogger (1500 Messwerte) für die Aufzeichnung und Überwachung der Netzspannung
Anschluss für Commander zur Fernsteuerung der Funktionen „Messung starten", „Speichern" (optional)

Stromversorgung:	4 × 1,5 V, IEC LR20
Gewicht:	ca. 3 kg
Abmessungen in mm:	350 (L) × 125 (B) × 265 (H)

Zubehör:

–

Isolations- und Widerstandsmessgerät

Fabrikat: Beha

Typ: UNITEST TELARIS® ISO plus

Gebaut nach DIN EN 61557-2 und 4
(VDE 0413 Teile 2 und 4),
DIN EN 61010 (VDE 0411)

Funktionen:

- Isolationsmessung
- Niederohmmessung
- Spannungsmessung

Anzeigebereiche:

Anzeige $3^1/_2$-stellig, 1999 Digits, LCD

Isolationswiderstand:	0,005 ... 1,999 MΩ / 2,0 ... 19,99 MΩ / 20 ... 199,9 MΩ / ± (5 % v.M. + 5 Digit)
Prüfspannung:	100 / 250 / 500 / 1000 V DC
Prüfstrom:	< 2 mA
Spannung:	0 ... 500 V / 1 V
Niederohmmessung:	0,03 ... 19,99 Ω / 0,01 Ω / ± (3 % v.M. + 3 Digit)
Prüfspannung:	5 ... 9 V DC
Prüfstrom:	> 200 mA

Geräteinformationen

Speicher für ca. 500 Messwerte
IR/RS-232-Schnittstelle zur Übertragung der gespeicherten Messwerte zum PC
UNITEST-Software zur Protokollierung (optional) erhältlich
Ermöglicht die Voreinstellung der Grenzwerte von Isolationswiderständen
Kompensation der Messleitungen für den exakten Nullpunktabgleich
Zusätzliche Bargraphanzeige für Isolationsmessung
Großes, übersichtliches Display zum optimalen Ablesen der angezeigten Messwerte und Einheiten
Auto-Power-Off
Einstellbarer Messwert-Timer ermöglicht Messungen über längeren Zeitraum
Prüfung der Ansprechspannung von Überspannungsableitern (Varistoren)
Auch geeignet für Isolationsmessungen an Fußböden und Wänden nach DIN VDE 0100-610

Schutzart:	IP 50
Stromversorgung:	6 × 1,5 V, IEC LR6
Gewicht:	ca. 1,2 kg
Abmessungen in mm:	230 (L) × 103 (B) × 70 (H)

Zubehör:

Profi-Umhängetasche, Software

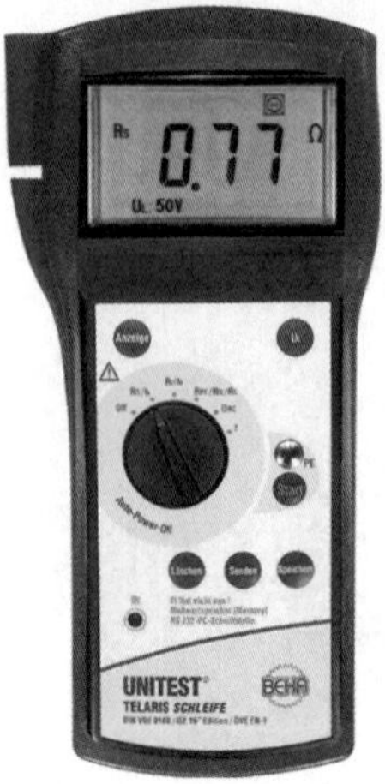

Schleifenwiderstandsmessung

Fabrikat: Beha

Typ: UNITEST TELARIS® Schleife

Gebaut nach DIN EN 61557-3
(VDE 0413 Teil 3),
DIN EN 61010 (VDE 0411)

Funktionen:

- Schleifenwiderstands- und Kurzschlussstrommessung ohne Auslösen einer Fehlerstrom-Schutzeinrichtung (RCD)
- Netzinnenwiderstands- und Kurzschlussstrommessung
- Separate Analyse der einzelnen Leiterwiderstände: Schutzleiter-, Außenleiter- und Neutralleiterwiderstand
- Spannungs- und Frequenzmessung

Anzeigebereiche:

Anzeige $3^{1}/_{2}$-stellig, 1999 Digits, LCD

Schleifenwiderstand:	0,05 ... 1999 Ω / 0,01 ... 1 Ω / ± (5 % v.M. + 5 Digit) ebenso Schutzleiterwiderstand
Netzinnenwiderstand:	0,05 ... 19,99 Ω / 0,01 / ± (5 % v.M. + 5 Digit) ebenso Neutralleiter-, Außenleiterwiderstand
Kurzschlussstrom:	1 A ... 4,6 kA / 1 A, 10 A
Spannung:	0 ... 300 V / 1 V / ± (3 % v.M. + 3 Digit)
Netzfrequenz:	10 ... 200 Hz / 0,1 Hz / ± (1 % v.M. + 2 Digit)
Berührungsspannung:	25 / 50 V (umschaltbar)

Besondere Eigenschaften:

Patentiertes Verfahren zur Bestimmung des Schleifenwiderstands und des Kurzschlussstroms ohne Auslösung von RCDs

Speicher für 250 Messwerte

IR/RS-232-Schnittstelle zur Übertragung der gespeicherten Messwerte zum PC

UNITEST-Software zur Protokollierung (optional) erhältlich

Integrierter Steckdosentest mit Berührungselektrode zur schnellen Ermittlung falsch angeschlossener Steckdosen bzw. fehlendem Schutzleiter

Vorwahl der maximal zulässigen Berührungsspannung

Großes, übersichtliches Display zum optimalen Ablesen der angezeigten Messwerte und Einheiten

Auto-Power-Off nach ca. 5 min.

Schutzart:	IP 50
Stromversorgung:	1 × 9 V, IEC 6LR61
Gewicht:	ca. 500 g
Abmessungen in mm:	235 (L) × 103 (B) × 70 (H)

Zubehör:

Profi-Umhängetasche, Software

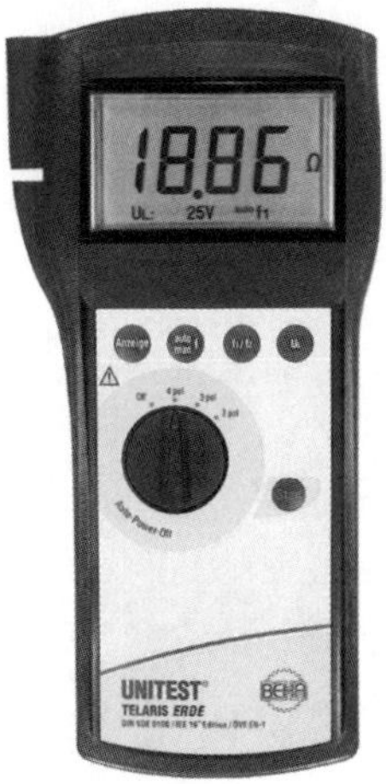

Erdungswiderstandsmessung

Fabrikat: Beha

Typ: UNITEST TELARIS® Erde

Gebaut nach DIN EN 61557-5
(VDE 0413 Teil 5),
DIN EN 61010 (VDE 0411)

Funktionen:

- Bestimmung des Erdungswiderstands
- Bestimmung des spezifischen Erdwiderstands

Anzeigebereiche:

Anzeige $3^1/_2$-stellig, 1999 Digits, LCD

Erdungswiderstand:	0,05 ... 19,99 Ω / 0,01 Ω
	20 ... 199,9 Ω / 0,1 Ω
	200 ... 1999 Ω / 1 Ω
	Toleranz: ± (4 % v.M. + 2 Digit / 0,1 Ω)
Sondenwiderstand:	0,1 ... 50 kV / 0,1 kΩ
	Toleranz: ± (10 % v.M. + 3 Digit)
Messstrom-Anzeige:	0,1 ... 13 mA / 0,1 mA
	Toleranz: ± (10 % v.M. + 3 Digit)
Max. Messstrom:	ca 12 mA
Messspannung:	max. 25 V / 50 V AC (umschaltbar)
Frequenz:	127 Hz / 140 Hz (umschaltbar)

Besondere Eigenschaften:

Integriertes Konstantstromprinzip ermöglicht Messung auch in sandigen oder steinigen Umgebungen
Überwachung und Anzeige des Hilfserderwiderstands und der Sondenwiderstände
Anzeige des aktuellen Messstroms
Automatische und manuelle Auswahl der Messfrequenz zur Störspannungsunterdrückung
Vorwahl der Messspannung
Großes, übersichtliches Display zum optimalen Ablesen der angezeigten Messwerte und Einheiten
Auto-Power-Off nach ca. 5 min.
Erdungsmessung 2-, 3- und 4-polig
Spezifische Erdungsmessung nach Wenner

Schutzart:	IP 50
Stromversorgung:	6 × 1,5 V, IEC LR6
Gewicht:	ca. 640 g
Abmessungen in mm:	235 (L) × 103 (B) × 70 (H)

Zubehör:

Profi-Umhängetasche, Zubehör-Set für Erdungsmessung

Spannungs- und Durchgangsprüfer mit Drehfeldrichtungsanzeige und Widerstandsmessung

Fabrikat: Beha

Typ: UNITEST 2000 γ (gamma)

Gebaut nach DIN EN 61243-3 (VDE 0682 Teil 401), DIN EN 61010 (VDE 0411)

Funktionen:

- Spannungsmessung
- Widerstandsmessung
- Optische und akustische Durchgangsprüfung
- Drehfeldrichtungsanzeiger
- Phasenprüfung (Einpolprüfung)
- Polaritätsanzeige

Anzeigebereiche:

Anzeige $3^1/_2$-stellig, 1999 Digits, LCD und LED-Balkenanzeige, optisch und akustisch

Spannungsmessung:	12 ... 690 V AC / DC
Einpolprüfung, optisch/akustisch:	100 ... 690 V
Drehfeldbestimmung, zweipolig:	100 ... 690 V
Widerstand:	0 ... 1999 Ω, Auflösung 1 Ω

Besondere Eigenschaften:

Prüfen von Gleich- und Wechselspannungen
Automatische Messbereichswahl
Drehfeldermittlung ohne „Dritte Hand“
Unverlierbarer Messspitzenschutz
Spannungsanzeige auch ohne Batterien
Automatische, interne Grundlast (auch zur Auslösung einer Fehlerstrom-Schutzeinrichtung)
Hintergrundbeleuchtung
Messstellenbeleuchtung für Arbeiten unter schlechten Lichtverhältnissen

Schutzart:	IP 65 – strahlwassergeschützt und staubdicht
Stromversorgung:	2 × 1,5 V Micro, IEC LR03
Gewicht:	ca. 180 g
Abmessungen in mm:	240 (L) × 56 (B) × 24 (H)

Zubehör:

Bereitschaftstasche

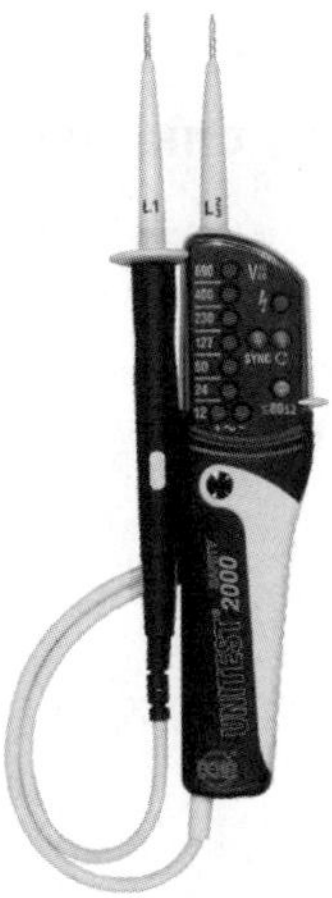

Spannungs- und Durchgangsprüfer mit Drehfeldrichtungsanzeige

Fabrikat: Beha

Typ: UNITEST 2000 Safety

Gebaut nach DIN EN 61243-3
(VDE 0682 Teil 401),
DIN EN 61010 (VDE 0411)

Funktionen:

- Spannungsmessung
- Optische und akustische Durchgangsprüfung
- Drehfeldrichtungsanzeiger
- Phasenprüfung (Einpolprüfung)
- Polaritätsanzeige

Anzeigebereiche:

Spannungsmessung:	12 ... 690 V AC / DC
Einpolprüfung, optisch/akustisch:	100 ... 690 V
Durchgangsprüfung:	0 ... 80 Ω
Drehfeldbestimmung, zweipolig:	100 ... 690 V

LED-Balkenanzeige, optisch und akustisch
Zwei unterschiedliche akustische Signale (12 ... 230 V / 400 ... 690 V)

Besondere Eigenschaften:

Prüfen von Gleich- und Wechselspannungen
Automatische Messbereichswahl
Drehfeldermittlung ohne „Dritte Hand“
Unverlierbarer Messspitzenschutz
Spannungsanzeige auch ohne Batterien
Automatische, interne Grundlast (auch zur Auslösung einer Fehlerstrom-Schutzeinrichtung)
Messstellenbeleuchtung für Arbeiten unter schlechten Lichtverhältnissen

Schutzart:	IP 65 – strahlwassergeschützt und staubdicht
Stromversorgung:	2 × 1,5 V Micro, IEC LR03
Gewicht:	ca. 180 g
Abmessungen in mm:	240 (L) × 56 (B) × 24 (H)

Zubehör:

Bereitschaftstasche, Schutzhandschuhe, Schutzhelm

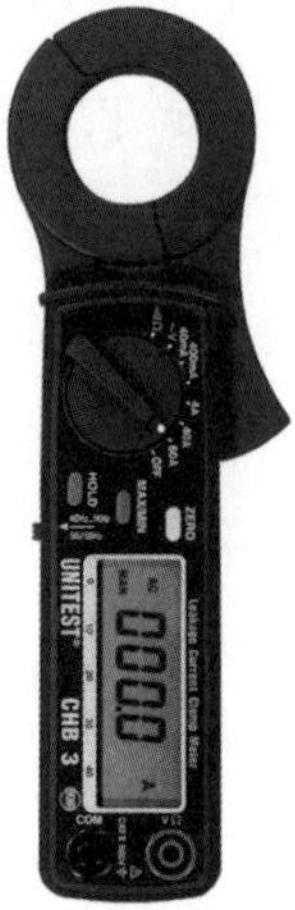

Differenz- und Leckstrommessung

Fabrikat: Beha

Typ: UNITEST Digitale Leckstromzange für Wechselströme CHB3 (AC)
Gebaut nach DIN EN 61010 (VDE 0411)

Funktionen:

- Differenzstrommessung
- Leckstrommessung (Ableit- oder Fehlerströme)
- Spannungs- und Widerstandsmessung
- akustische Durchgangsprüfung

Anzeigebereiche:

Anzeige $3^1/_2$ -stellig, 3999 Digits, LCD

Strom:	10 mA ... 60 A / Toleranz: ± (1,5 % v.M. + 5 Digit)
Spannung AC:	0,1 ... 400 V / Toleranz: ± (2 % v.M. + 4 Digit)
Eingangswiderstand:	10 MΩ
Widerstand:	0,1 ... 400 Ω / Toleranz: ± (1 % v.M. + 2 Digit)
Durchgang:	$R < 40\ \Omega$
Frequenzbereich:	40 Hz ... 1 kHz

Geräteinformationen

Manuelle Messbereichswahl
Integrierter Messwertspeicher (Data-Hold)
Zusätzliche Balkenanzeige
MIN/MAX- und Relativwertmessung
Zangenöffnung 30 mm
Auto-Power-Off

Stromversorgung:	2 × 1,5 V, IEC LR6
Gewicht:	ca. 200 g
Abmessungen in mm:	210 (L) × 62 (B) × 36 (H)

Zubehör:

Messadapter

Wechselstrommessung

Fabrikat: Beha

Typ: UNITEST Digitale Mini-Leckstromzange CHB 140 (AC)

Gebaut nach DIN EN 61010 (VDE 0411)

Funktionen:

- Strommessung
- Spannungs- und Widerstandsmessung

Anzeigebereiche:

Anzeige $3^1/_2$-stellig, 3999 Digits, LCD

Strom:	10 mA ... 400 A / Toleranz: ± (2 % v.M. + 5 Digit)
Spannung AC und DC:	0,1 ... 600 V / Toleranz: ± (1,2 % v.M. + 5 Digit)
Eingangswiderstand:	1 MΩ
Widerstand:	0,1 ... 400 Ω / Toleranz: ± (1 % v.M. + 5 Digit)
Frequenzbereich:	50 Hz ... 400 Hz

Geräteinformationen

Strom-, Spannungs- und Widerstandsmessung
Akustische Durchgangsprüfung
MIN/MAX-Wertmessung
Automatische Messbereichswahl
Integrierter Messwertspeicher (Data-Hold)
Zangenöffnung 28 mm
Kleine und äußerst handliche Bauform, erleichtert die Messung an schwer zugänglichen Stellen ohne Unterbrechung der Stromversorgung
Auto-Power-Off

Stromversorgung:	2 × 1,5 V, IEC LR03
Gewicht:	ca. 175 g
Abmessungen in mm:	185 (L) × 65 (B) × 35 (H)

Zubehör:

Sicherheits-Set

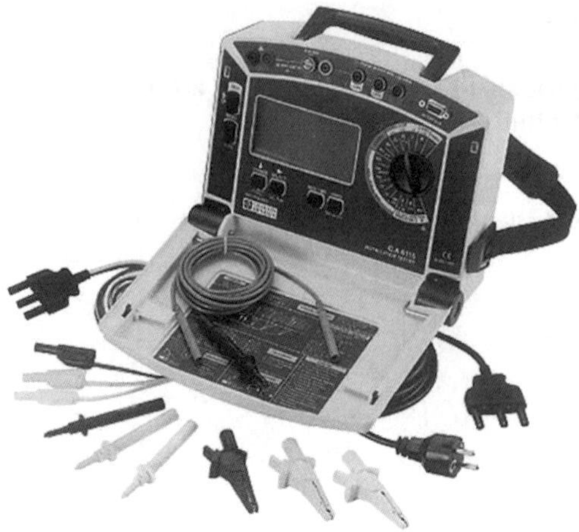

Schutzmaßnahmenprüfgerät VDE 0100

Fabrikat: Chauvin Arnoux

Typ: C.A 6115N

Gebaut nach DIN EN 61557 (VDE 0413)

Funktionen:

- Isolationsmessung
- Schleifenwiderstandsmessung ohne Auslösen einer Fehlerstrom-Schutzeinrichtung (RCD)
- Prüfen der Schutzmaßnahmen mit Fehlerstrom-Schutzeinrichtungen (RCDs)
- Durchgangsprüfung
- Erdungsprüfung
- Drehfeldrichtung
- Fehlerstrom-/Strommessung mit Stromzange
- Spannungs-, Strom- und Frequenzmessung

Messbereiche:

Spannung:	5 ... 440 V AC, DC / 1 V / ± (1 % v.M. + 1 Digit)
Frequenzmessung:	15,3 ... 450 Hz / 0,1 .. 1 Hz / ± (0,1 % v.M. + 1 Digit)
Strommessung:	4 mA ... 300 A / 1 mA .. 1 A / ± (2 % v.M. + 1 Digit) mit Zange
	Isolationswiderstandsmessung mit 100 / 250 / 500 V
Isolationswiderstand:	0,05 ... 300/600 MΩ / 1 kΩ ... 1 MΩ / ± (6 % v.M. + 1 Digit), Prüfstrom 1 mA DC
Schleifenimpedanz:	0,12 ... 200 Ω / 0,001 ... 1 Ω / ± (10 % v.M. + 5 Digit)
Kurzschlussstrom:	2 A ... 30 kA
Erdungswiderstand:	0,15 Ω ... 10 kΩ / 0,01 ... 1 Ω / ± (10 % v.M. + 3 Digit)
Niederohmmessung:	0,12 ... 2 kΩ / 0,01... 1 Ω / Toleranz: ± (5 % v.M. + 3 Digit)
RCD/FI-Auslösezeit	0 ... 500 ms (Impuls), 0 ... 200 ms (Rampe), Auslösestrom : 0,5 … 1,05 $I_{\Delta N}$
Berührungsspannung:	1,5 ... 100 V
Drehfeldrichtung:	Spannung: 20 ... 440 V AC, Frequenz: 15,3 ... 420 Hz

Besondere Eigenschaften:

Einfache Bedienung, vollautomatische Messungen
Große und eindeutige Anzeige mit Beleuchtung
Selektive Erdungsmessung mit zusätzlicher Erdungsmesszange (Option)
Erdschleifenprüfung ohne Auslösung von Fehlerstrom-Schutzeinrichtungen (RCDs)
Schutzisoliert
Speicher für 800 Messungen
Schnittstelle RS 232
Gewicht: ca. 2,1 kg
Abmessungen in mm: 295 (L) × 230 (B) × 108 (H)

Zubehör:

Protokoll-Software, Centronics-Adapter, Zubehör für Erdungsmessung, Zangenstromwandler

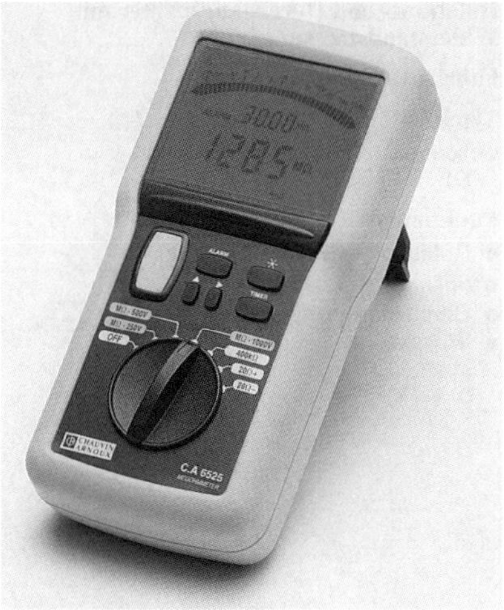

Isolations- und Widerstandsmessgerät

Fabrikat: Chauvin Arnoux

Typ: C.A 6525

Gebaut nach DIN EN 61557-2
(VDE 0413 Teil 2)

Funktionen:

- Isolationswiderstandsmessung
- Durchgangsprüfung
- Widerstandsmessung
- Spannungsmessung

Messbereiche:

Isolationswiderstand:	50 kΩ ... 2000 MΩ / 0,01 MΩ / ± (3 % v.M. + 5 Digit)
Prüfspannung:	250 / 500 / 1000 V DC
Spannung:	0 ... 600 V AC/DC / 0,1 V / ± (3 % v.M. + 1 Digit)
Durchgangsprüfung:	0 ... 20 Ω / 0,01 Ω / ± (3 % v.M. + 1 Digit)
Widerstand:	0 ... 400 kΩ / ± (3 % v.M. + 2 Digit)

Besondere Eigenschaften:

Spannungsprüfung vor jeder Isolationsmessung (keine Messung, wenn $U > 25$ V)
Durchgangsprüfung mit akustischem Signal und Kompensation der Messleitungen
Großformatige Anzeige des Messwerts und des Trends
Anzeigebeleuchtung
Programmierbare Alarme
Eingebaute Stoppuhr-Funktion
Tastkopf mit Fernbedienung als Option
Klappbügel für geneigte Aufstellung

Stromversorgung:	6 × 1,5 V-Batterien
Gewicht:	ca. 830 g
Abmessungen in mm:	211 (L) × 108 (B) × 60 (H)

Zubehör:

Sonde zur Fernbedienung

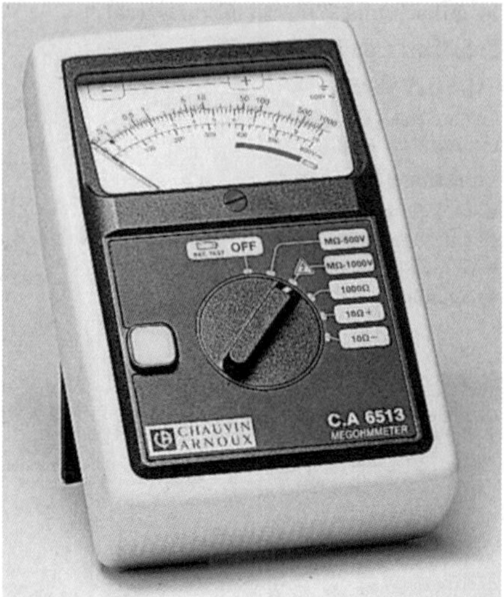

Isolations- und Durchgangsprüfer mit Widerstandsmessung

Fabrikat: Chauvin Arnoux

Typ: C.A 6513

Gebaut nach DIN EN 61557-2 und 4
(VDE 0413 Teile 2 und 4)

Funktionen:

- Isolationswiderstandsmessung
- Spannungsmessung
- Durchgangsprüfung
- Widerstandsmessung

Messbereiche:

Isolationswiderstand:	0 ... 1000 MΩ / ± (5 % v.M. / 10 % v.M.)
Prüfspannung:	500 / 1000 V DC
	Prüfstrom > 1 mA
Spannung:	0 ... 600 V AC / ± 3 % Bereich
Durchgangsprüfung:	– 10 Ω ... + 10 Ω / ± 3 % Bereich / Messung mit I = 200 mA und Polwender
Widerstand:	0 ... 1000 kΩ / ± 3 % Bereich

Besondere Eigenschaften:

Automatische Entladung des geprüften Stromkreises
Hohe Betriebssicherheit
Geliefert mit Stoßschützhülle

Temperaturbereich:	–10 °C ... +55 °C, rel. Feuchte < 80 %
Schutzart:	IP 40
Stromversorgung:	4 × 1,5 V, IEC LR6
Gewicht:	ca. 500 g
Abmessungen in mm:	267 (L) × 106 (B) × 55 (H)

Zubehör:

–

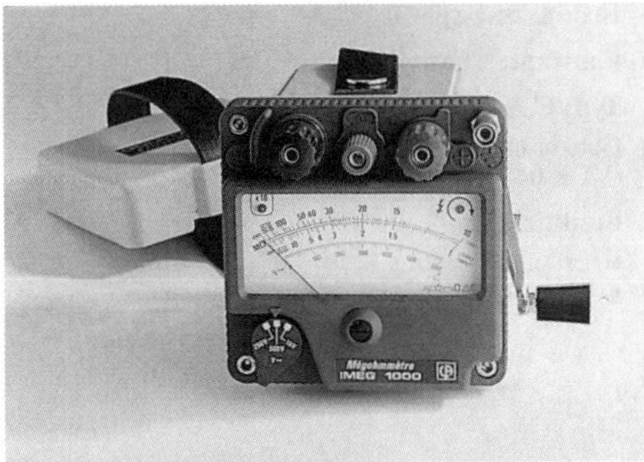

Isolationswiderstandsmessung

Fabrikat: Chauvin Arnoux

Typ: IMEG 1000 N

Gebaut nach VDE 0413 (alt)

Funktionen:

- Isolationswiderstandsmessung
- Spannungsmessung

Messbereiche:

Isolationswiderstand:	250 V, 500 V: 0 ... 500 MΩ (± 2 % Bereich)
	1000 V: 0 ... 5000 MΩ (± 2 % Bereich)
Spannung:	0 ... 600 V≈ (± 3 % Bereich)

Besondere Eigenschaften:

Netzunabhängiges Gerät, Stromversorgung durch Kurbelinduktor
Messung hoher Isolationswiderstände bis 5000 MΩ
Robustes, baustellentaugliches Gehäuse
Automatische Bereichsumschaltung
Prüfung der Spannungsfreiheit
Kontrollleuchte für korrekte Messbedingungen
Zusätzliche Klemme zur Vermeidung von Messfehlern durch Leckströme

Temperaturbereich:	–10 ... +50 °C
Schutzart:	IP 54 (mit Deckel)
Stromversorgung:	Kurbelinduktor
Gewicht:	ca. 1,5 kg
Abmessungen in mm:	120 (L) × 120 (B) × 130 (H)

Zubehör:

Zubehörtasche mit Messleitungen

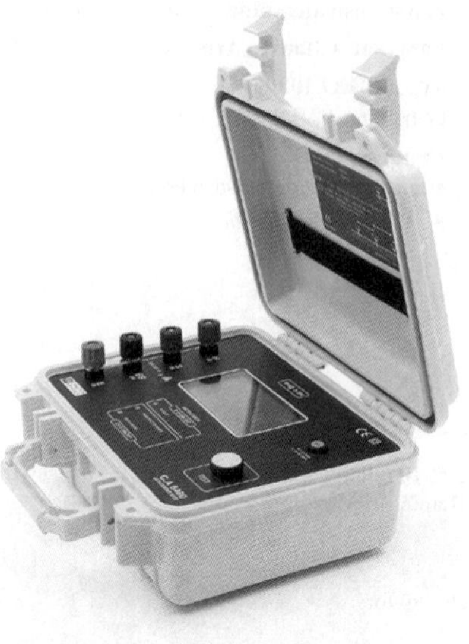

Erdungsmessgerät

Fabrikat: Chauvin Arnoux

Typ: C.A 6460

Gebaut nach DIN EN 61557-5
(VDE 0413 Teil 5)

Funktionen:

- Erdungsmessung
- Bodenwiderstandmessung

Messbereiche:

Beleuchtete Anzeige, $3^1/_2$stellig, LCD
3 Messbereiche mit automatischer Umschaltung
0 ... 19,99 Ω / 0,01 Ω , (2 % v.M. ± 1 Digit), Prüfstrom 10 mA
20 ... 199,9 Ω / 0,1 Ω , (2 % v.M. ± 1 Digit), Prüfstrom 1 mA
200 ... 1999 Ω / 1 Ω, (2 % v.M. ± 3 Digit), Prüfstrom 0,1 mA

Besondere Eigenschaften:

Messung der Erdungs-, Boden- und Übergangswiderstände
Hohe Messzuverlässigkeit durch Selbstprüfung (3 Kontrollleuchten)
Optimale Betriebssicherheit, schutzisoliertes Gerät
Robustes, stoßgeschütztes Gehäuse
Nur eine Taste für sämtliche Messungen

Betriebsdauer:	4500 Messungen à 15 s (bzw. 1800 Messungen bei C. A 6462)
Messfrequenz:	128 Hz
Leerlaufspannung:	< 42 V Spitze
Temperaturbereich:	–10 ... +55 °C
Schutzart:	IP 53
Stromversorgung:	8 × 1,5 V IEC LR14
	Bei C. A 6462 Akkumulator NiMH mit eingebautem Ladegerät
Gewicht:	ca. 3,3 kg
Abmessungen in mm:	273 (L) × 247 (B) × 127 (H)

Zubehör:

Zubehörset für Erdungs- und Bodenwiderstandsmessung

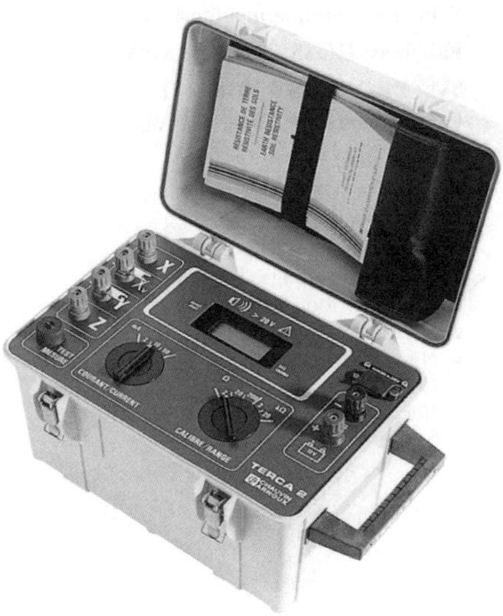

Erdungs- und Bodenwiderstandsmessung

Fabrikat: Chauvin Arnoux

Typ: TERCA 2

Gebaut nach VDE 0413 Teil 7 (alt)

Funktionen:

- Erdungswiderstandsmessung
- Bodenwiderstandsmessung
- Durchgangsprüfung

Messbereiche:

Erdungsmessung: 2 Ω ... 20 kΩ (Auflösung: 1 mΩ ... 10 Ω)

Besondere Eigenschaften:

Referenzgerät für Erdungsmessungen
Messung von Erdungswiderständen unter schwierigen Bedingungen (Fremdspannungen, hohe Erdströme usw.)
Messung des Bodenwiderstands zur Festlegung des Einbauorts und der Einbautiefe der Erdung
Messung des Erdungs- und des Durchgangswiderstands zum Nachweis der Qualität von Erdungen
Drei Prüfströme zur Auswahl: 2 – 5 – 50 mA
Akustische Wartung bei Fremdspannungen über 20 V Spitze
Digitalanzeige mit 2000 Messpunkten
Anzeigen für ungültige Messungen, Bereichsüberlauf, Batteriezustand

Messfrequenz:	128 Hz
Max. Prüfspannung:	50 V effektiv
Temperaturbereich:	–5 ... +50 °C
Stromversorgung:	Ni-Cd-Akkumulator 12 V mit eingebautem Ladegerät
Gewicht:	ca. 6,2k g
Abmessungen in mm:	390 (L) × 260 (B) × 250 (H)

Zubehör:

Erdungsmesskoffer

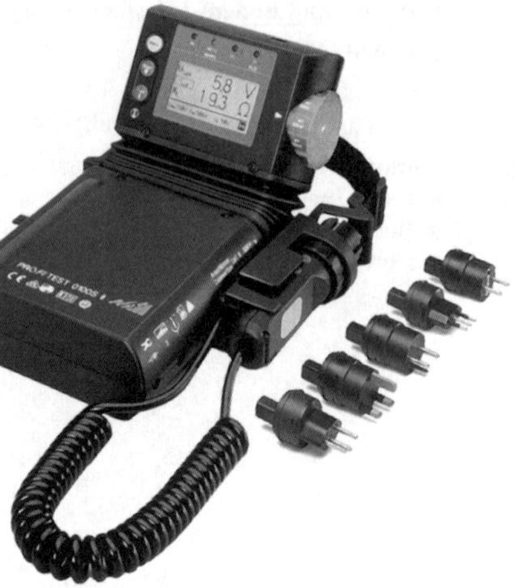

Schutzmaßnahmenprüfgerät VDE 0100

Fabrikat: GOSSEN METRAWATT

Typ: PRO*Fi*TEST® 0100S-II

Gebaut nach DIN EN 61557 (VDE 0413)

Funktionen:

- Isolationswiderstandsmessung
- Schleifenimpedanzmessung
- Niederohmmessung
- RCD/FI-Prüfung
- Erdungswiderstandsmessung
- Drehfeldmessung
- Netzimpedanz, Standort-Isolationsimpedanz
- Erdableitwiderstand, Spannung, Frequenz, Vorstrom, Leckstrom, Ausgleichsstrom, Strom bis 150 A

Messbereiche:

RCD/FI-Prüfung

mit $I_{\Delta N} \leq$ 10/30/100/300/500 mA:	Berührungsspannung 0 ... 70 V,	Auslösezeit 0 ... 1000 ms
mit ansteigendem Fehlerstrom:	Berührungsspannung 0 ... 50 V,	Auslösestrom 0,3 ... 1,3 × $I_{\Delta N}$
Schleifenwiderstand:	0 ... 10 Ω	
Kurzschlussstrom:	0 A ... 50 kA	
Erdungswiderstand:	0,15 Ω ... 10 kΩ	
Isolationswiderstand:	0 ... 300 MΩ(Nennspannung 100 / 250 / 500 V, Nennstrom 1 mA)	
Niederohmige Widerstände:	0 ... 100 Ω	
Wechselspannung:	0 ... 253 / 500 / 850 V	
Frequenz:	15 ... 420 Hz	
Strommessung mit Zange:	1 mA ... Messbereich Zange	

Besondere Eigenschaften:

Anlaufprüfung von Energieverbrauchszählern, Kabellängenbestimmung, Vorschlag von Sicherungstypen
Schleifenimpedanzmessung bis 550 V mit Ausgabe der zulässigen Überstromschutzelemente
Strommessung mit Stromzange ab 1 mA
Niederohmmessung mit Berechnung der Leitungslängen
RCD/FI-Prüfung mit und ohne Auslösung
Auswechselbare Steckereinsätze und aufsteckbarer Zweipoladapter garantieren weltweiten Einsatz
Großes übersichtliches Display mit Hintergrundbeleuchtung
Menüs, Anschlussschaltungen, Hilfetexte, Mess-, Bezugs- und Nennwerte werden im Klartext dargestellt
Signalisierung von Anschlussfehlern und Grenzwertüberschreitungen
Datenübertragung zum PC per RS232-Schnittstelle

Stromversorgung:	6 × 1,5 V Mignonzellen, IEC LR6 (AA)
Gewicht:	ca. 2,5 kg
Abmessungen in mm:	240 (L) × 340 (B) × 62 (H)

Zubehör:

Universaltragetasche
Fußbodensonde 1081
Metalltrommel mit Messleitung, Kabelsets, Adapter
PSI-Modul zur Protokollierung mit Sofortausdruck der Messwerttabelle
Software (PS3)

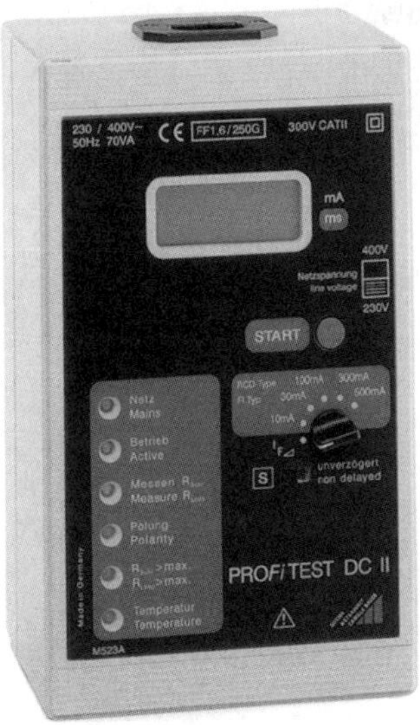

Zusatzgerät für Schleifenwiderstandsmessung

Fabrikat: GOSSEN METRAWATT

Typ: PRO*Fi*TEST DC II

Gebaut nach DIN EN 61010-1 (VDE 0411 Teil 1)

Funktionen:

- Unterdrückung der FI-Auslösung bei Schleifenwiderstandsmessung mit dem PROFiTEST 0100S-II
- Auslöseprüfung bei allstromsensitiven FIs/RCDs
- Auslöseprüfung bei selektiven allstromsensitiven FIs/RCDs

Messbereiche:

Auslösestrom:	1 ... 1999 mA / ± (4 % v.M. + 5 Digit)
Auslösezeit:	2 ... 1999 ms / ± (3 % v.M. + 5 Digit)

Geräteinformationen

Zusatzgerät zu PRO*Fi*TEST 0100S-II

Unterdrückung der Auslösung von pulsstromsensitiven FIs/RCDs bei der Schleifenwiderstandsmessung

Auslöseprüfung bei allstromsensitiven FIs/RCDs mit ansteigendem Gleichfehlerstrom und Messung des Auslösestroms

Auslöseprüfung bei allstromsensitiven FIs/RCDs mit konstantem Gleichfehlerstrom und Messung der Auslösezeit

Schutzart:	IP 40
Gewicht:	ca. 1,5 kg
Abmessungen in mm:	205 (L) × 120 (B) × 100 (H)

Zubehör:

Dreipoladapter

Schutzmaßnahmenprüfgerät VDE 0100

Fabrikat: GOSSEN METRAWATT

Typ: PRO*Fi*TEST® C

Gebaut nach DIN EN 61557-3, -6 und -7 (VDE 0413 Teile 3, 6, 7)

Funktionen:

- Schleifenwiderstandsmessung
- Kurzschlussstromermittlung
- Wirksamkeit der Schutzmaßnahme mit Fehlerstrom-Schutz-einrichtungen (RCDs)
- Drehfeldanalyse
- Spannungs- und Frequenzmessung

Messbereiche:

RCD/FI-Prüfung

mit $I_{\Delta N} \leq$ 10/30/100/300/500 mA:	Berührungsspannung 0 ... 50 V,	Auslösezeit 0 ... 999 ms
mit ansteigendem Fehlerstrom:	Berührungsspannung 0 ... 50 V,	Auslösestrom 0,3 ... 1,3 × $I_{\Delta N}$

Schleifenwiderstand:	0,01 ... 30 Ω
Wechselspannung:	0 ... 300 / 600 V
Frequenz:	15 ... 650 Hz

Geräteinformationen

Robustes Gehäuse mit Stoßschutz

Großes, beleuchtetes und entspiegeltes Grafik-Display

Einfache und schnelle Bedienung über fünf Tasten

Schnittstelle für Messwertspeicher

GUT-/SCHLECHT-Anzeige über LED's

Integrierter Phasenprüfer

Stromversorgung:	4 Baby-Zellen IEC LR14
Gewicht:	ca. 1,2 kg
Abmessungen in mm:	275 (L) × 140 (B) × 65 (H)

Zubehör:

Ladenetzteil, Hartschalenkoffer, Software

Isolations- und Widerstandsmessgerät

Fabrikat: GOSSEN METRAWATT

Typ: METRISO® C

Gebaut nach DIN EN 61557-2 und 4 (VDE 0413 Teile 2 und 4)

Funktionen:

- Isolationswiderstandsmessung
- Niederohmmessung
- Messung an isolierenden Fußböden und Wänden

Messbereiche:

Isolationswiderstand:	0 kΩ ... 99,9 GΩ / Nennstrom 1 mA
Niederohmwiderstand:	0 Ω ... 99,9 Ω / Nennstrom 200 mA
Spannung:	0 ... 1200 V

Geräteinformationen

Messung des Isolations-/Hochohmwiderstands mit Anzeige des gemessenen Werts und der tatsächlichen Messspannung
Messung von Potentialausgleichsleitern oder Schutzleitern mit der Niederohmmessung
Messung von Berührungsströmen, Spannungs- und Frequenzmessung
Optional Temperaturmessung und Messung der relativen Luftfeuchte
Eindeutige Grenzwert- und JA/NEIN-Signalisierung mit 4 LED's
Speicherung aller Messwerte
Robustes Gehäuse für den täglichen Einsatz

Stromversorgung:	4 Baby-Zellen IEC LR14
Gewicht:	ca. 1,2 kg
Abmessungen in mm:	275 (L) × 140 (B) × 65 (H)

Zubehör:

Ladenetzteil, Hartschalenkoffer, Software
Fußbodensonde 1081

Erdungsmessgerät

Fabrikat: GOSSEN METRAWATT

Typ: GEOHM C

Gebaut nach DIN EN 61557-5 (VDE 0413 Teil 5)

Funktionen:

- Erdungswiderstandsmessung
- Spannungsmessung

Messbereiche:

Widerstand:	0,01 Ω ... 20 kΩ / ± (3 % v.M. + 3 Digit) manuell: bis 50 kΩ
Spannung:	0 ... 250 V

Geräteinformationen

Kompaktes, handliches, menügeführtes Erdungswiderstandsmessgerät
3- und 4-Leitermessungen
Ständige Überwachung von Störspannungen und Hilfserder-/ und Sondenwiderstand
Signalisierung bei Überschreitung der zulässigen Grenzwerte
Einfache Bedienung mittels vier Tasten
Batterie-/Akkumulatorkontrolle und Selbsttest
Robustes Gehäuse
Messung des ohmschen Widerstands, des Sonden- und Hilfserderwiderstands
Automatische Überwachung von Fremdspannungen im Erdreich
Anzeige nützlicher Hinweise im Display
Automatische Batterieüberwachung
Messwertspeicherung

Stromversorgung:	4 Baby-Zellen IEC LR14
Gewicht:	ca. 1,2 kg
Abmessungen in mm:	275 (L) × 140 (B) × 65 (H)

Zubehör:

Erdungsmesskoffer, Erdspieße, Erdbohrer, Messleitungen

Isolations- und Widerstandsmessgerät mit Spannungsmessbereich

Fabrikat: GOSSEN METRAWATT

Typ: METRISO® 5023

Gebaut nach DIN EN 61557-2 und -4 (VDE 0413 Teile 2 und 4)

Funktionen:

- Isolationswiderstandsmessung
- Niederohmmessung
- Spannungsmessung

Messbereiche:

Messspannung:	100, 250, 500 V
Isolationswiderstand:	0,1 ... 400 MΩ
Niederohmmessung:	0 ... 4 Ω
Spannungsmessung:	0 ... 500 V

Geräteinformationen

Handliches und sehr robustes Gerät für rauen Einsatz
Einfache Zweihandbedienung
Lieferung in Tragetasche

Stromversorgung:	4 Mignonzellen IEC LR6
Gewicht:	ca. 0,5 kg
Abmessungen in mm:	98 (L) × 310 (B) × 40 (H)

Zubehör:

Kabelset, Kalibrieradapter

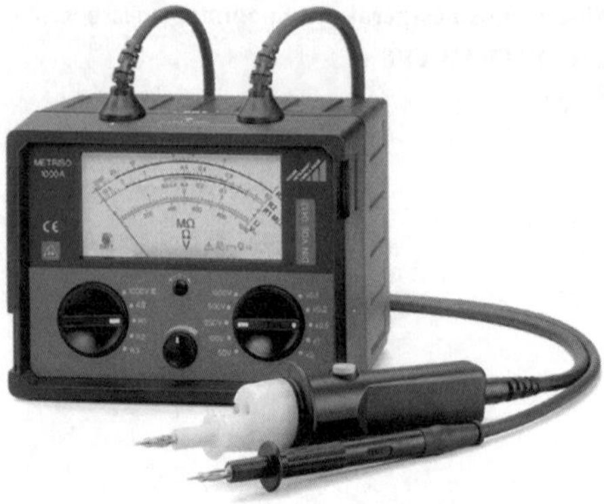

Isolationsmessgerät mit Niederohmmessung (analog)

Fabrikat: GOSSEN METRAWATT

Typ: METRISO® 1000A

Gebaut nach DIN EN 61557-2 und -4
(VDE 0413 Teile 2 und 4)

Funktionen:

- Isolationswiderstandsmessung
- Niederohmmessung

Messbereiche:

Nennspannungen:	50, 100, 250, 500, 1000 V
Isolationswiderstand:	0 ... 400 MΩ
Niederohmwiderstand:	0 ... 4 Ω
Nennstrom:	≥ 1 mA / 200 mA

Geräteinformationen

Signallampe für Batteriekontrolle

Stromversorgung:	6 × 1,5 V, IEC R20
Gewicht:	ca. 1,6 kg
Abmessungen in mm:	165 (L) × 125 (B) × 110 (H)

Lieferung in Tragetasche

Zubehör:

Sicherheits-Set

Drehfeldrichtungsanzeiger CAT IV

Fabrikat: GOSSEN METRAWATT

Typ: MetraPhase1

Gebaut nach DIN EN 61557-7 (VDE 0413 Teil 7)

Funktionen:

- Drehfeldrichtungsanzeige
- Frequenzanzeige
- Anzeige der Netznennspannung

Messbereiche:

Spannung AC:	60 ... 690 V AC
Frequenzbereich:	15 ... 410 Hz

Geräteinformationen

Drehfeldrichtungsanzeiger mit elektronischer Drehscheibe

Stromversorgung:	4 Mignon-Zellen IEC LR6
Gewicht:	ca. 300 g
Abmessungen in mm:	195 (L) × 85 (B) × 35 (H)

Lieferung im Koffer

Zubehör:

Gummi-Schutzhülle, Vario-Stecker, Netzadapter

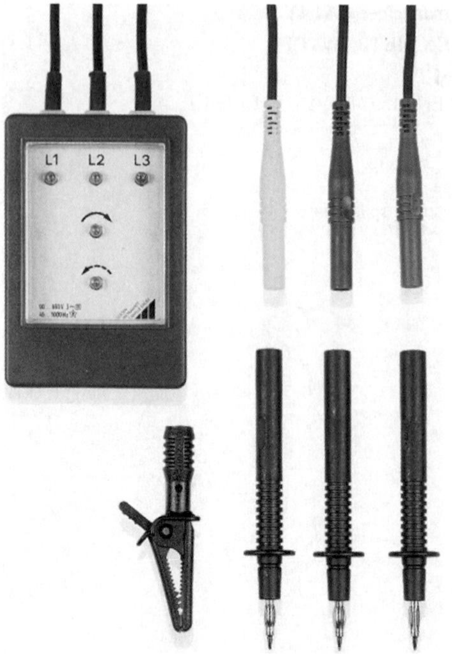

Drehfeldrichtungsanzeiger

Fabrikat: GOSSEN METRAWATT

Typ: PhaseCop 2

Gebaut nach DIN EN 61557-7
(VDE 0413 Teil 7)

Funktionen:

- Drehfeldrichtungsanzeige

Messbereiche:

Anzeige der Drehfeldrichtung über Leuchtdiode

Geräteinformationen

Drei Leuchtdioden lassen erkennen, ob die drei Außenleiter Spannung führen
Sehr großer Spannungs- und Frequenzbereich, Nenngebrauchsbereich: 90 ... 660 V / 45 ... 1000 Hz
Problemlose Bedienung, robuste Bauweise
Fest angeschlossene Anschlussleitungen mit berührungsgeschützten Anschlusssteckern

Gewicht:	ca. 0,3 kg
Abmessungen in mm:	105 (L) × 70 (B) × 38,5 (H)

Zubehör:

–

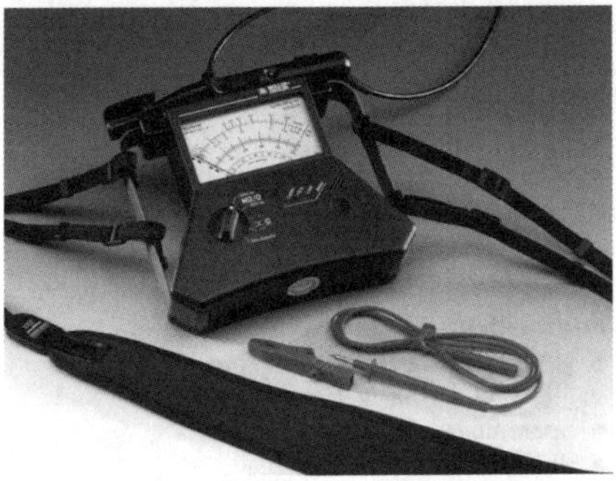

Isolationsmessgerät mit Niederohmmessung

Fabrikat: Müller + Ziegler

Typ: Müzitester

Gebaut nach DIN VDE 0413 Teile 1 und 4 (erfüllt nach Herstellerangaben auch die Anforderungen der EN 61557)

Art der Anzeige: analog

Funktionen:

- Isolationswiderstandsmessung mit 250 V und 500 V Nennspannung
- Niederohmmessung
- Spannungsmessung
- Phasenprüfung

Messbereiche:

Isolationswiderstand:	10 kΩ ... 5 MΩ mit 500 V Nennspannung
	10 kΩ ... 2 MΩ mit 250 V Nennspannung
Niederohmiger Widerstand:	0,2 ... 10 Ω
Spannung:	0 ... 500 V AC und DC effektiv
Phasenprüfung	30 ... 250 V AC

Besondere Eigenschaften:

Automatische Messbereichswahl zwischen Isolations- und Niederohmmessung
Zwei Nennprüfspannungen 250 V, 500 V
Konstantstrom von 200 mA und Zuleitungsabgleich bei Niederohmmessung
Akustisches Signal für Messwerte
Umweltverträglicher Akkumulator und eingebautes Ladeteil
Analogskala mit vier Teilungen

Schutzart:	IP 50
Temperaturbereich:	0 ... 40 °C
Hilfsenergie:	Nickel-Metall-Hybridzellen
Akkumulatorladung:	ca. 15 mA, 15 Std.
Gewicht:	0,9 kg (einschl. Akkumulator)
Abmessungen in mm:	190 mm (L) × 180 mm (B) × 60 mm (H)

Zubehör:

Umhängetasche

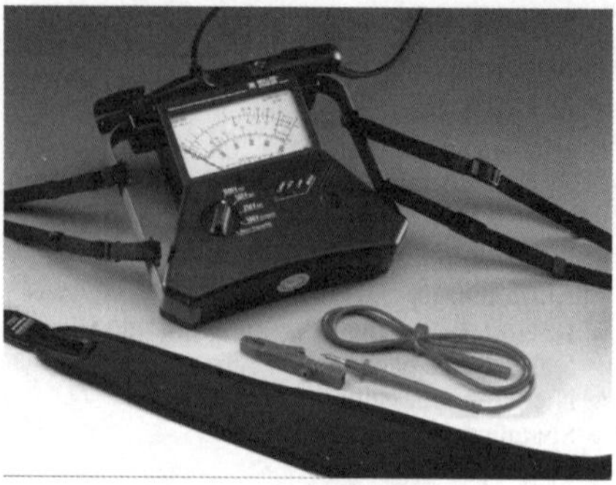

Isolationsmessgerät mit Spannungsmessung und Phasenprüfung

Fabrikat: Müller + Ziegler

Typ: Isoprüfer

Gebaut nach DIN VDE 0413 Teil 1 (erfüllt nach Herstellerangaben auch die Anforderungen der EN 61557)

Art der Anzeige: analog

Funktionen:

- Isolationswiderstandsmessung mit 250 V, 500 V und 1000 V Nennspannung
- Spannungsmessung
- Phasenprüfung

Messbereiche:

Isolationswiderstand:	20 kΩ ... 20 MΩ mit 500 V Nennspannung
	20 kΩ ... 10 MΩ mit 500 V Nennspannung
	20 kΩ ... 5 MΩ mit 250 V Nennspannung
Spannung:	0 ... 1000 V AC
	0 ... 500 V AC
Phasenprüfung	30 ... 250 V AC

Besondere Eigenschaften:

Drei Nennprüfspannungen 250 V, 500 V und 1000 V
Umweltverträglicher Akkumulator und eingebautes Ladeteil
2000 Messungen pro Akkumulatorladung
Analogskala mit vier Teilungen

Schutzart:	IP 50
Temperaturbereich:	0 ... 40 °C
Hilfsenergie:	Nickel-Metall-Hybridzellen
Akkumulatorladung:	ca. 15 mA, 15 Std.
Gewicht:	0,9 kg (einschl. Akkumulator)
Abmessungen in mm:	190 mm (L) × 180 mm (B) × 60 mm (H)

Zubehör:

Umhängetasche

RCD/FI- und Schleifenwiderstands-Messgerät

Fabrikat: Müller + Ziegler

Typ: FI-Schleife-Prüfer

Gebaut nach DIN VDE 0413 Teile 3 und 6 (erfüllt nach Herstellerangaben auch die Anforderungen der EN 61557)

Art der Anzeige: analog

Funktionen:

- Berührungsspannungsmessung
- Schleifenwiderstandsmessung
- Kurzschlussstrommessung
- Fehlerstrom-Schutzeinrichtung (RCD) auslösen

Messbereiche:

Berührungsspannung:	0 ... 55 V
Schleifenwiderstand:	0,23 ... 5 Ω
Kurzschlussstrom:	46 ... 1000 A

Besondere Eigenschaften:

Kurzzeitmessverfahren

Messen ohne Auslösung der Fehlerstrom-Schutzeinrichtung

Konstanter Prüfstrom	bei FI-Prüfung: 10 mA ... 0,5 A Bemessungsdifferenzstrom
	bei Fehlerschleifen-Prüfung: 5 A

Speicherung des Messwerts

Optische Anzeige des richtigen Anschlusses

Spannung:	230 V 15 %
Frequenz:	45 ... 65 Hz
Schutzart:	IP 50
Temperaturbereich:	0 ... 40 °C
Gewicht:	0,75 kg
Abmessungen in mm:	190 mm (L) × 180 mm (B) × 60 mm (H)

Zubehör:

Umhängetasche

Stichwortverzeichnis